自私的基因

THE SELFISH GENE

RICHARD DAWKINS
道金斯 著
趙淑妙 譯

作者序

我們都是機器人的化身！

道金斯

讀這本書要像讀科幻小說，因為我寫的時候就是希望它充滿想像力。但是本書可不是科幻小說，而是實實在在的科學。雖然「真實的生活比小說的劇情更神奇」這句話聽起來有些陳腔爛調，但正好表達我對事實的感覺。

我們都是求生存的機器——機器人的化身，暗地裡已被輸入某些程式，用來保養這些叫做「基因」的自私分子！這是個如今仍然令我心驚膽寒的事實。雖然我已經知道這個事實多年，卻仍然沒法完全接受它。我有個想法：拿這個真理來嚇嚇別人，或許可以得逞。

像神祕故事一樣引人入勝

我在寫這書時，希望有三種讀者來探班，現在我將本書獻給他們。

首先是一般的讀者，也就是外行人。為了易讀，我幾乎完全避免了深奧難懂的術語，而多用自己定義的特殊字眼來表達我的觀念。在此順便提一下，為什麼我們不把所有期刊中大部分的專業術語都簡化呢？雖然我假設外行人沒有專業知識，但我可沒假設他們都是傻瓜。如果有心的話，任何人都可以把科學普及化。我已盡力嘗試在不失精髓的情況下，用非數學的言語闡釋一些細膩又複雜的觀念。我不知道在這方面是否成功，也不知道能否達成另一野心：嘗試讓讀者覺得看這本書看到欲罷不能，而且是個很好的消遣。

我一直感覺，生物學應該可以像神祕的故事一樣引人入勝。因為神祕的故事正如生物學一樣包羅廣泛。我很惶恐的希望，我能充分表達本書主題的刺激性。

我第二個假想的讀者是專家。他對我某些解說的比喻和數字，竟然批評得喘不過氣來。他最喜歡的措辭是「除了……」、「但從另一方面來說」和「哼！（不屑的嘆氣）」。我會專心聽他說話，甚至為了他而重寫一章。可是到頭來，我還是要用自己的方法來說故事。這位專家當然不是百分之百滿意我的處事方法。但我還是希望他可以從書裡發現一些新鮮事，或是替已經熟悉的觀念發現嶄新的詮釋；可能的話，也刺激他產生新的看法。

如果這樣的期許還是太高，那我希望至少他們無聊時可以翻翻。

我心中的第三種讀者是學生，那些正從外行人邁向專家的人。如果他還沒決定將成為哪一行的專家，我想鼓勵他們考慮進到我的本行——動物學。念動物學除了「有用」和動物很可愛以外，還有一個比較好的理由。這個理由是：到目前為止，動物是最複雜且設計得最完美的機器。如果你同意我的理由，那就很難理解，為什麼大家都跑去念其他的科系？對那些已經投入動物學的學生，我希望這書對他有一些學習價值。但是他一定得再去研讀我所參考的原始文獻和工具書。

如果覺得原始資料難以消化，或許我那些非數學的解釋有點幫助；也就是說，你大可以把本書看作前言或注腳。

我寫這本書的時候，只考慮到這三種讀者，當然是不夠的。我只能說，雖然我一直擔心這件事，但這些擔心比起我為本書所花的心血，顯然是不成比例的。

誌謝

我是個動物行為學家，而本書是關於動物行為的。我虧欠在動物行為學所受的傳統訓練是很明顯的。特別是虧欠丁伯根（Niko Tinbergen, 1907-1988，一九七三年諾貝爾生理醫學獎得主），我

在他的牛津研究室工作了十二年，受他影響很深，可惜他一直不知道這件事。雖然「求生的機器」一詞不全是他創的，但也差不多是了。

人類學近來深受其他非傳統人類學的新觀念所衝擊。本書大部分的立論也都是基於這些新觀念。在適當的各章內，對這些新觀念的創作人，我都予以致謝，他們主要是威廉士（G. C. Williams, 1926-2010，美國演化學家）、梅納史密斯（J. Maynard Smith, 1920-2004，英國演化學家）、漢彌敦（W. D. Hamilton, 1936-2000，英國理論生物學家）和崔弗斯（R. L. Trivers, 1943-，美國社會生物學家）。

我非常感謝不少同僚為本書命名。我將這些名字當作英文版中各章的標題：克利伯斯（John Krebs）的「Immortal Coils」；莫里斯（Desmond Morris）的「The Gene Machine」；柯拉頓布羅克（Tim Clutton-Brock）和津恩道金斯（Jean Dawkins）的「Genesmanship」。很抱歉，帕特（Steve Potter）的沒上榜。

雖然我希望讀者都能對本書讚不絕口，而且愛不釋手，但我寧愛那些給本書實在批評的讀者。到完稿前，我不斷的修改底稿，而瑪麗安道金斯（Marian Dawkins）也跟著不停的一再謄稿。她不只是在生物學文獻和理論問題上有深厚的涵養，也一直給我無限的鼓勵和心靈上的支持。這都是我在撰稿過程中最重要的依靠。

克利伯斯也讀了本書的原稿，他比我更知道我要寫的主題，也一直傾囊相授他的知識。湯姆生（Glenys Thomson）和包德摩（Walter Bodmer）在遺傳學的題材上，給了我不少中肯的意

見。恐怕他們尚不滿意我所修正的，但希望他們認為我已經有相當的改進。我非常感謝他們所花的時間和耐心。此外，約翰道金斯（John Dawkins）正確指出可能造成誤導的措辭，而且還建議我如何改寫。我稱史丹伯（Maxwell Stamp）「聰明的外行人」，是再恰當不過的，他指出我初稿中很重大的瑕疵，使得完稿得以改善。

其他在各章節給我建設性的批評或專業建議的人有：梅納史密斯、莫里斯、麥舍（Tom Masher）、瓊斯（Nick Blurton Jones）、凱陶威爾（Sarah Kettlewell）、韓佛瑞（Nick Humphrey）、柯拉頓布羅克、強生（Louise Johnson）、格拉漢（Christopher Graham）、帕克（Geoff Parker）和崔弗斯。至於希羅（Pat Searle）和維霍宜文（Stephanie Verhoeven）打字熟練而且敬業樂群，也予我相當的鼓舞。

最後我想感謝牛津出版社的羅傑斯（Micheal Rodgers），他不只給原稿善意的批評，而且在出版本書的過程完全投入，使得本書可以順利出版。

——一九七六年

再版序

新思想在燃燒

道金斯

《自私的基因》一書出版十二年來，主旨已成為教科書的正統思想。過程是十分弔詭的，不太簡單；書剛出版時並不被評為革命性的書，後來卻贏得完全相反的看法，再到現在成為正統的思想。讓我們不禁要問，這究竟是怎麼一回事？

相當出乎意料之外的事，一開始書評都對本書很滿意，而且也不將它當作具爭議性的書。經過幾年卻漸漸生出爭議，竟被廣泛認為是一部偏激的異端主義作品。但是，當本書被稱為異端主義的「美譽」逐漸升高後，幾年下來，「內容」似乎又不再令人覺得那麼極端，而愈來愈為人所接受。

看待達爾文理論的新方法

「自私的基因」理論是達爾文的理論，雖然他不曾從這觀點來表達，但我想他應該會贊同我的觀點。實際上，這是正統的新達爾文主義（neo-Darwinism）的邏輯延伸，而以某種新形象來表達。它從基因的眼光來看本性，而不著眼於個體。它是從不同的角度來看，而不是另一個不同的理論。在《延伸的表現型》（*The Extended Phenotype*）一書的前幾頁開場白，我曾用奈克方塊（Necker cube）的隱喻來解釋。奈克方塊是在書面上是個平面的圖形，但讓人感覺像是個透明的立體方塊。

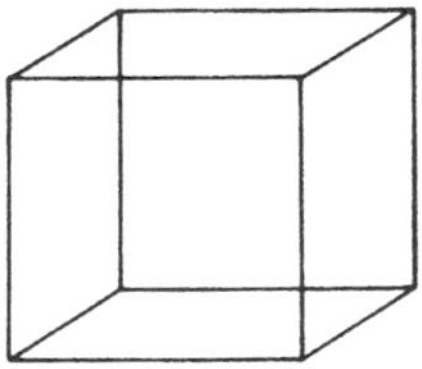

當你注視它幾秒鐘，它會換成另一個不同的方向面對著你（你會看到方塊的頂面）。再繼續注視得久些，它又會轉回原來的方塊（你看到方塊的底面）。兩種方塊與我們視網膜上的線條訊息都是相吻合的，所以我們的大腦也很樂意輪替這兩種方塊的影像，兩者並沒有不同。

我的重點是，看天擇有兩種方式，從基因的角度或是從個體的角度。如果了解得很恰當，那它們是相等的——也就是對相同真理的兩種觀點。你可以從一種角度跳到另一種，但仍然是相同的新達爾文主義。

現在我認為這樣的比喻太謹慎了。科學家最大的貢獻，與其說是提出新理論或揭開新事實，不如說是發現以新的方法看舊理論或事實。奈克方塊的模型是誤導的，因為它暗示兩種觀察的方式一樣好。更確切的說，那種比喻只對了一半，因為「角度」不像理論，無法以實驗來判斷；而無法以實驗來判斷，就表示無法利用我們熟悉的對錯標準去判斷。不過在最好的情況下，改變眼光可能可以達到比理論更高的境界。它可以推向全然的思考狀態中，許多令人興奮而且可試驗的理論因而產生了，且無法想像的事實也會揭露出來。但奈克方塊的比喻完全缺乏這些；它只抓住視覺跳躍的概念，卻無法判斷價值何在。

我們所討論的並不是如何跳到相等的觀點，而是更極端的情況：讓整個形象都改變！

我不敢說，自己在這方面有何淺見。然而因為這樣，我更不想將科學和「科學普及」作明確的劃分。想要解釋那些僅出現在技術性文獻上的概念，是一門很難的藝術，它需要深入

的語文技巧和啟發性的比喻。但如果你使力創新語言和比喻，最後肯定會有一番新看法。就如我剛才談過的，新穎的看法本身就是科學界原創性的貢獻。

愛因斯坦絕非通俗科學作家。但我常常猜想，他生動的比喻對他自己的思考，要比對我們這些人的幫助還要多——愛因斯坦為了能生動比喻而進行的思考，不也助燃了他創造的天分嗎？

從基因的角度來看演化

一九三〇年代早期，費雪（R. A. Fisher, 1890-1962，英國族群遺傳學家、統計學家）和其他新達爾文主義的偉大前衛人士，就說明了達爾文主義基因角度的觀點；到了一九六〇年代，漢彌敦和威廉斯又有更詳細的解說。他們的洞察力獨具眼光。但我覺得他們的解釋太簡明，勁力不足。

我相信，更深入而成熟的解釋，可以將生命的細節放在心中或腦中的正確方位。我一直想寫這樣一本從基因的眼光來看演化的書。書中會把例子集中在社會的行為，以糾正已經在不知不覺中，滲入達爾文主義的群體選擇主義（group-selectionism）。

機會來了，一九七二年因為英國工業抗爭導致停電，中斷了我的實驗研究，我便開始寫

這本書。寫了僅僅兩章之後，不巧燈火管制結束，我的寫書計畫就擱在一邊；直到一九七五年，我有一年休假，才又拿起筆來。那時書中的理論也擴展了，特別是因為梅納史密斯和崔弗斯的貢獻。我現在才了解到，那時正是許多新觀念正在醞釀的神祕時期。我當時寫《自私的基因》就有些像得了一場興奮的高燒。

創意獨具的新主題

牛津大學出版社找我出第二版時，他們堅持不需要革新，不需要擴大內容，不需要逐頁訂正。有些書在他們的觀念裡是需要相當修訂的，但《自私的基因》不是。不過我還是作了增補。

本書第一版在撰寫時，模仿了當代充滿朝氣的特質。那時國外正瀰漫著一陣改革的氣息，閃爍著詩人華茲華斯（Willam Wordsworth, 1770-1850）那充滿著愉悅的黎明。到了這第二版時，受時代的影響更深了。新發現的事實豐富了它的內容，複雜和謹慎則成了它身上的標記，而且仍實話實說。還有全新的章節，探討切中時機並具創意的主題，以帶動革命開端的新氣氛——這就是第十二和十三章。

我的靈感是在新舊兩版之間的幾年，受這領域的兩本書所啟發的：愛梭羅德（Robert

Axelrod，美國政治科學家）所寫的《合作之演化》（*The Evolution of Cooperation*）提供了我們對未來的某些期望；及拙作《延伸的表現型》，因為它填滿了我那幾年歲月，並且因為它可能是我寫過最好的一本書——它的確值得我這麼說。

「好人會出頭」（Nice guys finish first）這個標題是從《地平線》（*Horizon*）電視節目借用的。這節目是我在一九八五年英國廣播電台（BBC）推出的，是一部五十分鐘的紀錄影片，內容從賽局理論的方法探討合作演化。這部影片與另一部《盲眼鐘錶匠》（*The Blind Watchmaker*）都是同一位製片——泰勒（Jeremy Taylor），對他的專業，我致以崇高的敬意。從這個主題的處理已顯明，《地平線》的製作群已脫胎換骨成了高級學術專家，他們製作的一些節目在美國也可以看到，但常常多加了一個「新」（Nova）字。

第十二章所要感謝的，不僅是章名借自那部紀錄片，也要感謝泰勒和《地平線》的同仁，讓我有與他們一起密切工作的經驗。

誌謝

最近我聽到一件無法苟同的事情：一些有影響力的科學家喜歡將他們的名字，掛到自己壓根沒參與的作品中。很明顯的，有些資深的科學家要求在論文上掛名，而他們的貢獻只限

於提供實驗室空間、研究經費，以及編校稿件。據我所知，這些人所有的科學聲望，可能都是學生和同仁的工作成果堆積出來的。

我不知道該怎麼阻止這樣不誠實的行為。或許學術期刊的編者應該拿到每一位作者的具名切結書，清楚說明他們的貢獻。這只是順便提到的。

我在這裡提起這種事，是因為要做一個對比。柯若寧（Helena Cronin，英國哲學家，著有《螞蟻與孔雀》）替我很仔細的修正了每一行每一字，但她堅決拒絕在本書的新版本中掛名。我很感謝她，而且很抱歉的是，我的致謝謹此而已。

我也要感謝黎得利（Mark Ridley）、瑪麗安道金斯和格拉分（Alan Grafen）的忠告及對某些段落建設性的批評。並感謝牛津大學出版社的韋伯斯特（Thomas Webster）、麥格林（Hilary McGlynn）和其他同仁，對我的唐突及拖延的包涵。

——一九八九年

自私的基因　目錄

1

為什麼我們是人？

當有智慧的生命發現了自身存在的理由時，可以說，他們已經邁入了成年。假如外太空的確有更高智慧的生物，而且曾經造訪地球；為了評估我們的文化水準，他們會問的第一個問題當然是：「地球人發現了演化沒有？」

生命體儘管已在地球上生存了三十多億年，但並不知道所以然，直到其中有個人弄清楚了其中究竟，他就是達爾文。憑良心講，在達爾文之前已經有人約略知道了這事實，但達爾文是第一位扎實又有條理的說明「我們為什麼存在？」這問題的人。當好奇的孩子問到如本章章名的問題時，達爾文給了我們明智的答案。而且在面臨更深入的問題，例如「生命有意義嗎？」「我們為什麼而活？」「人是什麼？」的時候，我們也不再需要訴諸迷信了。

關於最後一個問題，著名動物學家辛普森（George G. Simpson, 1902-1984）這樣答道：「我現在要指出，在一八五九年《物種起源》發表以前，要回答那個問題是不值得的；而且如果我們完全不去想那個問題的話，還會好過些。」

是自私還是利他

時至今日，演化論就跟「地球繞著太陽運行」一樣，已經普遍得到接受，但是達爾文這項革命性理論的應用範圍，卻還有待推廣。「動物學」在大學中也還不算一門主要的學科，甚

至決定選修該學分的學生，在事前也多未明白它的意義。在哲學及其他人文科學的學科裡，至今所講授的，還好像這世上未曾有過達爾文這人似的。

無疑的，時間將會改變這一切。但不管如何，本書無意再對達爾文主義廣泛探討了；這本書將要探究的是，演化論對某些特殊論點所造成的影響，尤其是想探討「自私」（selfishness）和「利他」（altruism）兩者的生物本質。

姑且不說學術上的趣味性，這個主題在人文層面上的重要性是很明顯的。它涉及到我們社會生活中的每一面：我們的愛與恨、鬥爭與合作、施捨與偷盜、貪婪與慷慨。這些都是勞倫茲（Konrad Lorenz, 1903-1989，與丁伯根同獲一九七三年諾貝爾生醫獎）的《鬥性論》（*On Aggression*）、亞得利（Robert Andrey）的《社會契約》（*The Social Contract*），與亞伯艾比斯菲德（I. Eibl-Eibesfeldt）的《愛與恨》（*Love and Hate*）所訴求的焦點。

很不幸的，這些作者都徹底搞錯了。他們的錯誤在於誤解了演化的進行方式。他們做了謬誤的假設，以為在演化進行當中，物種（或群體）的利益比個體（或基因）來得重要。蒙塔古（Ashley Montagu，人類學家）會把勞倫茲視為「主張『大自然兩手血腥』（nature red in tooth and claw）的十九世紀思想家的直系後裔」，其實很諷刺，因為就我個人對勞倫茲所持演化觀的了解，他其實跟蒙塔古一樣不認為「弱肉強食」是自然界唯一的規則。至於我，倒是跟他們兩人都不同，我相信丁尼生（Alfred Tennyson, 1809-1892，英國詩人）的名言「大自然兩手血腥」，對於

現代人所了解的天擇（natural selection），恰是很好的總結。

基因極度自私

本書所要討論的主題是：我們及其他所有的動物，都是由自己的基因所製造的機器。但在進入討論之前，我想簡要的澄清我要討論的問題是哪些，而不想討論的又是哪些。

比方講吧，假如有一個在芝加哥幫派裡的人，享受既富有又長命百歲的生活，我們就會猜想他可能擁有以下幾種特質：心狠手辣、快槍手、善與達官顯貴交朋友。這些猜測都不是絕對沒理的推論，因為如果你知道他如何在江湖發跡和存活，的確可以針對這個人的特徵做某些臆測。

同樣的，我們的基因在高度競爭的世界中，也已存活了數百萬年，就憑這一點，就足以去推想基因有哪些特質了。

我所要強調的是：成功的基因有個主要的特性，就是「極端的自私」。基因的自私本性，往往會在個體行為上表現出來；然而，我們會發現特殊的景況下，動物個體的基因會借用有條件的利他主義，來達到它本身自私的目的。

前句「特殊的」及「有條件的」，是很關鍵的詞。舉例來說，可能很難令人相信，「博

愛」和「所有物種的福利」這兩種觀念，其實沒有任何演化上的意義！

此事無關道德

現在我切入第一個觀點：我絕不是在演化論的基礎上談道德，我只是討論物種如何演化而已，而不是討論在道德上人人應該如何舉止。

我特別強調這一點，是因為我正置身於可能會被極多人誤解的危險，這些人並不能分辨哪些才是正確的觀點。我認為人類社會若只是奠基在一般無情自私的基因法則上，那這個社會將是很汙穢的。不幸的是，無論我們多惋惜某件事，卻無法使它不成為事實。

這本書著眼在讀來有趣，如果你想從中抽取些許道德規範，那麼就當本書是個警告吧！我想警告你，如果你想（其實我也想）去建立一個大家都樂意合作，而且大公無私的追求共同好處的社會，那你就錯估了生物的天性。所以我們得努力「教導」如何利他和博愛，因為我們性本自私。同時也要了解，我們身上自私的基因在想些什麼，因為這樣至少有機會去攪亂它們原始的設計，而這是其他物種永遠辦不到的。

站在教導的立場討論這些觀點時，若你以為基因的遺傳特徵，是固定而且不能修改的，就大錯特錯了。基因也許教我們要自私，但我們不必完全遵照它的吩咐。只是，假如天生就

有利他基因的話，行善就不會那麼難學了。

在動物界中，人是最獨特的，因為人相當受制於文化，以及由學習和傳承而來的影響。有些人可能會說：文化對人類太重要了，基因（不管自私與否）和了解人類的天性，實在是不相關的。但有些人卻持相反的看法。不論是贊成或反對，全取決於你所持的立場——也就是先天或後天，何者決定人類的本性。

人之異於禽獸？

這導入了我在這本書的第二個觀點：我不想激起「先天、後天」這種截然不同立場的爭辯。當然在這方面我有意見，但我不會去表白。不過，某些文化所隱喻的觀點，我會在第十一章提出一些看法。

假如基因對於現代人的行為真的毫無影響，假如我們真的在這方面有別於其他動物，那麼我們還得問一個很有趣的問題：是什麼法則使我們到最近才異於其他動物？假如人類真的並非我們所想的那樣「例外」的話，那我們更應該去探究，到底這法則是什麼！

本書第三個觀點是：不描述人類或任何其他動物的詳細行為。我只在舉例說明時才會用到實際的行為細節。我也不會說：「假如你注意狒狒的行為，你會發現牠是自私的；那麼，

人類的行為可能是自私的。」這與我所舉的芝加哥幫派分子的例子，在邏輯上完全不同。我的邏輯推論是：人類與狒狒都是天擇下的產物；假使你注意自然界中天擇的運作，似乎可以說，天擇下的任何產物都應該是自私的。所以我們可以預期：當我們觀察狒狒、人類或其他所有生物的行為時，這些行為應該都是自私的。

如果我們的預期是錯誤的（也許我們觀察到人類行為的確是利他的），那我們就得去面對一些傷腦筋、而且需要解釋的事了。

在進一步深入討論之前，還需要下一些定義。一個實體（如狒狒），如果牠會為了其他相同實體的「福利」去「燃燒自己」的話，就被稱作「利他的」。自私的行為與利他有完全相反的結局。「福利」應定義為生存的機會；雖然這點對生與死的影響有時很小，似乎可以忽略掉。不過，在現代版的達爾文理論裡，有個令人訝異的結論；對生存機率微不足道的影響，都可能對演化產生重大的衝擊。這是因為生命長河有足夠多的時間，使這些影響能被察覺到。

只談自私的行為

了解到利他及自私的定義是行為上而非主觀的，非常重要。我不想將動機心理學考慮進去，也不想討論一個人表現出利他行為時，究竟是真的發自內心，抑或只是因為自私的動

機。也許這兩種情形都對，或都不對，或許我們永遠都不知道。但無論如何，這都不是本書所要討論的重點。我的定義只是單就行為所產生的效應而下的。這些效應是否會提升或降低假設中「利他者」或「受惠者」的生存條件？這才是我想討論的主旨。

要用實際的例子，來說明在長期生存條件下的行為效應，是件頗複雜的事。事實上，當我們將這定義應用在實際的行為時，一定要用「明顯的」這三個字來強調。很膚淺的去看一種明顯的利他行為時，我們往往都會認為利他者都一定會犧牲自己（其實很少如此），才能使受惠者生存。但通常在我們審視這些明顯的利他行為後，會發現這些行為只不過是「自私」的偽裝。

再一次聲明，我不是說背後的動機是自私。你若從這些行為對生存的真正效應來看，就會發現和我們原來以為的剛好相反。

現在我要舉幾個明顯自私或利他的例子。如果我用人類的例子，就很難去壓抑「人」的主觀思考模式，所以我用其他動物的例子，來說明自私的行為。

黑頭鷗（blackheaded gull）是聚居性的鳥類。窩與窩之間相隔不過數英尺。當雛鷗剛孵出時，既弱小又沒有自衛能力，很容易會被吃掉。常發生的情況是：一隻黑頭鷗等著牠的鄰居一離巢（也許是出去捕魚），就猛然撲過去，將鄰居的雛鷗吞掉。如此牠可以獲得營養的一餐，又免去捕魚的麻煩；再說，牠可以留在家裡保護自己的雛鳥。

更為人熟悉的例子是極可怕殘酷的雌螳螂。螳螂是種大型的肉食性昆蟲。牠們通常只吃比較小型的昆蟲，像蒼蠅一類的；但牠們也會攻擊其他任何會動的東西。當牠們交配時，雄螳螂會小心翼翼的爬近雌螳螂，搭在牠身上，然後開始交合。假如雌螳螂逮住機會的話，她會吃了雄螳螂，而且會先咬牠的頭——不論是交配前、過程中或分開後。

我們可能會想：等交配完了再吃牠，才是比較合理的做法吧？但丟了頭並不表示雄螳螂的身體就失去性能力。說得更具體一點，昆蟲的頭部是某些抑制神經的中樞，所以雌螳螂吃了雄螳螂的頭，可能還會增進雄螳螂的性能力。假如這點成立的話，那可真是額外的好處。當然最主要的是：她獲得了一頓飽餐。

「自私」這個詞，可能是上述極端例子的含蓄說法，儘管這十分吻合我們的定義。也許大家對南極大陸上懦弱的帝王企鵝（emperor penguin）會有一致的看法。我們可以看到這種企鵝站在水邊，遲疑著不敢跳下去，因為有被海豹吃掉的危險。如果這時有一隻企鵝先跳下去，那大家就可以知道哪裡會有海豹了。當然誰也不想先做實驗品，所以牠們就會等待，有時甚至還會試著互相推擠下水。

犧牲小我

更常見的自私行為，只是拒絕與他人分享一些重要的資源，比如食物、生存領域或性伴侶。但現在，我想請大家看一些顯而易見的利他行為的例子。

工蜂的螫刺行為對於盜蜜者，是很有效的防禦措施。但工蜂的螫刺其實就是「神風特攻隊」式的自殺行為。因為在攻擊的同時，工蜂的主要臟器都會被拉出體外，很快就一命嗚呼！牠們這種自殺任務或許可以保護整個群體，維持生命及食物存量，但牠自己卻永遠享受不到。從我們的定義來看，這的確是一種利他的行為。

我再提醒一下：我們不是在探討意識上的動機。在這裡所舉的例子及自私行為的例子中，不管意識動機是否存在，都與我們的定義無關。

為朋友捨命是最明顯的利他行為，但有時候還是會給朋友帶來危險。例如許多小型鳥類，當牠們遇見掠食性鳥類時（如大老鷹），會發出警訊，通知整群同伴趕緊逃命。毫無疑問的，這隻發出警訊的鳥會將自己暴露在危險中，因為牠引起掠食者格外的注意。或許這只是個附帶的危險，但至少它給人的第一印象，合乎我們對利他行為的定義。

最常見又最顯著的利他行為，就是父母，尤其是母親對子女的行為。父母養育子女不是在巢中、就是在自己體內，花費本身大量成本來餵養子女，冒極大的

危險去保護子女免受掠食者的侵害。舉一個特殊的例子吧，一些在地面築巢的鳥類，常在掠食者（如狐狸）靠近時，表演「分心術」的把戲。母鳥會假裝跛行的離開巢，縮著半邊翅膀好像斷了似的。當掠食者搜尋到這隻假裝殘廢的獵物時，就會被引開而不顧巢中的雛鳥。一旦狐狸撲向母鳥時，牠卻立即一飛沖天。此舉或許可以挽救雛鳥的生命，但自己卻得冒很大的危險。

「群體選擇」大謬誤

我並非想用這些故事來建立我的觀點。在耗費大量時間去建立任何形式的通則上，選些特殊例子絕非真正的好方法。我之所以用這些例子來作證，只是想在個體層次上，說明自私及利他的行為。

這本書將告訴你，我所謂「基因的自我本位」的基本法則，可以用來解釋個體的自我本位及利他本位。但首先，我必須針對利他的謬誤解釋再作一番澄清，因為這種解釋是一般人都這麼認為的，甚至學校也這麼教的。

這種解釋是建立在我曾提及的誤解上，就是「生物會因演化而去做對種族有利的事」。我們很容易就可以找到，這種論調是如何在生物學裡發跡的。

動物的一生，大部分是投資在生殖上；而且在自然界中觀察到的大部分利他犧牲行為，是發生在父母給與子女。「種族的延續」是生殖的婉轉說法，而且不可否認的也是生殖的結果。你知道的，只需一點稍微誇張的邏輯，就可歸納出：生殖的功用就是延續種族。如此一來，這只不過是更進一步錯誤的結論：通常動物如此做只是想延續種族。以「種族」為出發點的利他主義者就採納了這種說法。

這種錯誤的思維，也可以概括在達爾文的術語裡。演化是藉由天擇來作用的，天擇是指「最適應者」與眾不同的生存方式。所以，我們會一步步從最適應的個體，談到最適應的族群、最適應的物種，然後還有什麼呢？從某些角度來看，這問題並不頂要緊，但在論及利他時，則顯得相當重要。

假如某物種要在達爾文所謂的生存競爭中比賽，那個物種的每一個體就得視同一局棋賽中的卒子，隨時要準備為大局犧牲。用更恰當的說法來比喻：某個群體（可以是一個物種或一個物種內的族群）的個別成員，若都有心理準備，願意為整體的福利犧牲自己，而另一個團體中的個別成員，都將自己的利益擺在首位；結果是，前一種群體可能較後一群體不容易滅絕。如此一來，這世界將由全擁有自我犧牲的個體的族群所組成。這就是「群體選擇」（group selection）理論！長久以來，它一直被不熟悉演化論細節的生活學家當作事實。

群體選擇在英國動物學家韋恩艾德華（V. C. Wynne-Edwards, 1906-1997）的名著中問世，亞得

利的《社會契約》一書則將它普及化。與這相反的理論通常通稱「個體選擇」，不過我個人較喜歡稱它為「基因選擇」。

「個體選擇」是什麼？

要對「個體選擇」這題材作個快速回答，我只能這樣講：即使在一群利他者中，也總會有少數個體不願作任何犧牲。假如在利他群體中只有一個自私的傢伙，隨時準備貪圖其他人的利他性，照定義來說，他會比其他人容易生存及留下子孫。然後他的每一個後代，都會遺傳到這種自私的特質。在這種天擇下，經過數代之後，這利他族群就會被自私的個體所抵消了，而和「自私族群」沒有分別。

縱使我們認為在純粹的利他族群中，不可能會有任何敗類產生，但我們仍然很難去阻止自私個體，從鄰近的自私族群中移入利他族群，且藉由通婚汙染利他族群的純粹性。

個體選擇論者認為：群體一定會趨於消滅；而且不論群體消滅與否，它可能會被個體的行為所影響。個體選擇論者甚至可能會認為：只要群體中的個體具有與生俱來的遠見，那麼牠們就會察覺自身最大的長期利益，其實是隱藏在鞏固其自私貪婪裡，如此反而可防止整個族群的消滅。

這種論調近幾年來，在針對英國勞動人口的話題中，不知被提到了多少次。但比起個體競爭的快速和猛烈，群體消滅只是個緩慢的過程；甚至當群體發展更趨緩慢、而且不可避免的走向下坡時，自私的個體還是會靠著利他者，而得以在短期內發達起來。不管英國的公民有沒有福氣能有這種遠見，演化仍會盲目的向未來持續進行。

眾口可以爍金

雖然群體選擇理論在專業的生物學家中（對演化論有相當認識的），僅獲得少許的支持；但這理論仍有相當多的直覺認同。

當一代又一代的動物系學生從學校畢業後，一旦發現他們所學的群體選擇理論，與正統的理論完全不相符時，必定會感到非常訝異。他們的訝異是可以理解的，因為有一本專為英國高等教育的生物學教師所寫的書《紐菲德生物學教師指南》（*Nuffield Biology Teachers' Guide*）中，有以下引用的一段話：「在高等動物裡，個體可能會產生自殺的行為，以確保整體族群的生存。」由此可見，這個不具名的作者刻意忽略掉一些爭議性的事。不過這也可能讓他獲得諾貝爾獎；因為勞倫茲在他的名著《鬥性論》中也提過，鬥性行為有「保存物種」的功能，鬥性可以確認最適的個體，允許牠傳宗接代。勞倫茲也是諾貝爾獎得主。

這種爭論是沒完沒了的，但我在這兒想說的是：群體選擇的想法早已根深柢固，以致於勞倫茲（就像《紐菲德指南》的作者一樣），對於自己的說法明顯與正統達爾文理論完全違背時，卻毫不知情。

我最近在英國國家廣播公司播製的、關於澳洲蜘蛛的電視節目上，看到了一則有趣的實例。節目中的「專家」，在觀察到絕大多數的蜘蛛幼蟲被其他動物吃掉後，她居然這麼說道：也許這正是這些蜘蛛幼蟲生存的真正目的，因為牠們只需要有少數同類存活下去，來完成傳宗接代的使命，就可以了。

亞得利在《社會契約》一書中，還用了群體選擇理論來說明整個社會制度。他清楚看出人是一種偏離了「動物正義」的物種。在這點上，我認為他是做了家庭作業的好學生。他對正統理論的反駁非常理性，關於這點他實至名歸。

也許群體選擇理論能引起極大共鳴的一個理由，是它完全站在我們所共有的道德與政治上的觀點，來看待問題。人是很矛盾的，我們可能常常表現出自私的行為；但在某些較不切實際的狀態，卻又極力推崇那些為他人犧牲奉獻的人。至於我們要如何解「他人」這個詞，可真是有點迷糊了。群體內的利他行為，其實經常伴隨著群體間的自私行為一塊出現，你從工會的運作就可以看出來。

完成大我？

從另一個角度來看，國家是我們自我犧牲下的最大受惠者，年輕人會受到期望，為本國的榮耀前仆後繼的壯烈成仁。尤有甚者，國家還會鼓勵青年去殘殺其他的個體——不為別的，只因他們屬於另一個不同的國家。

但是最近，出現了一股反種族主義和反愛國主義的力量，促使全人類能感受到「四海一家」情懷的趨勢。我們利他主義的目標，似乎在人道精神層面又擴張了，這就出現一個有趣的推論；它看來似乎又在支持演化論中「對物種有利」的理念。

政治上的解放者——也就是我們最常見到、又最為人信服的種族代言人，經常對那些稍微踰越利他表現的人，給與最大譴責，只因為那些人讓其他種族分享了利益。不只是他們，你看吧，假如我現在說，我對防止捕殺巨鯨的興趣，要比我對改善人們的居住狀況大，肯定也會使一些朋友大吃一驚。

把自己拿去與其他種族的成員作比較時，我們總會有「本身應受特別尊重」的感覺。這種感覺是長久以來就根深柢固的。在非戰爭時期，殺人可說是一般人所犯最重的罪。我們的文化更強烈的禁止吃人，即使是死人也不能吃。然而，我們卻喜歡去吃其他種類的生物。好些人就算看到十惡不赦的罪犯被處決時，都還會害怕發抖，卻隨興射殺那些沒有犯罪而且溫

馴的動物。其實，我們去殺害那些無害的動物，常常只是為了娛樂與消遣而已。

哪一個層次才算數？

再說到人類的胚胎，其實和變形蟲一樣都沒有什麼人性，但所受到的尊重和法律所賦予的保障，卻遠超過黑猩猩所受的待遇。順帶一提，根據最近的研究顯示，黑猩猩有感情而且還會思考，甚至有能力去學習人類的語言。至於胚胎，只因它屬於我們自己的種族，便立刻被賦予特權及利益。我不知道那些抱持種族主義（speciesism）的倫理學者——在此我借用萊德（Richard Ryder）的術語——是否比那些抱持種族偏見主義（racism）的倫理學者，更能妥當的站在符合邏輯的立足點上？我只知道在演化觀的生物學上，這種想法根本找不到適當的基礎來支持。

要在家庭、國家、種族、物種，或所有活生生的東西的哪一個層次，來行使「利他」，才符合人類的道德規範？這是相當令人困擾的。這種困擾，就如同在生物學上，要根據演化論來預期利他應發生在哪一層次，一樣令人迷惑。

就算群體選擇論者發現兩個敵對族群之間的成員，彼此都心懷不軌，他們也不會覺得訝異；因為這就類似工會成員或軍人，他們都會偏袒自己的群體，以爭取有限的資源。如此一

來，我們就要問：群體選擇論者如何決定，哪個層次才是最重要的？假使群體選擇現象既發生在物種內的各個群體間，也發生在物種與物種之間，那麼為什麼不能發生在規模更大的群體之間呢？

我的意思是，既然幾個物種被歸類為屬，幾個屬被歸類為科，幾個科又集合成目，幾個目又集合成綱；而獅子與羚羊就和人一樣，都屬於哺乳動物綱，那麼我們能要求獅子該為了哺乳動物的利益，不去獵殺羚羊嗎？

獅子當然可以去獵殺鳥類或爬蟲類，如此就可以避免哺乳動物綱的滅絕。但是這麼一來，又如何去維持更高一層的脊椎動物門生生不息呢？

且聽我說來

要用「歸謬法」（reductio ad absurdum）來反駁群體選擇理論，指出它的不適用，對我而言是輕而易舉的；但對於明顯存在的個體利他性，我仍然需要花多些篇幅來解釋。

譬如，亞得利認為湯姆生氏瞪羚（Thomson's gazelle）的跺腳行為（stotting），只有以群體選擇理論才可能解釋清楚。這種在掠食者之前才有的誇張行為，與鳥類的警訊十分雷同。這樣的行為同樣都在警告其他同類危險將至，但在另一方面，似乎也吸引了掠食者對跺腳者的注意。

我們有必要解釋跺腳瞪羚和其他類似的現象，這在後續幾章將會討論到。但首先，我必須為自己的想法辯解。

我認為從天擇的角度來探討演化論的最佳方法，是從生物的最底層切入。我的想法深受威廉士的名著《適應與天擇》（*Adaptation and Natural Selection*）所影響。我所提出的中心思想，則是受魏斯曼（A. Weismann, 1833-1914）的學說——「生殖細胞的延續性」（continuity of germ-plasm）所啟蒙。魏斯曼是二十世紀初的生物學家，當時可還沒有發展出基因理論。

我將要證實天擇以及利己主義的基本單位，既非種，也非群體。嚴格來說，更非個體，而是「基因」這遺傳的最基本單位！

對某些生物學家而言，乍聽之下，可能會認為我的觀點太極端了。雖然我的表達方式讓人有些不習慣，我仍然希望他們在真正了解我所指為何之後，能同意我的看法。

舉證需要時間，但我們一定得先起個頭，那麼就生命的源頭開始談起吧！

2 複製者傳奇

我們只知道起初是很簡單的，但若要詮釋簡單的宇宙是怎麼開始的，已經相當困難了；更別提去解釋全副武裝而且結構複雜的生命（或是能夠創造生命的生物）如何突然發生，會有多麼困難。達爾文的天擇演化理論之所以令人信服，是因為它告訴我們簡單如何變為複雜：沒有次序的原子可以集合為更複雜的形式，最終製造出人類。達爾文提出了最容易、最深入我們存在問題的解答，這個解答也是到目前為止唯一的答案，而我將試著以較平常的方式解釋這個偉大的理論。

大霹靂之後，邁向穩定

達爾文的「最適者生存」，實際上只是「穩定者生存」這個常規的特別情況。宇宙間充滿了穩定的事物：穩定的事物是多數原子形成的集合，它通常呈現恆久的狀態，或普遍到有個盡人皆知的名字。就好比馬特侯恩峰（Matterhorn），因為它是阿爾卑斯山很搶眼的高峰，所以很值得命名傳頌。穩定的事物也可能是臨時湊合成的實體，例如雨滴，它以相當快的速率聚集起來，雖然可能曇花一現，但也該有個名字的。

我們周遭看得到的事物，像是岩石、銀河、海洋河流，在程度上或多或少，都是原子的穩定形式。肥皂泡沫都傾向球形，因為薄膜充滿氣體時，這樣的外形是穩定的。在太空船

上，水也是以小圓球的形式穩定存在的；但在地球上，因為地心引力，水在靜止狀態中的穩定表面是平坦而水平的。還有，鹽的結晶多為方塊狀，因為鈉和氯離子以如此形式穩定的聚集在一起。在太陽裡，元素家族中最簡單的氫原子會融合成氦原子；因為在那樣的情況下，氦原子的形成較為穩定。

其他更複雜的原子則在宇宙所有的星球上逐漸成形，而且全都是在遙遠過去的一場「大霹靂」（big bang）爆炸後誕生的——根據學界盛行的理論，大霹靂開啟了宇宙，是我們的世界及元素最初的來源。

有時候當元素相遇，會一起產生化學反應，形成分子。這些分子可能較單一元素穩定，也可能較不穩定。分子可以很大，像鑽石這種晶體，你可以將它當作是一整個巨大分子，它的結構可是出了名的穩定；但你也可以把它視為許多簡單小分子的集合，因為鑽石內部的原子組成是無止境的重複著。

有機生命體則具有相當大而複雜的分子，而且複雜性可分成好幾個層次。

我們血液中的血紅素是很典型的蛋白質分子，它由胺基酸鏈結而成。胺基酸是個含有幾打原子的小分子，原子排列得非常精巧。每個血紅素分子含有五百七十四個胺基酸分子，以四條鏈扭轉排列，形成錯綜複雜的球狀立體結構。血紅素分子的模型看起來就像是個緊密的荊棘叢，但不像真的荊棘叢那樣蕪蔓複雜；它並不是偶然、馬馬虎虎的形式，而是明確不變

的重複構造。平均每個人體有超過六千億億次完全相同的血紅素分子重複結構，其中沒有不當的枝椏或不必要的扭轉。像血紅素這種蛋白質分子的正確荊棘叢形狀，是非常穩定的，因為同樣序列的胺基酸組成的任一條鏈，就如彈簧一樣，傾向於以同樣的立體螺旋形式靜止下來。在每個人體內，新生成的血紅素荊棘叢正以每秒四百萬億次的速率，彈跳成它們「偏好的」形狀，而其他老化的分子也正以同樣的速率被摧毀掉。

天擇接手了

血紅素是個現存的分子，可用來描述原子傾向於形成穩定形式的原則。關於這點，在地球上生命未出現之前，分子的某些初步演化，可能只需要按照物理和化學的一般過程就形成了，根本不需要想到設計、目的或方向。如果在有能量存在的情形下，一群原子一旦開始形成某種穩定的組合形式，就會傾向於保持這種形式。最早的天擇式樣，就是挑選穩定的形式和淘汰那些不穩定的。這種淘汰法則實在沒什麼神祕可言，它就是如此的依照我們現在知道的定義自然發生。

由此可知，天擇並不能按著你我的期望演化，更無法解釋像人一般複雜生命體的形成原則。我的意思是說，你若選取了正確數量的原子，並外加些能量，並不能將這些原子搖出正

確的組合形式，更不可能經由這種搖動搖出亞當！你可能可以做出某個含幾打原子的分子；但每個人都是由成千上億的原子所組成的，要嘗試造人，你必須用化學雞尾酒攪拌器攪上好一陣子，直到宇宙的年紀好像眨一下眼的光景，甚至到那時候你也不一定能攪出個人來。

這也就是達爾文的理論以最普遍的形式，發揮影響力的所在——分子緩慢形成的故事告一段落後，達爾文的理論就接手了。

關於生命起源的故事，我所提的都是推測性的，因為當時沒有人在場看見到底怎麼發生的。現存有為數不少互相抗衡的理論，但它們都有某些相同的特徵，而我根據那些理論所作的簡化報導，可能就和真理相距不遠。

太古渾湯裡出現奇蹟

我們不知道在生命來到之前，什麼樣的化學性天然材料在地球上最多；但在眾多的可能性中，以水、二氧化碳、甲烷、和氨最為合理。它們都是簡單的化合物，在我們的太陽系中至少也存在於其他的行星上。化學家已嘗試模擬地球年輕時的化學條件，他們將這些簡單的物質放在錐形瓶中，供給它能源，如紫外光或閃光——當然都是人工模擬過的太初閃電。

幾週後，在錐形瓶內通常可以發現很有趣的東西：淡褐色的渾湯中，含有相當多較原

先放入的更為複雜的分子。特別令人驚喜的是，還發現了胺基酸，因為它是蛋白質的建材，也是兩大類生物分子中的一種。在完成這些實驗之前，自然發生的胺基酸已被認為是生命存在的特徵，比如說：如果在火星上檢測到胺基酸，那麼似乎就可以確定火星上有生命。但現在，它們的存在卻只能表示有一些簡單的氣體出現於地球年輕時的大氣中，當時地球上已有火山、陽光、或打雷的天氣。

最近，在實驗室中所模擬的生物發生之前的地球，在這片混沌的化學條件下已能產生叫做嘌呤（purine）和嘧啶（pyrimidine）的有機物質，這些都是遺傳分子DNA（去氧核糖核酸，deoxyribonucleic acid）的建材。

類似的過程在地球草創初期，就叫做「太古渾湯」（primeval soup），生物學家和化學家相信：它在三十億年前到四十億年前組成了海洋。那時候，有機物質漸漸的局部性變濃了，這可能多半發生在海岸邊的乾泡沫，或是懸浮的小水滴內。受到諸如從太陽來的紫外光能量進一步影響後，它們合成了較大的分子。

在我們現今的世界裡，大的有機分子是可以忽略的，因為它們會很快被細菌或其他生物吸收或破壞掉。但是細菌和我們這些生物都是更晚才來到世上的，在太古時候，大的有機物質可以不受干擾，穩穩當當的從正在變濃的渾湯中漂走。

於是在某一時刻，一個相當特別的分子意外形成了。它不一定是最大或最複雜的分子，

但它具有能夠複製自己的不尋常特性——我們且稱它作「複製者」。這似乎是非常不可能發生的意外，但它的確發生了，這真是令人難以置信。在人的一生中，事情若是那麼的不可信，我們就會把它當作「不可能」！這就是為什麼你從來沒有在賭足球賽上贏過大獎的緣由了。不過，當我們在估計什麼是可能的、什麼是不可能的時候，通常不會連續處理個十億年。這麼說吧，如果你每週都簽賭票，而且能連續簽個十億年，你還是可能會贏到幾個大獎！

自我複製加速進行

實際上，一個分子複製它自己，在開始時並沒有想像中那麼困難。複製，只消先發生一次就可以了。

你可以這樣子思考：只消一次，以後就會源源不絕的繼續發生下去。先把複製者想像成鑄模或模板——一個由各種建材分子組成的大分子複雜鏈。在複製者周遭的渾湯中，建材分子是垂手可得的。現在請再假設，每種建材對它自己的同類都具有親和力，那麼當某個建材分子從渾湯中成為複製者緊鄰的一部分時，因為同類間彼此有親和力，這建材分子就會傾向於黏在那裡。你看，各種建材分子如果同樣的附著上去，就會自動排列成一個序列，連結形成穩定的鏈，就如最初的複製者一樣了。

這樣的複製過程可以持續向上堆積，層層疊高——晶體就是以這種方式形成的。另外，這兩條鏈或許會分開，但如此一來，我們就會有兩個複製者，兩者都可以繼續自我複製了。

當然，你也可以有更複雜的假設：每個建材分子對同類並不是那麼有親和力，而是對其他特定的種類特別有親和力。那麼複製者就不是複製模板了，而是類似照相底片的負片模板——它可以做出正片模板，而正片模板又可以反過來再做一個與原來負方絲毫不差的複份。

為了達到我們的解說目的，請你先不必理會最初的複製過程是「正－負」方或「正－正」方（雖然值得注意的是，第一個複製者的現今等同者——ＤＮＡ分子，採用了「正－負」方的複製方式）；要緊的是，某種新的穩定性已來到世上了。過去，太古渾湯中並沒很多特別複雜的分子，因為每一個具有穩定外形的分子，都只能靠建材分子碰巧互撞而形成。如今，複製者生成了，它一定會運用模板複製方式，快速將自己的複份散播到渾湯中，直到小的建材分子漸漸成為稀少的資源，使得大分子愈來愈少形成……。

複製的錯誤會累積

經過了這些複製過程，我們似乎已看到一群擁有相同外形的複製者族群了。但現在我要提醒大家，任何複製過程的重要性質是：它不完美，會發生錯誤！

我希望本書沒有印刷錯誤，但如果你小心看，可能會發現一、兩個，不過它們可能不至於嚴重到扭曲句子的意思。

在印刷術發明之前，像福音書的書籍是用手抄寫複本的，所有抄寫員無論多小心，都難免會犯一些錯誤，更何況有些人會故意的「改良」。

我們常認為錯誤的複製不是好事，拿重要文件來說，很難想像錯誤會是一種改良。舉個例子，從事「七十人譯聖經本」的學者，當他們誤譯希伯來文的「年輕女子」成希臘文的「處女」，結果就會出現這樣的預言：「必有一處女懷孕生子……。」

如果書籍都是從唯一的原版複寫而來，那麼總有些複本不至於嚴重扭曲原意。但如果複本是由複本所翻寫的，而後者又是從其他複本抄來的，錯誤就會漸漸累積並嚴重起來。

不過無論如何，我們知道：太古渾湯的錯誤複製，可能會在生物複製者身上發生改良；而且某些製造上的錯誤，正是生命漸進演化的基礎。

原始複製者的現代子孫就是ＤＮＡ分子，它的複製過程和已算高度準確的人類複製過程比較起來，更是驚人的精確而忠實；而且就算過程中偶爾出錯，也能促成演化。或許最初的複製者非常反覆無常，但不管怎樣，我們可以確定，在複製過程中曾有錯誤發生，而且這些錯誤是會累積的。

演化大趨勢

當錯誤的複製品製造出來並大量繁衍，太古渾湯就漸漸被不相同的複製品所充滿了。這其中當然也包括同一族群中的幾個複雜的變種分子，它們都傳承自相同的祖先。而且，我們還可以肯定，有些變種的數量一直比其他的變種多呢！

有些變種先天上就較其他的變種來得穩定；某些分子一旦生成，就較其他的難再瓦解。這些較多、較穩定的類型，在渾湯中就會漸漸的、相對的多起來。數量增多不僅是它們「長命」（longevity）的直接結果，也是因為它們有較長的時間自我複製。較長命的複製者因此漸漸增多了。我們可以說如果其他的條件保持不變，在分子族群裡，應該會有個演化趨勢是朝向更長命的。

但如果其他的條件常有改變，那麼複製的速度或「生產力」（fecundity），應該就是促使複製者變種的另一個特性了，因為這才是使複製者廣泛散布到族群中的重要力量。例如，如果A型分子平均一週自我複製一次，而B型的分子一小時一次；就算A型分子「活」得比B型分子來得久些，我們可預見A型分子很快的在數量上遠遠落後，整個族群壽命也趕不上B型分子。

所以在渾湯中，可能一直有朝向較高生產力的演化趨勢，長命反倒不是最關鍵的。

複製者分子的第三個特徵是：如果X型和Y型分子的生命期相同，複製速率也相同，但X平均每十次複製會發生一次錯誤，而Y僅每百次錯一次，Y明顯的將漸漸成為多數。在族群中X複製錯誤的偶發事件，失去的不僅是誤入歧途的「孩子們」而已，還包括所有它們可能產生的子子孫孫。

演化似乎是件好事

你可能會覺得前一段說法似乎似是而非。我們既然能夠認同「複製錯誤是演化發生的基本條件」，為什麼又肯定「天擇偏好正確度高的複製（high copying-fidelity）」這想法呢？就某些模模糊糊的意義而言，答案是，有錯誤的複製才有演化，而演化似乎是件好事，特別是我們也正是它的產物。而實際上，並沒有任何物種是被「要求」演化而成的。不管我們願意不願意，演化自然就會發生，儘管複製者（和現存的基因）傾盡全力阻止它發生。

莫納德（Jacques Monod, 1910-1976，一九六五年諾貝爾生醫獎得主）對這點很了解。在史賓塞（Spencer）講座中，他所作諷刺性的評論是：「演化理論另一個有趣的地方是，每一個人都認為自己很了解它！」

再回到太古渾湯吧，它應該已經被各類穩定的變種分子所充滿了。這裡的穩定是指：個

別的分子可維持一段長時間，或它們複製得很快，或複製得很正確。演化的趨勢傾向於這三類的穩定，並且會發生以下的情形：如果你在不同時間從渾湯中取樣，較晚的取樣應該含有較高比較的「長命、生產力大、複製正確度高」的變種。基本上，這是生物學家對演化的說法，而且當他談到活的生物時，機制也是一樣的——這便是所謂的天擇。

那麼我們是否應該稱最初的複製者分子是「活的」？管它的！我若對你說「達爾文是有史以來最偉大的人」，你或許會說「不是，牛頓才是」，但我希望我們不會爭辯太久。重點是不管我們的爭論如何解決，結論的本質是不會受影響的。牛頓和達爾文的生命和成就，是不會改變的事實，不管我們是不是標榜他們偉大。同樣的，不管我們是否稱複製者是「活的」這些分子的故事仍然可以像我所說的那樣發生。

有人會覺得痛苦，因為有太多演化的內容我們沒辦法領會。文字只是我們使用的工具，在字典中雖有「活的」這個詞，並非意謂在真實的世界中，就必須有個相對應的狀態存在。不管我們稱早期的複製者是活的或不是活的，它們都是生命的祖先——我們的創始祖。這一點是永遠不變的。

有競爭才有進步

天擇的另一個重要關鍵，是達爾文強調的競爭。

太古渾湯無法供養無限量的複製分子，一來是地球的大小固定，二來是還有很多其他的限制因子。我們對複製者扮演鑄模或模板的印象是：假設它浸泡在充滿複製所需的小建材分子的渾湯中，當複製者漸漸變多後，建材分子將以某種速率被消耗掉，愈來愈顯得稀少珍貴。不同類的變種複製者或不同品種的複製者，應該會為了逐漸稀有的小建材分子而相互競爭。我們已考量過天擇偏愛的複製者數目會增加的因素，現在你可以知道了：因為競爭，較不受偏愛的變種應該在數量上更成為少數，且最終都會滅絕。

複製者的變異種類間，過去都有過為生存而奮鬥的經驗，不過它們可不知道它們正在奮鬥，或為此而擔心。事實上，奮鬥被大自然毫不費力的經營著。但複製者過去的確是在奮鬥，這意謂著任何錯誤的複製如果導致新而更高的穩定層次，或產生了能削減對手穩定性的新方式，都可以自動的保存和增多。

改良的過程是累積的，增加己身穩定性和減少對手穩定性的手段，變得愈來愈精巧和愈來愈有效率。某些變種分子，甚至已「發現」如何從化學上打破對手的分子，然後利用瓦解、釋出的建材來製造自己的複份。這些便是肉食動物的遠古始祖，它們在除掉競爭對手的

同時，也獲得了食物。

其他的複製者或許也會發現該怎麼保護自己：不是從化學上，就是藉著一道蛋白質的物質牆包住自己，這可能是活細胞的起源。複製者開始不只是為生存而存在，而是為自己建造容器，建造出讓自己能繼續存在的工具。

過去那些能夠存活的複製者，都曾為自己建造了求生機器以寄宿。起初的求生機器可能僅由護殼所組成，但是當具有較好、較有效的求生機器的新敵手一出現，謀生就變得艱難起來，求生機器也因此變得愈大且愈精細。這過程是累積而漸進的。

以「基因」之名……

複製者在技術和計謀上漸漸的改良，以確保它們在世上的延續。這種改良不斷的發生，究竟會造成什麼樣的結果呢？這個問題沒有一定的答案，因為有相當長的時間可供改良。

現在，四十億年已走過去了，古老複製者的命運到底如何呢？

古老的複製者可沒有死光，因為它們曾是那些求生藝術品的雕塑大師。請不要在海洋中尋找它們，以為它們還在自由的浮沉；古老的複製者在很久以前就放棄了那種無牽絆的自由。現在它們一大群正安全的聚集在巨大而笨重的機器人裡面，與外面的世界幾乎完全封

閉，只以迂迴的間接路徑與外界聯絡，用遙控來操縱外界。

它們在你身體裡面也在我身體裡面；它們創造了我們、肉體和心靈；而且它們的存在才是我們存在的基本理由。

那些複製者已經到達許久了，現在它們以「基因」的名義繼續奮鬥，而我們只是它們的求生機器！

3

不朽的雙螺旋

我們都是求生機器——這裡所指的我們，並不只意味人而已，它還包含了所有的動物、植物、細菌、和病毒。地球上所有求生機器的數量是難以統計的，我們甚至連所有物種的數目都還不知道呢！就拿昆蟲來說吧，目前活著的種類據估算就已經有三百萬種了，至於所有的昆蟲個體大概是上千億、上萬億了！

不同種類的求生機器，不管是外表或內部器官都表現得非常不一樣。章魚一點也不像小老鼠，兩者更不像一棵橡樹。但是就基本的化學性質而言，它們卻都頗為相像，特別是它們所攜帶的複製者，也就是基因。從細菌到大象，基因都是我們所共有的基本分子。

我們都是為了相同的複製者（一種叫做ＤＮＡ的分子）而存在的求生機器。不過，求生的方法很多且各有不同，因此複製者便製造了各式不同的機器來配合：猴子是保留爬樹基因的機器，魚類是保留生活在水中的基因的機器；甚至有一種小蟲保留了活在德國啤酒袋的基因……。ＤＮＡ便是如此這般，以種種神祕的方式運作！

ＤＮＡ的模樣

為了解說方便，我好像給了你們一個印象，就是現在由ＤＮＡ構成的基因，和太古渾湯裡的第一個複製者是沒有兩樣的。

這雖然不影響整個論述，卻不一定是事實。第一個複製者可能是和ＤＮＡ類似的分子，也或者全然不同。如果是後者，我們可以說，它們的求生機器應該在稍晚的時期被ＤＮＡ奪走了！果真如此，那麼原先的複製者是完全被消滅了，因為在現代的求生機器裡，找不到任何證明它存在的蛛絲馬跡。順著這個推理走下去，坎恩斯史密斯（A. G. Cairns-Smith）曾提出一個有趣的說法：最初的複製者未必是有機分子，而可能是無機的晶體，像是礦物或一小撮黏土。

不過，不管是不是篡奪者，今天的ＤＮＡ無疑負有職責在身；除非像我在第十一章提出的想法，有一個新的篡奪權力剛剛才開始。

ＤＮＡ分子是由一長串叫核苷酸的小分子所構築而成。正如蛋白質分子是胺基酸形成的鏈一樣，ＤＮＡ分子也是鏈狀（核苷酸構成的鏈）。但ＤＮＡ分子實在太小了，肉眼看不見，不過它確實的形狀已有人巧妙的用間接方式弄清楚了！它是由一對核苷酸鏈，以優雅的雙螺旋方式纏繞在一起的，也就是所謂的「雙螺旋」。

核苷酸分子有四種形式，它們的名字可以縮寫成A、T、C和G。它們在所有動物和植物中的成分都一樣，所不同的僅僅是排列順序的不同。舉個例子來說，人的G核苷酸和蝸牛的G核苷酸是完全一模一樣的，但是人的核苷酸排列順序不僅不同於蝸牛，甚至每一個人的排列順序都不同，只是這種不同有程度上的差別罷了（除了特例，例如同卵雙生子）。

軀體建築計畫書

基因活在我們的身體裡，它並沒有集中在身體的某一部分，而是分布在所有的細胞中。每一個人平均都由一千兆個細胞所構成，除了一些可以忽略的例外，這些細胞中任何一個都含有一組完整的DNA。這組DNA便可看成是製造身體的一套指令，全是由A、T、C、G四個核苷酸字母所寫成的。這就好像在一棟大建築裡的每一個房間，都有座書櫃放著整棟建築物的建築計畫書。這個書櫃就是細胞核，建築計畫書在人類一共有四十六卷（不同的物種有不同的卷數）。

所有的各「卷」指的就是染色體，它們在顯微鏡底下像一條條細線般，基因便依照順序排列其中。決定某個基因的末端及下一個基因的起始，並不是件容易的事，或許也不見得有意義。還好，以下還會說明：能否辨別基因的起始和結束，和我們的目的沒有太大關聯。

在這裡，我會先運用建築計畫書的比喻，幫助你了解基因。所謂的「卷」將用來指染色體，而「頁」則是指基因，當然基因彼此間的區分，並沒有像書的各頁間那麼清楚分明。我們將使用這個比喻一段長時間，當它不適用之後，我會再引用其他的比喻。順便提一下，「建築師」當然是不存在的，DNA的指令已由天擇裝配好了。

DNA分子做了兩件重要的事。第一是它們複製，也就是說它們製作自己的複份。自從

有生命開始，這事就沒中斷過，而且DNA分子還是個中高手呢！每個成人都由一千兆個細胞所構成，然而卻是由一個單獨的、包含一整套建築計畫的細胞開始孕育的。這個細胞先是由一分裂為二，其中任何一個都擁有一套完整的計畫。連續成功的分裂，使得細胞數目增加為四、八、十六、三十二、一直到上億。每一次分裂，DNA的計畫都被忠實的複寫下來，很少發生錯誤。

這是談到DNA複製的第一件事。但如果DNA果真是構築人體的計畫書，那麼計畫是如何執行的呢？它們是如何被轉譯成身體各部分的材料呢？

DNA分子所做的第二件重要的事，就是間接的督導另一種不同的分子，即蛋白質的製造。我在上一章提到的血紅素，便是無數蛋白質中的一個例子。DNA的譯碼訊息是以四個字母，分別代表不同核苷酸而寫成的；然後再以某種簡單固定的方式，轉譯為另一組字母，這些字母代表胺基酸，它們可以拼成蛋白質分子。

基因操控了胚胎發育

看起來，製造蛋白質離製造人體尚有一段距離，但卻是朝正確方向發展的第一步。

蛋白質不只是構成身體的主要材料，同時也是推動細胞內化學變化的主控者，它們能在

關鍵的時刻和地點決定反應是否該進行。雖然胚胎學家可能得花個十年或上百年的時光，才能釐清嬰孩如何發育完成的詳細步驟，但基因控制胚胎發育，已是實實在在的事。基因的確間接操控了人體的製造，而且影響僅來自單方面：由先天的遺傳來操控人體的特性，後天的特性則無法遺傳。不管任何人盡其一生得到多少知識與智慧，沒有一樣可以經由遺傳而傳給他的孩子。每一個新的世代都必須從頭開始，而人體正是基因保持不受改變的工具。

基因控制胚胎發育，在演化上的意義是：基因至少必須為自己未來的生存負部分責任，因為它們的生存端賴於身體的有效運作；而身體正是基因的居所，這居所是基因協助建構的。很久很久以前，天擇是由漂浮於渾湯之中，生存上有差別性的複製者所組成的；現在，天擇挑選那些善於製造求生機器的複製者，和精於操控胚胎發育藝術的基因。但是，這些複製者並沒能比以前更具有意識或更有目標。生命期、生產力和拷貝的忠實度，依然在對手分子間照著相同的老步調自動篩選，依然和以前一樣沒有方向及不可避免的進行著。

基因沒有預言的能力，它們也不做事先的計畫，基因所能做的僅僅是，某些基因做的比另一些好，就是這麼一回事！但是決定基因生命期和生產力的品質，卻不像基因本身那麼簡單，不過也不會複雜到哪兒去！

大約在六億年前，複製者在求生機器製作技術上，完成了一些令人讚嘆的成就，例如肌肉、心臟、和眼睛（獨立演化了幾次）。但在這些成就之前，複製者激烈的改變它們基本的生

活形成。這一點在我們進行下一步討論時，必須先了解。

為什麼不叫基因集團？

現代複製者的第一項特質是，它是相當群聚性的。求生機器是承載基因的工具，承載的不只一個，而是幾千、幾萬個基因。每一具肉體都是基因精巧的共同傑作，想要區分這個基因和另一個基因的貢獻，幾乎是不可能的！一個特定的基因可以在身體特定的部位發生作用，但每一個特定部位都是由許多基因所影響的。每個基因影響力的多寡，決定於和其他基因的交互關係——有些基因扮演主基因，操控著一群其他基因的運作。如果引用類比，你可以想成：建築計畫的任何一頁都與建築實體有對應關係，並且任何一頁只有在與其他相當頁數相互參考時，才顯出意義。

基因精巧的互相依存，可能使你驚嘆為什麼用「基因」這個詞呢？為什麼不用集合名詞如「基因集團」呢？這個說法從許多角度看，的確是個不錯的點子！但是如果我們從另一個角度看，將基因集團分開成一個個單獨完整的複製者或基因，也別有用意。

有性生殖擁有混合及重組基因的效應，這表示個體只是基因短期組合的歇居工具罷了！基因的組合意謂任何個體或許是短命的，但是基因本身卻潛藏著非常長的壽命。它們的路徑

穩定的跨越世世代代，因此，可以看成是一個個存活過無數個體的單元。

這是本章將推衍的中心論點，也正是一些我所敬重的同僚不願苟同的，因此你必須原諒我，如果我好像過於嘮叨！首先，我需要簡要的解釋「性」的事實。

決定眼睛的顏色

我曾說，製造人體的計畫是詳記在四十六卷書上的。事實上這是過度簡化了，真相是有點古怪的。四十六條染色體是二十三對，我們可以這麼說，每一個細胞的細胞核內都分列兩套二十三卷的計畫。我們叫它們卷一a和一b……，二a和二b……，一直到卷二十三a和二十三b。當然，這些卷號或後面提到的頁數，都是我隨意定的。

我們從雙親各取得一組完整的染色體，這些染色體是在睪丸或卵巢裝配的。卷一a、二a、三a……是從父親來的；而卷一b、二b、三b……則來自母親。理論上，你可以用顯微鏡看到任何一個細胞中的四十六條染色體，並且挑出那來自父親的二十三條，和來自母親的另外二十三條。不過實際的操作卻很困難。

成對的染色體並非一直都在一起，或彼此靠得很近。在什麼情況下我們稱它們是「成對」的呢？那就是從父親來的卷數及頁數，是直接對應到從母親來的相同卷數及頁數。例

如，卷十三 a 的第六頁和卷十三 b 的第六頁，同樣談論了眼睛的顏色——有可能一個說藍色，而另一個說是棕色。

有時候，兩個相對應的頁數所說的一樣，但在其他情況下，就像方才提到的眼睛顏色的例子，會有所不同。假如它們下達了相反的指令，那麼身體該怎麼做呢？

答案是多樣的，有時這個指令壓過另一個。在眼睛顏色的例子中，那個孩子事實上是棕色眼珠的，製造藍色眼珠的命令被忽略了，但這命令將來還是有機會傳遞給下一代。像這樣一個被忽略的基因，即稱為「隱性」，而相對於隱性基因的，就是「顯性」基因。控制棕眼的基因對控制藍眼的基因是顯性的，因此有藍眼睛的人，在談論眼睛的相關頁數上，必須是同樣指示製造藍眼的才行。

然而兩個相對基因不一樣，才是較常發生的情形，結果便會造成某種妥協，使身體表現出中間型或完全不一樣的形態。

當兩個基因，像棕眼睛和藍眼睛，是競爭染色體上同一位置的對手時，它們便被稱作「對偶基因」（allele）。就我們的目的而言，對偶基因和對手是同義的。你不妨想像所有建築計畫的各卷是活頁裝訂的，各頁都可分離、且彼此交換。每個卷十三都有第六頁，但是卻有好幾個版本的第六頁可能裝訂在第五頁和第七頁間。某一種版本是說「藍色眼睛」的，而另一版本卻說「棕色眼睛」，也可能有其他版本會說出另外一些顏色，像是綠色。

總括說來，整個族群或許有半打之多、不同指令的對偶基因，位於第十三條染色體的第六頁上。任何一個人都只有兩個第十三卷染色體，因此只能有兩個對偶基因在第六頁的位置上——他可以有兩個相同的對偶基因，或是從整個族群中的半打裡挑選出兩個。

每一個精子都是唯一的

你當然不能照字面意義，從族群的基因庫中挑選出你要的基因；不論何時，所有的基因都緊綁在個體的求生機器上。基因在受孕時就分配給了我們，不論我們喜不喜歡，對它一點辦法都沒有。但不管怎樣，從長遠來看，族群內的所有基因都可以視為一座基因庫。這名詞是遺傳學家的術語。基因庫這個抽象觀念的價值，是指出了交配會將基因混合（雖然是以很小心的組織方式）！特別是，有些類似從活頁的裝訂中抽離和交換各頁和一疊書頁的事，的確在進行著。

我已經說過，一個細胞正常的分裂為兩個新細胞後，每個細胞都能得到一套完整的四十六條染色體。正常細胞的分裂叫做「有絲分裂」（mitosis），但是還有另一種分裂叫「減數分裂」（meiosis）——這僅發生於生殖細胞，也就是精子或卵子的製造中。在所有細胞當中，精子和卵子算是比較獨特的，和含有四十六條染色體的細胞不同的是，它們只有二十三條染

色體。恰好一半的染色體可方便它們受精後融合，產生一個新的個體。（以上都是以人類做為例子）。

精子有二十三條染色體，是由睪丸中帶有四十六條染色體的一般細胞，經減數分裂而形成的。會是哪二十三條染色體選入特定的精子呢？精子絕不可能隨便挑選二十三條染色體，意思是：最後絕不可能是帶有兩份卷十三，而沒有卷十七的組合。

理論上，精子的染色體可以完全來自個體的母親一方，也就是卷一b、二b、三b、……二十三b。但這是不太可能發生的例子，因為在這個例子中，由這精子懷胎的小孩會有一半的基因是來自祖母，而完全沒有來自祖父的遺傳。事實上，這種整組的染色體分布並不會發生，這解釋起來是相當複雜的。還記得各書卷（染色體）得想成像活頁的裝訂嗎？其實，在精子的製造過程中，常有單頁或一疊脫離了裝訂，並且與相對應卷數的各頁交換了！所以，一個精子細胞的第一卷可能前面的六十五頁是由卷一a而來，而從六十六頁以後則來自卷一b；精子的其他二十二卷也都可能由這種方式所組成。因此，每一個由個體所製造的精子細胞都是唯一的，雖然所有精子的二十三條染色體都是從相同的四十六條染色體而來。

卵子在卵巢內的製造情形也一樣，所以每一個卵子也都是唯一的。

這種混合的生命機制，我們已經了解得相當完全了。在精子（或卵子）的製造過程中，

部分的父系染色體機械性的脫離自己，並且和相對應的部分母系染色體交換位置（請記得，我們所談論的染色體最初是來自製造精子個體的親代，也就是，由這個精子所發育成的小孩的祖父母）。交換部分染色體的過程就叫做「交換」（crossing over），它占本書全部情節非常重要的地位。這意味著，假如你拿出顯微鏡，想鑑定自己精子或卵子中的染色體，究竟是來自父親還是母親？那簡直在浪費時間！任何一個精子的染色體都是拼湊之作，是母系基因和父系基因互相鑲嵌的結果。

遺傳的摩斯電碼

從現在開始，我們不能再以某頁比喻某基因了！在活頁的裝訂中，一整頁可以插入、抽出、或對換，但每頁的局部卻不可以；可是真實的基因並不如此。基因群是一長串的核苷酸字母，無法明顯的區分出單一基因。但為了特別區段的區分，也有一些特別的符號，像是蛋白質鏈的開始與結束，皆有特定的四個字母表示；而在開始與結束間的部分，則是製造蛋白質的轉換指令。依循前例，我們也可以將一個單獨的基因定義為一列核苷酸字母，在這一列字母的兩端有開始和結束的記號，並且可轉譯成一條蛋白質鏈。

「順反子」（cistron）就曾以這樣的方式被定義為基因，許多人還拿這個詞與「基因」這詞

交相使用。但是真實的染色體交換時，發生斷裂的位置有可能在某個順反當中。這麼說來，建築計畫書就不像各頁獨立的活頁本了，反倒像是一疊各頁相連的電腦報表紙。

每個基因都沒有固定的長度，唯一能告訴我們一個基因結束與下一個基因開始的方法是：讀紙卷上的特別記號，找出「訊息結束」與「訊息開始」的記號。所以，基因交換的意思就是：找到相對的父系染色體區間與母系染色體區間，剪斷此區間並互相交換，不管上面寫的是什麼。

本書書名中的基因二字，不僅代表染色體上某一段像順反子的單獨區段，還有更微妙的意思在內。雖然我的定義未必合所有人的胃口，但是基因至今仍然沒有普遍認同的定義，就算有的話，也沒有什麼大不了！我們可以依照自己的需要對某個字彙下不同的定義，只要我們能區分得很清楚，不會和其他字彙搞混。

我所用的定義是採用威廉士的說法：基因是染色體上任一部分的物質，可能已延續相當多的世代，而成為天擇的單位。在上一章裡，我們將基因當作是具有甚高的拷貝忠實度的複製者，而拷貝忠實度是「複製形態長存」的另一種說法。

你先別急，這個定義需要再作一些說明。

基因愈短愈長命

不管你怎麼定義，基因都必須是染色體的一部分。問題是，一部分有多大？換句話說，紙卷有多長？想想看，在紙卷上任何一列相鄰的英文字母，我們都可以稱之為一個遺傳單位。它可能是像順反子的英文一樣，含有七個字母；也可能是八個順反子的英文字排在一起的序列；也可能是起自某個順反子英文字中間、終至另一個順反子英文字中間的一小列。它將會與其他的遺傳單位重疊，或是包含一些更小的單位，也或許只是較大單位的某一部分。

不管它有多長或多短，在我們現在的討論中，它就是我們所謂的遺傳單位。它僅僅是染色體的一部分，在物理性質上與其他的染色體沒有不同。

現在回到重點，在一代接一代的遺傳嬗遞中，遺傳單位愈短，愈有可能存活得愈長；尤其是，因為它較短，所以較不可能在某一交換事件中被分割。

現在我們假設一整條染色體，在每一次減數分裂產生精子和卵子時，平均發生一次交換，而且這個交換會發生在任何位置。接著我們考慮一個非常大的遺傳單位，染色體一半的長度吧！那麼每一次的減數分裂，這個遺傳單位就有百分之五十的機會被分割；假如這個遺傳單位僅有染色體百分之一的長度，那麼在每次的減數分裂中，就只有百分之一的機會被分割。這意味著較短的遺傳單位可以在個體的後裔中，存活相當長的世代。

但是特殊的情況仍然隨時可見，就好比某一段順反子可能遠不及染色體百分之一的長度，卻可能被分割出來，單獨游離在細胞核中；而一長排相連的順反子反而一起經過許多世代後，才被交換打斷。

我們都有共同的祖先

遺傳單位的平均生命期，可以簡單的用世代來表示，當然也可以換算成「年」。例如，我們若以整個染色體做為假想的遺傳單位，它的生命史就只能維持一個世代。

再舉個例子來看，你的第八 a 染色體，遺傳自父親，它是由你父親的睪丸特別製造出來的，在此之前，從來未曾在這世界的古往今來存在過；它只是在減數分裂的洗牌過程中，給意外創造出來，是由你祖父母的部分染色體湊在一起製造而成的。它被安置於某個獨一無二的精子中。這個精子是數百萬精子中的一個，精子群就像是由許多小船組成的超大型艦隊，曾經一起駛向你母親。這一個特定的精子（除非你是異卵雙生子），是艦隊中唯一停泊在你母親卵子的一艘小船，於是你來到了這世上！

在這例子中，我們所考慮的遺傳單位，即你的第八 a 染色體，和其他的遺傳物質一起著手複製它自己。現在它以複份的方式存在，到處充滿你身體了。但當輪到你該有小孩時，這

個染色體將會因為你進行減數分裂製造卵子（或精子）而遭破壞，它的一些部分會和你的母方染色體八b交換。在任何一個生殖細胞中，一個新的染色體八將會產生，它綜合了部分的八a與八b，可能比原來的「更好」或「更壞」。但它的確是截然不同且獨一無二的，除非八a與八b不會在減數分裂發生交換，而完整的保留下來——不過這是相當不可能的巧合。所以我們知道，染色體的生命期是一個世代。

那麼小一點的遺傳單位，它的生命期又是如何？比方說你的八a染色體長度的百分之一呢？

這麼一個小單位也是來自你父親，但是它很可能不是你父親特別製造出來的。根據前面的解釋，有百分之九十九的機會，它是來自你的祖父母之一。再假設它是從你的祖母而來，那麼同樣的，你祖母也有百分之九十九的機會，是從她的雙親之一完整的接收到它。如果我們往上追溯這個小遺傳單位的祖先夠久遠的話，將可以找到最起初的創造者，它必然是由你某位祖先在睪丸或卵巢裡特別創造出來的。

讓我重複我所使用的「創造」這個詞的特殊意涵。組成遺傳單位的較小次單位，很可能存在已久，而遺傳單位則是在某個特別的時刻創造出來的，它獨特的意義是：這些次單位的特殊排列方式是在過去未曾見的。創造的時刻可能發生在最近，例如你的祖父母之一。但是如果我們考慮一個非常小的遺傳單位，它便可能在非常久遠的祖先，或許是類人猿的史前人

類祖先時，已給初步創造成了。此外，在你身體裡面，某個初創的小遺傳單位也可能會傳遞至未來，完整的保存在你綿延的後代之中。

記住，個體的後代不僅有直系也有旁系。不管是你的哪一個祖先創造了你八a染色體的某個特殊小段，這位祖先很可能還有其他的子孫就在你身旁。你的遺傳單位之一，或許可在你表兄弟身上發現，也可能出現在我身上、在首相身上、及你的狗身上——假使我們追溯得夠遠的話！因為，我們都有共同的祖先。

但是就算是近親，也不可能和你有完全一樣的一整條染色體；不過遺傳單位愈小，就愈可能發生共有的情形，也愈可能在世界上以複份的形態存在許多次。

重要的演化失誤

透過交換使得次單位共聚一堂，是形成新遺傳單位的普遍方式。另一種方式叫做點突變（point mutation），雖然不常見，卻具有演化上無比的重要性。點突變是一種失誤，相當於書中打錯了一個字母。這種情形雖不常見，但是顯然的，遺傳單位愈長，就愈有可能在某處發生點突變。

另一種少見的失誤或突變的方式，就是倒位（inversion），會造成嚴重的長期後果。它的情

況是：一小段染色體離開本體，上下顛倒再黏回本體。如果再以活頁式計畫書來比擬，這樣的突變就等於迫使部分頁數重新排序了。有時候，染色體的局部並不只單純的倒轉，而是重新黏到該染色體完全不同的部位上，甚至黏到不同的染色體上，這相當於把一疊書頁從這卷書換到另一卷。

這種突變雖然常造成災難，但有時也碰巧使一些遺傳單位緊密的連鎖（linkage），發揮特殊的功能。例如，某種良性的效應，可能只有在兩個順反子同時存在的情況下才會發生，它們可在某方面互補或互相增強——而倒位正是使它們互相靠近的方法。接下來，天擇可能會垂青於這個新組成的遺傳單位，於是它便得以傳遞到將來的族群中。基因複合體（gene complex）在經年累月中，很可能便經歷了這種大規模的重組或「編輯」的方式，而成為現存的遺傳單位。

關於這種現象，有個絕妙的例子就是擬態（mimicry）。有些吃起來很難下嚥的蝴蝶，翅膀的顏色經常是鮮豔的，鳥兒因此便學會把這種鮮豔的裝扮當作警告標誌，而避免吃牠。現在，其他吃起來不難吞嚥的蝴蝶也利用這點，在顏色和形狀上模仿起那些警告標誌來（但味道卻不然）。牠們經常愚弄了人類的自然學者，也愚弄了鳥兒，鳥兒只要有一次吃到真正難吃的蝴蝶，便會盡量避免去吃所有長相近似的蝴蝶。

這現象（包括擬態者及被天擇垂青的擬態基因），正是擬態演化的由來。

有許多不同種類的「難吃」蝴蝶，並不見得都長得很像。一般而言，同一類擬態者都是模擬同一種難吃物種的專家。但還是有些擬態者表現得有點奇怪，例如同種的某些個體模擬某種難吃的A物種，而另一些個體則擬態其他的B物種。任何個體想要做中間型或同時擬態兩者的，很快會被吃掉；不過這樣的中間型是不會出現的，就像個體要不是雄性，就是雌性，一個個體也只能擬態一種難吃物種。

看起來好像單一個基因，便能決定個體將擬態A物種或B物種。但是單單一個基因如何決定所有各式各樣的擬態，像是顏色、形狀、斑點形式及飛行的節奏呢？如果一個基因等於是一個順反子，那麼答案可能是否定的。但是如果經由遺傳物質的倒位和其他意外的重組，在無意識及自動的「編輯」下，一大群原先各自分開的基因，便會聚在同一條染色體上，形成一串緊密的連鎖組。這整個基因群就像單一個基因一樣，既是獨立的遺傳單位，還會是另一個相對群組的「對偶基因」。

於是，有某個群組包含了好幾個有關擬態A物種的順反子；而另一群組則是擬態B物種的。這樣的群組都很少因交換而分開，因此我們未曾在大自然中發現中間型的蝴蝶；但是在實驗室裡、大群蝴蝶混養的情況下，少數的個案偶爾還是會發生。

本書書名的由來

我使用基因這個名詞來代表：小到足夠能延續許多世代，且能以許多複份的形式到處分布的遺傳單位。這並不是個嚴格的「有或全無」（all-or-nothing）的定義，而是個「逐漸」（fading-out）的定義；也就是說，基因的大小有不同的規格，不會全是長的，也不會全是短的。

染色體的長度若是愈容易因交換而遭分割，或因不同的突變而改變，就愈不合乎我的基因定義。例如順反子這樣的長度，可能就可以符合基因的定義。但是大一點的單位也有可能，好比染色體上有一打的順反子可能彼此非常相近，已足以構成長命的遺傳單位。蝴蝶的擬態基因群就是很好的例子，你大可以把它們當作一個基因。

當順反子離開一副身體進入另副軀體，再登上精子或卵子展開下一世代的旅程時，很可能發現小艇也有它們上一趟航行的鄰居。它們是同舟共濟的老船友，從遠古的祖先身體就已開始長途冒險了。在同一染色體上相鄰的順反子，往往形成緊密的旅行團，它們在減數分裂進行時，通常都會登上同一條船。

所以嚴格來講，這本書不可以叫做《自私的順反子》或《自私的染色體》，而應該是《稍不自私的大片染色體與較為自私的小片染色體》。不過這不是個動人的書名，因為我界定基因為一小片有潛力維持許多世代的染色體，所以便稱這本書為《自私的基因》。

我們現在且再回到第一章末了時的觀點，在那裡我們看到，自私是任何天擇的基本單位所共有的本性。我們也看到某些人以物種為天擇的單位，而一些人則認為是種內的族群，又另有些人認為個體才是：我則偏向主張基因為天擇的基本單位，因此也是自我利益的基本單位。其實，我現在是用一種不是真正有把握的方式，去界定基因的。

對天擇最常用的解釋，是指實存體（entity）的差別性生存——一些實存體存留下來，其他的都死了。但是，為了使得這種選擇性的死亡能在世上發生影響，必須有另一個條件相配合：每一個實存體必須以無數複製的形式存在；而且至少有一些實存體必須具有十足的潛力，以便在可觀的演化時間裡以拷貝的形式存活下來。小型的遺傳單位當然擁有這些特點，然而個體、群體及物種則無。

孟德爾（Gregor Mendel, 1822-1884）的偉大成就告訴我們，遺傳單位是以肉眼看不見、且獨立的方式進行的。如今，我們知道這種說法有點太過簡單了！連順反子有時都可分割了，那麼任何兩個位在同一染色體的基因，當然也不完全獨立。

基因永遠是不朽的！

不過現在，我所能作的便是將基因定義為：相當接近不可分割的微粒子的理想形態。基

因並非不可分割，只是很少發生罷了！基因可以完整的從祖父母傳到孫子，而不被其他基因所分割。假如基因不斷的被其他基因分割，所謂優秀的基因，也會不斷的改變而無法保存下來了，我們現在所了解的天擇也就不可能發生。

達爾文終其一生證實了這一點，但也為它煩惱不已，因為在當時，遺傳被認為是切割混雜的過程，沒有任何遺傳單位會給完整的保留下來。孟德爾的發現老早就已經發表，他的發現或許可以解救達爾文。但是天曉得達爾文竟然對此一無所悉——當時似乎沒有人讀過那個發現，一直到達爾文和孟德爾兩人死了數年之後，才被後人發現整理出來。孟德爾或許沒有想到他的發現有多重要，否則他可能會寫信告訴達爾文。

另外，基因還有個獨特性，就是它不會衰老；即使一百萬歲的年紀也不會比一百歲容易死亡。它依自己的方式和目的，從一個肉身躍過另一個肉身，傳到下一代，操控了一個又一個的身體；更在肉身衰老及死亡之前，將一連串必朽的肉身丟棄。

基因是不朽的，說得更貼切一點，它們被定義成遺傳的實存體，以便符合不朽的封號。我們只是它們在世上的求生機器，期望能活個幾十年；但是基因在世上的生命期望值卻不是以十年為計，而是以上千年及上百萬年來計算的。

肉體不能不朽

對於行有性生殖的物種來說，個體是個太龐大且太短暫的遺傳單位，以致於無法做為天擇的重要單位；由個體所組成的群體則是一個更大的單位。

再從遺傳觀點來看，個體和群體都像是天空中的雲或是沙漠中的風暴，是短暫的聚集和聯盟，它們在演化的時間尺度裡並不穩定。族群可能可以持續得久一點，但是它們會不斷和別人混群，而失去了自己的獨特性，因此它們的內部也常常發生演化上的改變。所以族群並不是能夠分立的實存體，在和其他族群比較時，也不夠穩定及唯一到可以分出優劣，而被天擇挑選出來。

至於個體的肉身看來似乎是獨立存在的，但天曉得它能維持多久？每一個個體都是唯一的，你無法在這些實存體都僅有一個的情況下，從中挑選，進行演化。正如族群會被其他族群弄混一樣，個體的後代也會被生殖配偶弄混！你的子女只是你的一半，你的孫子是你的四分之一。在幾個世代過後，你可以期望子孫滿堂，但其中任何一個都只有一小部分的你，只有一小部分你的基因——雖然子孫中有少許冠上了你的姓氏，但他不會全部屬於你。

個體並不穩定，他們瞬間即逝。染色體洗牌後也會消逝，就像洗牌的手一樣；但是牌本身卻能繼續存在。這些牌就是基因！基因不會因交換而摧毀，它們只是交換搭檔並繼續前

進。當然它們得繼續前進，那是它們的事業，它們是複製者，而我們只是求生的機器。當我們盡完責任後便慘遭過河拆橋的命運！但是基因卻是地質年代的永久住民；基因是永遠的！

基因就像鑽石，是永遠的，但是卻不完全像鑽石那樣。鑽石結晶是以長久不變的原子形態存在的，ＤＮＡ分子卻沒有那樣的永存性質。任何ＤＮＡ分子的生命都很短，可能只有幾個月，再長也不會長過個體的生命。但是理論上，ＤＮＡ分子能夠以自己的複份形式活上億萬年。此外，就像渾湯中的古老複製者一樣，獨特基因的複份可能已經遍布全世界了！古今唯一的差別，是現代版的基因都精巧的包裝在求生機器的身體裡頭。

定義基因

我正在做的是，強調基因一直以不斷複製的形式，近乎不朽。在好些地方，我們都可將基因定義成一個單獨的順反子，但是為了演化的理由，它必須擴增，擴增的程度取決於定義的目的何在。因為我們想要找出天擇的操作單位，所以我們就從鑑定一個成功的天擇單位必須具備的性質開始。

根據上一章的說法，這些條件是長存性、生產力和拷貝忠實度。接下來，我們就簡單的

定義基因為：至少在潛力上，是具備這些性質的最大實存體。基因是長命的複製者，以無數重複拷貝的形式存在，但它並非無限的長命，順反子也會因交換而一分為二。

我們其次要把基因定義為染色體短短的一小段，短到使它能有潛力延續夠長的時間，做為天擇進行的重要單位。

到底時間多長才夠？這裡並沒有確實而簡便的答案，可能必須看天擇的壓力有多大來決定；也就是說，一個「壞的」遺傳單位比起它「好的」對偶基因到底早死多久？但這牽涉到數學的計算，會因個案不同而異。做為天擇操作下的最大實存體，基因大概可以在順反子和染色體的大小之間，找到一個標準長度。

基因頗有潛力的不朽性，使它成為天擇的基本單位。現在要強調「潛力」這個用語了！基因可以活上百萬年，但是許多新的基因甚至連一代都過不了。可以成功的生存的少數新基因，有部分理由是它們太幸運了！但我們還是得歸功於它們所具備的條件，也就是善於製造求生機器。它們對於每一個能容納基因的身軀，在其胚胎發育階段都深具影響力，以便自己能夠比其他的對手或對偶基因，有多一點點生存及繁殖的機會。

舉例來說，一個「好的」基因可以藉由給與肉身長腿的特性，幫助身體躲避敵害，來保障生存。不過請注意，這是個特例，並不能普遍適用；畢竟長腿並不是絕對有價值的特性，對鼴鼠而言，它便是障礙。

自私的最基本單位

在我們一頭栽進細節討論前，不妨先想一想有哪些普遍的特性，是可以在所有好的基因（例如長命）中找到的？相反的，什麼樣的特性可以一下子便顯示出那是個壞基因，是較短命的？這些普遍的特性可能有好幾個，但是只有一個特別切合本書：在基因的層次，互助必定是壞的，而自私是好的。基因為了求存，必須直接與它們的對偶基因競爭，因為這些對手都是在未來的減數分裂中，競爭染色體上同一位置的敵手。任何基因在基因庫中，若能以犧牲其他對偶基因來增加自己生存的機會，將較容易存留下來。

所以，基因是自私的最基本單位！

這一章主要的訊息現在已經說出來了！但是我略過了一些複雜性和隱藏的假設，且讓我簡要的說明一下複雜性。不管基因在世代間的旅行是多麼自由和獨立，既然胚胎的發育是在它們控制之下，它們就沒法子很自由和獨立。它們以相當複雜的方式彼此聯合互動，而且還包括和外在環境互動。像「長腿基因」和「互助行為基因」等說法，其實是為了解說方便，比較重要的是，你應該去了解它們究竟意謂什麼？沒有一個基因是只單單造一條腿的，並控制這腿是長是短。造一條腿是許多基因合作的工程。從外在環境來的影響也是不可避免的，畢竟，腿是由吃進去的食物造成的！但是確實有可能有那麼一個基因，在其他條件相同下，

可不受它對偶基因的影響，傾向使腿長一點。

用一個類比，請想想肥料對作物的影響吧，例如氮鹽對麥子成長的影響。每一個人都知道，麥子這種植物在有氮鹽的情況下長得比較大，但是沒有一個人會笨到去宣稱，只需有氮鹽便可以做出一株麥子。種子、土壤、陽光、水和不同的礦物質，明顯的都是必須的。但是如果這些因子都維持恆定，甚至在某個程度內有所變異也沒關係，添加氮鹽才會使得麥子長得更高些。這就類似單獨的基因對胚胎發育的影響一樣。

胚胎發育，是由複雜到我們都尚未弄清楚的互動網路所控制的。沒有任何遺傳的或環境的因子，可以肯定的說是組成嬰兒某一部分的單獨肇因。嬰兒的各部分發育都有無數個因素在影響，但是這個嬰兒與另一個嬰兒的不同，以腿長度的差別為例，不管是在環境或基因裡，都可以輕易的追蹤到一個或幾個簡單的因素。

差異性正是生存競爭真正關心的地方；而由基因所控制的差異，正是演化所關心的。

就基因而言，它的對偶基因就是死敵，但是其他的基因則是環境的一部分，相當於溫度、食物、掠食者或者同伴。基因的效應決定於它的環境，這裡所謂的環境也包含了其他的基因。有時某個基因會因一個特別基因的出現，而產生某種效應，而當另一組基因出現時，卻產生截然不同的效應；所以，整組基因在身體裡就構成了遺傳環境或背景，不斷在修正及影響任何一個特定基因的效應。

用划船來比擬

現在，你有沒有發現：我們似乎有點兒自相矛盾？假設造嬰兒真是一項精密合作的嘗試，並且每一個基因都需要好幾千個基因夥伴來幫忙，才能完成任務，那麼又該如何用我的想法認同這件事呢？看吧，我當基因是不可分割的，在時間的長河中跳躍於身體之間，成了不受拘束和追尋自我的生命經紀人。那些都是胡說八道嗎？不盡然！我大概把事情說得太冠冕堂皇了，但是我並非胡說八道，而且也沒有矛盾。我可以用另一個類比來解釋。

一名划船手單靠自己，可無法贏得牛津大學與劍橋大學的划船對抗賽，他還需要八名同伴。每個同伴都必須是坐在船上某一固定位置的佼佼者，不論是船首、尾槳、或舵手都一樣。划船是一項團隊合作的競賽，但是有些人在某方面總是比別人強一點。假設划船教練想從一群候選人當中挑出理想的隊員，有些擅長船首位置，另一些擅長當舵手，諸如此類。接著教練作了以下的選擇；每一天他召集三個新隊員，候選人可以在特定位置上任意調換，而且他讓這三個隊員和其他隊伍競賽。幾個星期後，就會發現勝利的船隻常常是由相同的幾個人所組成的，他們因此被認為是優秀的划船手；其他的人看起來老是出現在較慢的隊伍裡，所以最後便遭到淘汰了。

但是，即使是出色的划船手，有時也會是較慢隊伍的成員，原因可能是其他成員程度較

差，或是運氣不好，老是碰上強勁的逆風。不過，一般說來，最優秀的人總會在勝利的隊伍裡。

划船手就像基因，船上每個位置的競爭對手就像對偶基因——它們可能在染色體上占有相同位置。你可以做這樣的對應：划得快的船相當於善於生存的軀體，風代表外在的環境，一群在同樣位置上的候選人即是基因庫。就任何一個軀體的生存而論，它的所有基因就像在同一艘船上。一個優秀的基因碰到其他差勁的夥伴，就像是和一些致死的基因共享同一具軀體般，如果在軀體年幼時，致死基因便殺掉了軀體，那麼這個優秀基因只好和其他基因玉石俱焚了！然而這僅是一個軀體，這個優秀基因的複製品，也許早已經活在沒有致死基因的其他軀體中。

許多優秀基因的複份遇難，是由於和差勁基因共處同一具軀體的緣故，另外有些則是遭遇到不同的厄運，例如身體遭到電擊。但是就運氣的定義來說，好或壞是隨機的，一個基因若持續處於劣勢，就不能說是運氣不好；它應當就是個差勁的基因！

好基因必須合作無間

好划船手的特質之一是團隊精神，也就是和隊伍中其他人互相適應及合作的能力，這一

點可能和擁有強健的肌肉一樣重要。如果某個基因與其他大多數基因可以合作無間的話，這類基因就較容易在成功的肉體內相遇，也就是說，這些基因比整個基因庫內的其他基因來得優秀。

舉例來說，就肉食性身體的有效運作而言，有一些特質是必須的，其中如尖銳的犬齒，可以消化肉品的腸胃及許多其他要件；相反的，一隻有效率的草食性動物，則需要平整的臼齒及更長的腸道，以應付完全不同的消化作用。在草食性動的基因庫中，任何能讓它的攜帶者保有尖銳牙齒的新基因，都不會太有用。這並不是說肉食不好，而是因為除非有適當的腸道，和其他能配合肉食生活方式的屬性，否則肉食將不會太有效率。負責尖銳牙齒的基因並非先天上就是壞基因，它們只有在草食性動物的基因庫中，才被認為是壞基因。

這是個微妙且複雜的觀念，之所以複雜是因為：任一個基因的「環境」也包含了其他大部分的基因。揀選出這些基因的主要評判點，則是它與環境合作的能力。適合用來解釋這個微妙觀點的類比的確存在，但是並非來自我們日常的經驗，而是「遊戲理論」——我會在第五章談到動物個體彼此攻擊競爭時，再來介紹。

再回到這章的中心思想，即天擇的基本單位最好不要在物種的層次，也不在族群，更不在個體上，而是位在遺傳物質的較小單位。這個論證的基石，在於假設基因是有潛力永遠不朽的，而肉體和其他較高層次都是暫時性的。這個假設根據兩項事實：有性生殖會發生交

換，以及個體會死亡。

這些事實是無可否認的，但是並不能阻止我們繼續追問：為什麼我們和大部分其他求生機器都要進行有性生殖？為什麼我們的染色體要交換？又為什麼我們不能長生不老？

為什麼會衰老？

為什麼人老了就會死？這個問題相當複雜，除了特別的理由之外，一些較普遍的說法早已有人提出。舉例來說，有一個理論是說：年老代表有害基因拷貝錯誤，以及發生在個體一生當中，各種基因傷害日積月累的結果。

另一個理論，是梅達華爵士（Sir P. W. Medawar, 1915-1987，一九六〇年諾貝爾生醫獎得主）提出的，這是個借用基因選擇來闡釋演化思想的好例子。梅達華首先駁斥傳統的說法：「年老的個體死亡是對其他個體的利他行動，因為當他們老到無法生殖時，只會搞亂這個世界而沒有一點好處。」就如梅達華所言，這是個循環論證，先假設了他事先所想證明的東西，也就是年老的動物太衰弱了，以致於無法生殖；再來一步步證明。雖然這種說法也有一些值得欽佩的地方，但它同時也是對群體選擇或物種選擇的天真解釋。

梅達華的理論自有精采的邏輯，我且敘述如下。

我們已經問過什麼是「好」基因最普遍的特質，並且認定「自私」是其中之一。但還有另一個普遍的特質是：成功的基因會有一種傾向，即延遲求生機器的死期——至少也會延遲到生殖之後。毫無疑問的，你可能會有姪兒或叔公死於孩提之時，卻沒有任一個直系祖先是早夭的。祖先是不會早夭的！祖先若是早夭了，哪裡會有你！

會使自己棲身的肉體死亡的基因，叫做致死基因。半致死基因則有一些耗弱的效應，本身不至於致命，卻會增加其他死因的機率。任何基因都曾在個體某些特定的生命階段裡，極力發揮影響力，連致死與半致死基因都不例外。大部分的基因在胚胎時期發揮影響力，其他的則在青壯年期、中年期、甚至老年期（毛毛蟲和由牠所變來的蝴蝶，也有相同的情形）。很明顯的，致死基因傾向於從基因庫中剔除；但同樣明顯的是，一個較晚發作的致死基因會比較早發作的致死基因，在基因庫中停留得久一點。

在老邁個體內的致死基因，可能還算是基因庫中成功的基因，因為它能在尚未發生效應之前，還讓個體有時間進行生殖。例如，會使個體產生癌症的基因可能延續好幾代，因為個體在得到癌症之前已先進行生殖。換句話說，能令年輕個體產生癌症的基因，將不會有太多後代，而那些使小孩得到致死癌症的基因，將不會有任何後代。

根據這個理論，年老死亡只是單純的晚發作致死或半致死基因，在基因庫中累積的副產品。它們之所以能通過天擇之網，完全是因為較晚發作的緣故。

梅達華所強調的觀點是：天擇偏愛能延遲致死基因發揮作用的基因，此外它也偏愛能促進好基因發揮影響力的基因。所以，許多演化的發生，可能是由於基因作用的啟動時間，正巧發生在遺傳控制的關鍵時刻，才形成的。

值得注意的是，這個理論無須先對「生殖只能發生於某個特定年齡」預設立場。一開始的假設即是，所有的個體在任何年紀都同樣可以產生後代。梅達華理論可以很快的預測出：較晚發作的有害基因可在基因庫累積，而且隨之而來的結果是年老的個體生殖力較差。

也可以這樣長壽

姑且偏離一下主題。這個理論的優點之一，是引導我們做一些相當有趣的臆測。舉例來說，照梅達華的理論來講，如果我們希望增加人類的平均壽命，可以走兩條路：第一，我們可以禁止在某一年齡之前生育，好比說四十歲；幾世紀後最低年齡再調高至五十歲，然後依此類推。可以想像人類的壽命可以藉由這個方法，提高到好幾百歲。不過，我無法想像，有任何人會認真考慮進行這個政策。

其次，我們可以想辦法「愚弄」基因，使它們認為自己是處身在年輕的個體中，事實上，就是想辦法鑑定出個體老化時，身體內在化學環境的變化情形——任何的變化都可能是

「開啟」晚發性致死基因的線索。藉著模擬年輕個體表相的化學性質，或許可以再延遲晚發性有害基因的開啟。

有趣的是，老化的化學訊號就常理而言，不一定是有害的。例如，假設意外發現物質S在老年個體中的濃度比在年輕個體裡高。S本身可能是無害的，或許只是食物中的某些物質在體內長時間的累積。不過更可能的是，物質S的出現恰巧是某種基因發揮有害作用的指標；如果S不存在，這基因倒是能表現出好的影響。所以這基因當然會被選入基因庫中，而且成為實際上必須為老化負責的基因。

這個想法具革命性的地方是，S本身只是年老的標記罷了！許多醫生只注意到高濃度的S會導致死亡，便想像S是一種有毒物質，所以絞盡了腦汁去找S和身體不良作用的直接因果關係。然而，他可能在浪費時間！

或許也有一種物質Y，濃度在年輕個體中比在年老個體裡高，是屬於年輕人的標記。同樣的，也有基因是在Y出現的情況下表現出好的影響，但是一旦Y不存在時便是有害的。在無從獲悉S和Y是什麼時，我們可以簡單的做一般性的預測：在老年個體中，若有愈多可以模仿年輕個體的性質，不管這些性質看起來是多表面，那個老年個體都會愈長壽。

我必須強調，以上所言都是根據梅達華理論而來的臆測。雖然梅達華理論在邏輯推理上有一些道理，但並不意味它就是老年死亡的正確解釋。我要再強調的是，演化的基因選擇觀

點，在解釋個體逐漸衰老以致死亡的傾向上，沒有任何困難。個體必會死亡的假設是本章討論的重心，而它在整個理論架構上也是講得通的。

為什麼有性？

另一個我閃爍帶過的假設，就是有性生殖和交換的存在，這些是較難解釋的。交換不一定會發生，雄果蠅便不會，在雌果蠅身上也有一個基因是抑制交換的。但假如我們養了一群果蠅，在牠們基因庫中這種抑制基因是普遍存在的，那麼這群果蠅「染色體庫」中的染色體，就成了天擇最基本不可分割的單位了。事實上，如果根據我們的定義，依循邏輯推論下去，這整個染色體正是我們所謂的「基因」。

然而，性以外的其他選擇的確存在。雌的綠蒼蠅自己可以生育健康的、沒有父親的雌性後代，每一隻後代都含有母親所有的基因。有時候，綠蒼蠅母親「子宮」裡的胚胎，在自己的「子宮」裡也預藏了一個更小的胚胎。所以綠蒼蠅母親會同時生下她的女兒還有孫女，這與生下一模一樣的雙生子可沒有兩樣。

許多植物藉著伸出長根，好進行營養體繁殖，在這情況下我們寧可說是生長，而不是生殖。假如你也這樣想，那麼生長與無性生殖的差別，就相當微小了，因為兩者都是簡單的細

胞有絲分裂。有時候，植物營養繁殖的個體也會與親體分離，類似的例子像榆樹，它們相連的根仍然保持完好；事實上，整個榆樹林只能看成是一個單獨的個體。

所以，問題是：假如綠蒼蠅和榆樹都可以如此輕易的產生後代，為什麼我們要花時間去找另一個人來混合我們的基因，然後製造嬰兒？看起來這是件挺奇怪的事。當初為什麼「性」這個古怪又扭曲了直接複製的方式會出現呢？性的好處究竟是什麼？

這是個連演化學家都極難回答的問題，最嚴肅的解答還包括繁瑣的數學推理。坦白講，我想要避掉這個問題，只想說一件事：理論學家在解釋性的演化上所遭遇的些許困難，都來自他們習慣性的認為，個體竭盡其力擴充他生存下來的基因數目。

在這些術語中，性顯得有點似是而非了，因為就個體繁衍自己身上的基因而言，性真是很沒有效率的方式：每一個小孩只有這個個體百分之五十的基因，另外百分之五十是由另一個性配偶所提供。假如能像綠蒼蠅一樣，能夠生出跟她自己一模一樣的小孩，她便能傳遞百分之百的基因給每個後代。這個明顯的矛盾使得一些理論學家接受了群體選擇論，因為從群體層次的好處來看，性比較容易讓人理解。像包得邁（W. F. Bodmer）就說得很明白：「性可以幫助一個單獨的個體，累積來自不同個體所得到的有利突變。」

但是假使我們遵循本書的論證，視個體這個求生機器是由長命基因組成的短暫聯邦共同建造的，這個矛盾可能就不會那樣令人覺得似是而非。

「效率」從整個個體的觀點來看，其實是無關題旨的。有性或無性只是在單一基因控制下的屬性，就像藍色眼睛與棕色眼睛一樣。負責「性」的基因，為了它自己自私的目的，而操控了所有其他的基因；而負責交換的基因也一樣。甚至有種叫做突變者的基因，還會操控其他基因發生複製錯誤的機率。根據定義，複製錯誤對原先的基因十分不利，但是假使它會替引發複製錯誤的突變者基因帶來好處，那麼這個突變者就會散布於整個基因庫中。

同樣的，交換如果能為交換基因帶來好處，那會是解釋交換之所以存在的充分理由。還有假使有性生殖，相較於無性生殖，能為有性生殖的基因帶來好處，那也是有性生殖存在的充分理由了。至於是否對個體的其他基因有任何好處，其實是沒有什麼關聯的。從自私基因的觀點來看，每個基因都是自私的，性一點也不奇怪。

這樣的講法已經瀕臨循環爭論的危險了，因為性別的存在，是導致「基因被視為天擇單位」這種推理的先決條件。我相信還是有辦法跳脫這個圈圈的，但是本書不是討論這個問題的所在。性的確存在！這是千真萬確的，透過性與交換的過程，小小的遺傳單位或基因成了

我們最重要的部分，因為它是演化上基本且獨立的經紀人。

性不是在我們學會運用基因的自私特質當作思考模式後，唯一變得較不矛盾的例子。舉例來說，在生物體內ＤＮＡ的數量好像超過了建造生物所需的量──有滿大比例的ＤＮＡ從未轉譯出蛋白質。從生物個體的角度來看，這是令人困惑的：如果ＤＮＡ的目標是指導建造肉體，這麼大量的ＤＮＡ竟然沒有執行這些事，它們究竟想幹什麼？

但是如果你也從基因本自私的角度來看，其實是沒有什麼值得困惑的。ＤＮＡ的真正目的是生存下來，一點也不奢求什麼！對多餘的ＤＮＡ最簡單的解釋就是：假設它是寄生蟲，或者頂多是個無害也無用的乘客，它只是搭上別的基因所造出求生機器的便車罷了。

聽，基因在說話

有些人反對，過度以基因為中心來看待演化。畢竟，他們認為是一整群個體和它們的基因一起共度生死。

我希望這一章已經說得夠清楚了，就是這兩種說法並沒有差別。基因的生與死就像整艘船贏了或輸了比賽，也就是個體的生與死。天擇的直接應證幾乎總在個體的層次上；然而，

個體死亡及生殖成功並不是隨機的，那可是基因庫裡的成員頻頻發生變化的長期結果。

含蓄的說，基因庫為現代複製者扮演的角色，就像太古渾湯替最初的複製者所做的一樣。性與染色體的交換，讓現代版的渾湯也具有流動性的效果；因為性與交換，基因庫才能保持充分的攪勻，基因也會被局部性的混合。而演化，就是在基因庫中，有些基因變多了、有些變少了的過程。

進入這樣的景象是有幫助的，無論何時當我們要解釋某些特徵的演化，譬如利他的行為，只需簡單的問我們自己：「這種特徵在我們的基因庫中，對基因的頻率有什麼影響？」有時候，基因的語言的確有點麻煩，為了簡潔與生動起見，我們便直接使用比喻；但也得時時對我們選擇的比喻保持警覺，一旦確定有任何需要的話，還可以把它們轉譯回基因的語言。

就基因來說，基因庫只是新包裝的渾湯，在那裡基因仍可以過它自己的生活。如今已改變的只是：現代的基因必須與其他在基因庫中成功的基因夥伴合作，共同建造一個接一個難逃一死的求生機器。就這個觀點來看，基因可以說控制了求生機器本身的行為。

接下來，我們就進入下一章吧！

4

打造求生機器

求生機器一開始是被動的做為基因的貯存器，它的作用就好像一堵牆，保護基因免受敵人化學戰的攻擊，以及免被意外的分子轟炸所蹂躪。在早期，它們「食用」渾湯中到處可得的有機分子，不過這樣的好日子已走到盡頭了，因為渾湯中的有機食物歷經漫長紀元的太陽能作用後，已逐漸耗盡了！

求生機器的一個主要支系，現在稱為植物，開始直接利用陽光將簡單的分子組合成複雜的分子，組合的速度比起太古渾湯裡的原始合成過程可要快多了；另一個支系，是大家熟知的動物，牠們發現了如何剝削植物所作的化學勞動，或者是直接吃掉其他動物。

兩個主要支系的求生機器都演化出更聰明的伎倆，以便在它們多變的生活方式中增加效率，和持續的開發新的生活方式。次級和更次級的支系也演化出來了，每一種都擅長獨特的謀生方式：在海裡、陸地上、天空中、地底下、樹上、或是其他生物體內。這種次級的支系已經為動物和植物帶來極大的多樣性，讓今天的我們看得眼花撩亂。

基因的殖民地

動物和植物都演化出多細胞的個體，而且所有基因的複份都分布在每一個細胞中。

我們不知道這件事發生在什麼時候、為什麼、或有過多少次？有些人用殖民地來比喻，

形容身體是細胞的殖民地。我卻認為身體是基因的殖民地，細胞僅是方便基因工作的化學工廠而已。

身體雖然是基因的殖民地，但是就它們的行為來看，卻無可否認的有其自主性。動物一旦活動起來，就顯露出牠是個能協調的整體，是一個單位——至少在主觀上，我們覺得牠是一個自主的單位，而非殖民地，這是可以感覺到的。

天擇既然偏愛可以和別人合作的基因，但基因卻為了稀少的資源發生激烈的競爭，在殘酷的生存掙扎下爭食其他的求生機器，並且避免被吞吃掉。如此看來，在共存的身體內，具中央調節的能力，一定比無政府狀態更有優越之處。現在基因之間精巧的共同演化，已經太進步了，以致基因和求生機器共存的特質少有人知了！

的確有許多生物學家不願承認它，當然也不會同意我的說法。

很幸運的，儘管有些報章雜誌的記者對本書有些批評，但爭論點大部分是學術性的。就像我們討論一輛車的運轉時，並不會討論到量子和基本粒子；所以當我們討論求生機器的行為時，若一直扯著基因是很煩人且不必要的。較實際、方便的說法是，你大可以把個體的身軀，當成「想要」在自己的後代增加自己所有基因的經紀人。

好啦，除非另有聲明，否則以下我所謂的「利他行為」和「自私行為」，都是指某個動物身體行使在另一個身體的直接行為。

關於行為

「行為」是個快速運作的把戲，求生機器的動物支系已充分利用了它。動物一直是活躍的基因所駕馭的工具。行為的特徵，就如生物學家用這個術語，是因為它動得很快。植物也會動，但很緩慢。爬藤類植物如果用超高速的影片來看，也會像活動中的動物。但大多數植物的運動，實際上是無法回復原狀的生長；相反的，動物已經演化出千百倍快速的移動方式，同時，牠們的移動還是可回復的，且可以不特定次數重複。

動物演化出快速運動這小把戲的關鍵，在於肌肉。肌肉是引擎，就像蒸汽引擎和內燃機，是用化學燃燒中的能量去產生機械性的運動。所不同的是：肌肉的直接機械性力量是以張力的形式產生的，蒸汽引擎和內燃機則是以氣壓的形式。但肌肉和引擎是相似的，它們常常使力於繩索和帶鉸鏈的槓桿上。對動物來說，槓桿就是骨骼，繩索就是肌腱，而鉸鏈就是關節。肌肉運作的確切分子方式我們已相當了解，但我還發現，肌肉收縮是怎樣的切合時機進行，這個問題更為有趣。

你曾看過某些複雜的人工機器吧！一臺縫紉機、織布機、一座自動化裝瓶工廠，或是一具乾草捆包機，這些機器的推進力量都是從電動馬達，或曳引機而來。但大的難題是操作時機器內部的時間整合：閥門以恰當的次序打開和關閉，鋼針敏捷的繞著一捆乾草打個結，然

後就在剛好的時候，一把刀伸出、剪掉繩子。

在許多機器中，時機的控制是由於凸軸這玩意兒才能達成的——藉著一個偏心或特別形狀的輪子，將簡單的迴轉運動，轉換成複雜的韻律形式運作。音樂盒的原理也是類似的，其他運用類似原理的機器，還有舊式的管風琴和自動鋼琴（用紙捲或卡紙在上面打出一定規則的孔）。最近這些簡單的機械化定時器，有被電子化計時器取代的趨勢。數位化電腦就是多用途的電動裝置之一，它可以控制複雜的移動形式。

發現大腦

不過，求生機器似乎一起迴避了凸軸的打洞卡模式，牠們控制移動的裝置，反而和電腦有較多的共通性，只是兩者在基本的操作上全然不同。

生物的「電腦」的基本單位是神經細胞或神經元，內部作業方式和電晶體實在不一樣。不可否認的，神經元彼此之間的聯絡密碼，似乎有點像數位電腦的脈衝密碼，但個別的神經元，卻是比電晶體更為複雜的數據處理單位。一個神經元的接頭有幾萬個，而電晶體的接頭卻只有三個；神經元傳遞訊息的速度比較慢，但它遠比電晶體小得多，而在過去二十年間，電子工業的趨勢就是朝小型化發展。這事實讓我們清楚了解到：人類的大腦有幾千億的神經

元；但你只能在我們頭顱那樣的體積內，裝進幾萬個電晶體而已。

植物不需要神經元，因為它們不用四處移動。但絕大部分的動物卻需要，所以神經元可能在動物的演化早期已被「發現」，然後傳播到所有類群；也或者它可能獨立演化出來好幾次。

神經元基本上是細胞，也像其他細胞一樣具有一組核染色體，只是它們的細胞壁拉成長條狀，還有纖細的電線狀突出。通常每個神經元都有一條特別長的「電線」，稱作軸突（axon），雖然軸突的寬度極微小，長度卻可能有幾英尺長：在長頸鹿的身上，就有些單一的軸突通過牠脖子的全長。

許多軸突通常捆綁在一起，成為較粗的多條纜線，稱作神經。它們攜帶訊息，從身體的某一部分牽引到另一部分，頗類似長途電話線。其他有較短軸突的神經元，會局限於稱為神經結的地方，或存在於較大、如大腦的神經組織的密集部分。大腦的功用可以看作和電腦類似，兩者的雷同點是，當分析了複雜的輸入樣本和參考了儲存的資料後，兩種類似的機器都會產生複雜的輸出形態。

大腦幫助求生機器成功的主要途徑是，控制和協調肌肉的收縮。為了執行這事，它們需要電纜（也就是運動神經）來牽引肌肉；但唯有在肌肉收縮的時間控制和外界事件的時間控制有關聯時，才能有效率的保存基因。舉個例來說明吧，只有在上下顎間含有值得咀嚼的東

西時，顎肌才收縮；同理，當有值得跑去瞧瞧的事情時，腿肌才會收縮成跑的形態。

因此，天擇偏好已裝備有感覺器官的動物。感覺器官可將外界的物理事件的類型，轉譯成神經元的脈衝密碼。大腦藉著稱作感覺神經的電纜，連接到感覺器官——眼睛、耳朵、味蕾等等。感覺系統的運轉特別精密，因為它們的辨識能力，遠遠超過人類所能做出最好、最昂貴的辨識器；如果不是這樣，所有打字員就會被能辨識口語的機器，或能讀筆跡的機器給取代了，所以你可以說，打字員還是有存在的價值。

感覺器官與肌肉的聯繫，或許多多少少曾是直接的。現存的海葵就與那種情況差不了多少，牠們不用靠「電纜」傳遞訊息，因而生活得十分有效率。但為了要使肌肉收縮的時機與外在事件發生的時機，達成更複雜但非直接的關聯，就有賴某種形式的大腦來扮演中介者了。最顯著的進展是記憶的革命性發明，有了這種設計，肌肉收縮的時機可能不只被剛剛發生的事件影響，也同樣會被遙遠以前發的事件所影響。

記憶或儲存，當然也是數位電腦的基本功能。電腦的記憶雖比人腦更為可靠，但它們的容積較少，而且它們的資料檢索技術也遠不如人腦精密。

機器可有意識？

求生機器最顯著的行為特徵之一，是目的清楚。但這並不意味，它只是為了幫助基因生存而存在——那僅是主要的目的；另外一個目的，就有點類似人類為了某個目標，而發動的某種行為。當我們看到動物尋找食物或配偶、迷失的孩子，我們很難不把親身經歷過尋找的那種主觀感覺，加諸被觀察者身上。類似的情形可能包括：對某些東西的慾望、對事物的某種心態、目標、或期待。

每個人都知道，在現代的求生機器中，這種目的性已演化成我們稱作「意識」的特質。我不是哲學家，所以無法議論其含義。但幸運的，這對我們現在的目的可沒有影響，因為機器很容易被說成是為了某個目的才會有所行動的東西，而這還會引發出它們是不是真的有意識的問題。這些機器基本上是非常簡單的，而且它們懷有目的的無意識行為，則是工程科學中老生常談的話題。經典的例子就是瓦特的蒸汽機。

「意識」現象的基本原理包含所謂的負回饋（negative feedback），負回饋具有各種不同的形式。通常是這樣的：有目標的機器（指那些表現出好像有意識的機器），裝備有某種測量裝置，能衡量出現今的狀態和期望的狀態之間的差距。它的架構是差距愈大，機器就愈努力工作。在這個狀況下機器自動的傾向於減少差距（這就是稱作負回饋的原因），而且假使期望的

狀態達到了，它可能真的就停下來休息了。

瓦特蒸汽機是由蒸汽引擎帶動兩個旋轉的球所組成，每個球位於裝有鉸鏈轉動臂的一端，球飛旋得愈快，將轉臂推向水平位置的離心力就愈強。轉臂連接供應引擎蒸汽的閥門。以這樣的方式，當轉臂接近水平位置時就停止供應蒸汽，所以若引擎運轉太快，它的一部分蒸汽就被關掉，引擎也就慢了下來。如果速度降低得太多，蒸汽閥會自動送出較多的蒸汽來供應旋轉，速度又會再增加。

這樣的機器會因過度負荷和時間延遲而發生振動；不過有時候，振動是因為工程師添設的減振裝置不夠好，才產生的。

誰才是下棋高手？

瓦特蒸汽機所「期望」的狀態是某個特定的轉速，但顯然蒸汽機並不是有意識的想要轉動。機器的「目標」，可簡單定義為它易於回復的那個狀態。

現代的這類機器，更是廣泛運用負回饋的基本原理，以延伸到更複雜的「與生物類似的」行為上。例如：導向飛彈好像能自動搜尋目標，而且當目標落在搜索範圍內時，似乎能考慮到目標物盤旋疾繞的閃躲方向，有時甚至還可預料或搶先去追擊它。這是如何進行的？

詳情就不在這裡探討了，其中當然包含了各式各樣的負回饋、前饋（feed-forward），和其他已被工程師所深刻了解，以及目前已知的人體運作所涉及的其他原則。在這概念下，導向飛彈必然有很接近意識的行為，所以當門外漢看見了導向飛彈的動作，一定不會相信它不是在飛行員直接操控下的行動。

像導向飛彈這樣的機器，因為起初是由有意識的人所設計和製造的，所以必須一直受到有意識的人直接而精確的控制。但這是個很普遍的錯誤概念，這類謬論的另一個例子是「電腦不會真的下棋，因為它們只能做操控人員所指揮的事」。我為什麼說這是謬誤的，因為它影響了我們對基因被說成「控制」這個字眼的認識。電腦象棋拿來當作解釋這類謬誤的例子，是十分恰當的，所以我要繼續著墨。

電腦下棋還不能下得和人類的大師一樣好，但它們已經有很好的業餘水準了；更嚴格的說，是程式有很好的業餘水準了。

那麼人類的程式設計員扮演什麼角色呢？首先，他肯定不是時時刻刻都在操作電腦，他不能像操縱木偶一般，因為那樣做等於作弊。他寫了程式，把它放入電腦中，然後電腦就自行運作了；除了下棋對手也輸入他的棋步之外，再沒有人介入操作。設計程式的人是否能注意到所有可能的棋步，而且列出夠多的好棋步，對每一個偶發的情況都能對付？這是不可能的，因為可能的棋步多得數不清。同樣的原因，電腦也不可能預先試出所有的可能步驟和後

續步驟，直到它贏為止；所有可能的棋局，總數要比銀河中的原子還多。這是個太過困難的問題，因此電腦還不能達到大師的境界，一點也不令人驚訝。

程式員的角色很像是教孩子下棋的父親。他告訴電腦下棋的基本步法，而不是每一個可能的步驟，或是更省事的下棋原則。他不是在字面上說「象走田、馬走日」，而是以數學方式簡潔的表達：「象的新座標是，舊座標在X及Y軸各加兩個等值、但正負號不必相同的常數。」然後他可能寫入一些建議在程式中，當然也是用數學和邏輯的語言；比擬作人們的術語就是諸如「不要使你的將軍失去保衛」，或者把馬布成連環馬。程式的細節是很有意思的，但這離我們的主題太遠了。重點是電腦在獨立下棋，沒有主人的幫助。寫程式的人所能做的，就是在下棋前運用已知的策略及技巧上的專業知識，設定出可能最好的棋步。

基因也是這樣控制它們的求生機器——不是直接用手扯木偶的線，而是間接的像程式設計師一般。它們所能做的都在事前做完了；之後求生機器就開始獨立運作，而基因只能被動的坐在裡頭。為何它們這麼被動？為什麼它們不緊抓住控制權並且隨時監督呢？答案是因為時間遲滯的問題。這可由一部科幻小說得到很好的比喻。

來自星海的消息

由霍耶（Fred Hoyle, 1915-2001，英國天文物理學家）及艾略特（John Elliot）合著的《來自仙女座》（*A for Andromeda*），是個很有趣的故事。就像其他好的科幻小說一樣，這書背後也隱藏了一些有趣的科學主題。很不尋常的是，這本書並沒有明確指出其中最重要的旨趣，它留給讀者去想像。我盼望兩位作者不會在意我把這個旨趣說出來。

故事說道，有個文明坐落在兩百光年之外的仙女座中，他們想把自個兒的文化傳到遙遠的地方。怎樣做最好呢？直接航行是不可能的。理論上，光速是我們宇宙航行速度的上限，而且還要考慮到力學問題，所以實際的速度更慢。再說，也許值得去的地方不多，也不知道往哪個方向才好。

無線電是我們和宇宙其他地方溝通的好辦法，如果你有足夠的電力，就可以朝四面八方發射，而不是只用一束電波朝一個方向發射，這樣便可以接觸到非常多個世界（個數與訊號傳達的距離平方成正比）。電波行進的速度就是光速，這意味著電波從仙女座到達地球需要兩百年的時間，這樣的距離有個困難，就是無法交談。即使我們不考慮每一回交談的訊息要經過十二代人，才能收到回音這個事實；光是跨越這麼遠的距離交談，本身就是浪費時間。

無線電波在地球和火星之間傳送，需要花四分鐘的時間，因此太空人在兩地之間交談

時，無疑的必須改變以短句子交互溝通的習慣，而改用長的獨白，這比較像是信，而不是交談。就像派恩（Roger Payne）所提到的另一個例子：在海中，聲音傳播自有特別的性質，某些鯨特別大的「歌聲」，理論上全世界各個角落都聽得到，尤其當牠在某個深度游動時。我們不知道牠們是否在遙遠的距離外彼此溝通，如果有的話，處境一定很像火星上的太空人，因為聲音在水中越過大西洋再傳回來，各需要將近兩小時的時間。我猜想這就是為什麼，某些鯨會連續傳送一段長達八分鐘不間斷的獨白，也會重複同一段歌聲許多次，差不多都長達八分鐘。

那本科幻小說的仙女座人也做同樣的事。既然沒必要等候回音，他們就把所有要說的話，都組合在一個巨大而完整的訊息之中，再把這訊息傳送到太空，不斷重複的播放，每一次播放週期都長達數個月。但是他們的訊息和鯨的歌聲很不一樣，那訊息含有建造一座大電腦的指導密碼。當然這些不是用地球人的語言寫成的，但是幾乎所有的密碼都可被深懷絕技的解碼員識破，更何況那些訊息還刻意設計成容易破解的密碼。這些密碼最後被班克（Jodrell Bank）的無線電波接受器截取到，密碼也解開了，電腦也建造了，程式也啟動了……結果幾乎造成人類的大災難。因為仙女座的文明不是要和別的文明互利，這電腦本身是要獨裁統治全世界的，直到故事中的英雄用斧頭將它毀掉，才免去地球的浩劫。

從我們的觀點來看，最有趣的問題是，仙女座的外星人究竟在哪一點上操縱了地球？他們並沒有時時刻刻都控制電腦，電腦的決定和行動都已事先輸入；事實上，他們連電腦建造

了沒有都不知道，因為這消息要兩百年的時間才能傳回他們那裡。原則上，這很像是個象棋程式，但是更具彈性和容量以吸收當地的資訊。這是因為程式不只是要在地球上工作，也要在任何科技先進的星球工作，而其他星球的詳細情況，仙女座的外星人都是無法預知的。

只能意會不能言傳

就像仙女座的外星人必須有一部電腦在地球上，好為他們做每日的決定，我們的基因也必須建一個頭腦。但是基因不只是那些指導密碼的仙女座外星人而已，它們本身也是那些指令，它們之所以無法像操縱傀儡般的控制頭腦，也是由於時間遲滯。

基因藉控制蛋白質合成的方式而運作，這是掌握世界的有力方式。但是很耗時，要將蛋白鏈慢慢拉攏，然後造成胚胎，需要數個月的時間。從另一方面講，是人的行為太快了，生物行為的時間單位不是幾個月，而是幾秒或幾分之一秒。在世界上發生的某些事，例如貓頭鷹頭上的閃光，或是草叢的扭動洩漏了獵物的所在，都是在剎那間，神經系統的運作集合成動作，肌肉就跳動了，導致某些生物的生或死。

基因的反應沒有這麼快。就像仙女座人一樣，基因只能盡其所能的事先為自己建一個執行速度極快的電腦，而且事先輸入規則和建議，以對抗它們所預期的各種事件。但是生活就

像棋局，有太多可能發生的事，遠超過它們所能預料的。就像設計下棋軟體的程式員一樣，基因不會指示它的求生機器做某些特定的事，只會告訴他生活中一般性的策略和技巧。

正如楊氏（J. Z. Young）所指出的，基因必須做預測的工作。當求生機器在胚胎狀態時，它生命中的問題和危機已經擺在前面了：沒有人知道在哪一叢矮樹後，會躲著掠食動物，或者哪一隻躡手躡腳的獵物，正左閃右閃的從牠的路徑經過。沒有任何人或任何基因能預言這些危機。

但有些一般性的事是可以預測得到的。北極熊的基因可以預測：牠們還沒出生的求生機器會處在寒冷的地方，因為前一代的求生機器已經在這樣的地方了。北極熊的基因還為身體建造了全身的厚毛；它們也預期到遍地冰雪，因毛皮是白色的，便於隱蔽。

如果北極的氣候突然變化，以致小熊出生時，竟發現自己處在熱帶沙漠之中！基因的預測就錯了，它們需要為此付出極大代價……小熊會死在新環境中，裡面的基因也跟著完了。

搏命大賭注

在這複雜的世界上，預測是個機會的問題。

對求生機器所做的每一次預測，都是一次賭博，而基因的工作就是事先把程式建在腦

中，以後這頭腦所做的每一個決定，基因都要為此付出代價。在演化的賭場裡，通行的貨幣就是生存，嚴格來講就是基因的生存，而個體的生存則是合理的近似值。如果你去水源處喝水，你就增加了被那些躲在水源旁、伺機捕捉獵物的動物吃掉的危險；如果你因此而不去水源喝水，最後定會渴死。所以不論如何都有危險，但你必須做個決定，以得到使基因長時期存活的最大機會。

也許更好的辦法是盡量拖延，直到你很渴了，再去大喝一頓，然後維持很長的時間。這樣你可以減少到水源去的次數，但是卻必須在那裡花很長的時間低頭喝水。另一個最好的辦法或許是喝得少、常常喝，每次跑過水源的時候都趕快淺酌一下。

哪種辦法最好呢？取決於各種複雜的事物，至少有個因素就是掠食者的。從牠們的觀點來看，這些狩獵習性是經過演化後最有效率的習性。我們當然不必把動物想成會有意識的計算成敗機率，我們所確信的是那些在腦中植入正確策略的基因，會在賭局中大贏，直接的成果就是較容易生存下來，因此這些基因也得以播散開來。

我們可以把賭博的比喻引申得更遠。一個賭徒必須考慮三項數量：賭本、機率及獎金。如果獎金很大，賭客就會願意冒險下大賭注，賭客孤注一擲就有機會得大筆的獎金，但他輸贏的機會，跟下小賭注得小獎金的人是一樣的。在股票市場做個投機者或是安全的投資人，也是一樣的。從某個角度看，股市是個比賭場更好的比喻，因為賭場中，莊家總是用盡詭詐

站在有利的地位上（賭注大的人總是比賭注小的人輸得多，而賭注小的人又不如完全不賭的。不過這些都和我們的討論無關）。如果不考慮莊家使詭詐的話，賭注大小與輸贏機會也無關聯。

是不是有些動物賭客會在基因策略下大賭注，而有些則較保守呢？在第九章我們將會發現，通常雄性的動物具有較高賭注、高冒險性的賭徒形象；而雌性較像安全的投資者，特別是一夫多妻制的動物社會，雄性為雌性而競爭的物種裡更明顯。讀到本書的自然學家，也許能劃分哪些物種的動物可視為高賭注、高冒險性的，哪些種類則是較保守的。

基因怎麼預測未來？

現在我們再回到更廣義的主題，就是基因對未來的預測。

基因對相當不可預期的環境，有個預測方法是建立一定的學習容量。這時，程式可能對求生機器下達這樣的指示：「這一系列的事定為好的：嘴裡的甜味、興奮、溫暖、微笑的孩子。以下所列的事是壞的：各種痛苦、頭暈反胃、空肚子、號哭的孩子。如果你偶然做一些事，引來了上述的壞事，就不要再做；但是如果你引來了任何好事，就可以再做。」這種程式的優點在於：它大大減少了預先須建立的詳細規則的數量，而且也足以應付環境的改變。另

一方面，某些事還是要預測的，在我們的例子中，吃糖和性交，都是對基因生存有益的。不過，這裡並沒有預期到糖精和手淫，也沒有考慮到吃糖過多時的危險。

學習策略已經被用到某些下棋程式上了。能運用學習策略的程式，在和人類的對手或其他電腦程式下棋時，會愈下愈好。它們被裝上了一組學習規則和技巧，但在決策過程中，也有一點小小的隨機傾向。它們記錄了過去的決定，每次下棋獲勝，它們就把導致勝局的技巧加權，因此下回下棋時，比較會再選擇相同的技巧。

想要預測未來，最有意思的方法之一是模擬。假如某位將軍想知道某項軍事計畫是否比其他的計畫好，他就面臨預測的問題。在天氣方面、我軍的士氣方面、及敵軍可能的數量方面都有未知的因素，一探究竟的方法之一就是試了便知。但是用虛擬的過程來試出計畫的好壞，是不是比真槍實彈造成人員傷亡更好些？作戰計畫可以用完善的演習，以南北軍空包彈對抗的方式來推演。即使如此，在時間和物質上的耗費也是非常昂貴的；較經濟的做法，也許是在沙盤上推演一些假士兵及玩具坦克，以模擬戰局。

模擬真實

這些年來，電腦已經在模擬方面占了相當的分量。不只是軍事策略，還包括那些需要預

測未來的各種領域，例如經濟學、生態學、社會學和其他科學等。

電腦會先設定一個從某些角度來講是真實世界的模型。這並不是說如果你打開蓋子，就會看見和所模擬的實體一樣形狀、但小很多的模型。在下棋電腦的記憶體裡面，並沒有儲存一些「心像」，也就是沒有畫上擺滿棋子的棋盤；棋盤和棋子的位置，是由成串的電子碼所代表的。對我們而言，地圖乃是極微小的世界模型，而且壓縮成二維空間的圖面；地圖在電腦上卻是被表達成一堆程式名稱和點位的，每個點位都有兩個數字代表經度和緯度。

電腦實際上怎樣在它腦中儲存這世界的模型，都沒有關係，只要它能操縱這模型，在其中做實驗，並且將結果以人類能了解的形式回報出來，就可以了。藉由模擬的技術，作戰計畫可能會在戰場中成或敗，模擬的飛機可能撞毀，經濟政策可能帶來景氣或蕭條……，每一個案子在電腦中跑的時間，都比在真實生活中的過程少了許多倍。

當然，對真實世界的模擬也有好有壞。即使再好的模型也只是個近似的而已，沒有任何模擬真能完全準確的預測真實世界所要發生的事，但是好的模擬總比盲目嘗試及失誤，要好很多。

模擬可稱為用替身嘗試錯誤。如果模擬是這麼好的想法，我們可以預料得到，求生機器應該早發現它了。確實如此，求生機器早在我們看到這點之前，已經發明出許多人類現在才有的工程技術了，其中包括：調焦透鏡、拋物型反射器、聲波的頻率分析、伺服控制、聲

納、吸收資訊的區間儲存和無數其他的技術，至於詳細內容就毋庸贅述了。至於模擬呢？當你面對含有某些未知因素、難以決定的問題時，你就進入模擬的領域了。譬如，當你要對眼前的選擇做決定時，你會先想像要發生什麼事。你會在腦中設定一個模式，不是包含真實世界裡的每一件事物，而是那些你認為大有關係的一組虛擬體。你可能用心裡的眼睛清楚的看到它們，或者在心中操縱了這些抽象的事物。

不論是何者，頭腦某處所設計的景象，不可能是真實世界裡的事；而且就像電腦一般，頭腦如何模擬真實世界的細節，也不如它以此預測事件發生與否那麼重要。那些能模擬未來的求生機器，比那些只會從過去的試誤中學習的求生機器，又更為先進。經由明顯的試誤而學習，困難在於耗時費力而且常有生命危險，經由模擬的學習就比較安全、快速多了。

意識帶來自主

模擬能力的演化，似乎抵達了主觀意識的層次已算達到巔峰了。其中的原因對我而言，仍然是現代生物學最深奧的祕密。我們沒有理由假設電腦在模擬時會有意識；但是人腦在模擬真實世界時，必須含有自己的模型，因此使得意識得以完全。很顯然的，手足和軀幹在求生機器的模擬中，占有最主要的部分。基於同樣的理由，模擬本身也可視為是所要模擬的世

界中的一部分。換句話說，這可能就是「自我的覺醒」。但我發現，這無法完全令人滿意的解釋意識的演化，原因之一是因為這會造成無限的反推，亦即如果有一個模型的模型，那豈不是會有一個模型的模型的模型……？

不論由意識這件事引起什麼樣的哲學問題，在這裡它都可以視為演化趨勢的極致，它使求生機器成為執行者，而脫離了它們的主人——基因。現在，頭腦不只是負責求生機器每天的事務而已，它們也有能力預測未來並據以產生行為，它們甚至有力量排斥基因的指令，例如拒絕生那麼多孩子。

但這跟利他和自私又有什麼關係呢？我想要建立一個觀念：動物的行為，不管是利他或是自私，都由基因控制，這是一種雖間接但很強有力的方式。藉由控制求生機器和其神經系統的建造方式，基因對行為施予極大的控制力。但是每一時刻的決定和下一步要做什麼，則是由神經系統決定的。

基因是最基本的政策決定者，而腦部是執行者。但是當腦部愈來愈高度開發時，它們就逐漸接掌了實際政策的決定，這是藉著學習和模擬而達成的。這個趨勢的合理結論是，基因只給求生機器一個總括的命令：盡你所能，使我們存活下來！

當然，不是每一種生物都能達到這個演化境界。演化其實是一步步發生的，是藉著在基因庫中的基因逐次淘汰下來而產生的。因此，要演化成某一種行為模式，不論是利他或是自

私，在基因庫中的任一種行為基因都必須比對手的行為基因，能更成功的生存下來。而所謂利他行為的基因，就是：能影響神經系統的發展，使它們傾向於有利別人的行為基因。

這有沒有任何實驗證據呢？沒有。但也不足為奇，因為有關基因行為的遺傳學研究本來就很少。但是我要告訴你一則不很明顯的利他行為模式的研究，其結果複雜得有趣。它可以當作模型，以顯示利他行為是如何的傳承。

利他行為基因

蜜蜂會得某種傳染病，叫做襲蛹症（foul brood），得了這種病的蜂會攻擊蜂巢裡的蛹。在蜂農所養的家蜂中，有些蜂比別的蜂更容易染上這病，在某些例子中發現，染病機率的差別是由行為而來的：有一種所謂「衛生特質」，使得蜜蜂能辨認出那些被傳染的蛹，把牠們拖出巢室，再丟到整個蜂巢之外；易感染的品系就是因為沒有這種特質，才易得病的。

像這種將病蛹拖出巢外的行為，其實就包含了很複雜的因素：工蜂必須認出每一隻生病的蛹所在的蛹室，移去外面覆蓋的蠟，再把幼蟲拖出蜂巢的大門外丟棄。工蜂本身並不生育，所以你若想進行這蜜蜂的基因實驗，就必須使一個品系的女王蜂，跟另一個品系的雄蜂交配，再觀察牠生下的工蜂會有哪些行為。

這也就是羅森布勒（W. C. Rothenbuhler）所做的實驗，這實驗非常不好做。羅森布勒發現，第一代的混血工蜂並沒有衛生保健的行為，上一代的行為在牠們身上似乎失落了。以後的研究則發現牠們的衛生基因還在，只是隱性的罷了，就像人類的藍眼珠基因一樣。

羅森布勒再將第一代混血的蜜蜂和有純正衛生基因的蜜蜂交配，得到了很漂亮的結果：產下的那一巢蜂分成三部分，一部分顯出完美的衛生行為，另一部分完全沒有衛生行為；而第三部分則有一半的行為，這一部分蜜蜂是把生病的蛹室封蓋的蠟去除了，但沒有接著把幼蟲拖出丟掉。

羅森布勒據此推測，應該有兩個基因控制了整個行為：一個是打開蓋子的，另一個是把幼蟲拖出丟掉的。有衛生行為血統的蛹都有這兩個基因；混血而衛生行為不完全的蛹，只有打開蓋子的而沒有拖出幼蟲的基因。因此羅森布勒猜測，在那些完全沒有衛生行為的蜜蜂中，還有一部分是具有把幼蟲拖出的基因，只是沒有打開蓋子的基因，所以顯不出來。他自己把蠟蓋打開，結果在那些顯然沒有衛生行為的蜜蜂之中，大約有一半表現出把幼蟲拖出的正常動作。

這故事闡明了上一章所提出的幾個重點。第一，它證明了我們可以很恰當的說「一個基因專責某種行為」；即使我們對於胚胎影響這行為的化學連鎖反應，還沒有很詳細的概念，這些肇因的化學鏈最終可能都和學習有關。例如，打開蓋子的基因，可能導致蜜蜂去嚐那些被感染的蠟蓋，而且會一直重複。有這段基因的蜜蜂才會打開蠟蓋，沒有的蜜蜂就不會。

其次，這研究也闡明了一項事實：基因在它們共同的求生機器內，會互相合作以影響行為。拖出幼蟲的基因若是沒有打開蓋子基因的搭配，就沒有用處，反過來也是如此。但在基因實驗裡，這兩個基因很顯然在遺傳過程中，非常容易分開。就它們的功用而言，你自然可以將它們視為一組獨立的合作單位；但是做為複製用的基因，它們是兩個自由而獨立的基因。

為了論證的緣故，我們必須假設基因可做各種不可能的事。舉個例，假想一個「救同伴使其不淹死」的基因（若你覺得這觀念很離譜，那麼請想想有衛生習性的蜜蜂！）。請記得我們不是在談基因是複雜的肌肉收縮、感覺統合、甚至意識決定、救人而不致淹死之類的唯一前因；我們也並非談到學習、經驗或環境影響是否會改變行為的發展。你所要認識的是，一個基因可能比它的對偶基因，更會使求生機器救人免遭溺斃。這兩個基因最基本的差別，可能只是某些簡單變數上有輕微的不同而已。

胚胎發展的細節過程和演化是無關的，勞倫茲已經指出這一點了。

也談溝通

基因是程式大師，它們為自己的生命編寫程式。基因的程式和求生機器並肩對抗所有生命過程中的危險，其成敗在生存的法庭上，會遭到無情的判決。我們以後將談到，利他行為會培養出幫助基因存活下來的方式；但是讓求生機器和做決定的頭腦優先存活，則是個體求生存和繁殖的第一準則。所有基因都同意這點。因此，動物都盡心竭力的尋找及捕捉食物，避免自己被捉和被吃，避免生病和出意外，保護自己免於不舒適的氣候條件，找到合適的異性並說服牠們和自己配對，給與孩子們自己所喜歡的那些好處……。

我接著要提到一種特別的行為，因為當我們談到利他和自私的時候會引用它，這行為一般稱為「溝通」。當一部求生機器影響另一部求生機器的行為或神經系統的狀態時，我們就稱作溝通。

這只是我暫時的定義，但是已經夠我們現在用了，我說的影響是指直接而不經意的影響。這樣的例子不勝枚舉：鳥類、蛙類和螻蛄的叫聲；狗的尾巴和耳朵的豎起；黑猩猩露牙

齒；人類的手勢和語言等都是。許多求生機器藉由影響別的求生機器的行為，直接提高對基因的益處。

動物在溝通方面特別發達。鳥類的叫聲很多世代以來，都使人著迷和不解；我從這裡聯想到座頭鯨那更大更神祕的叫聲——牠壯觀的傳播範圍，還有從次音波到超音波，涵蓋住人類聽力範圍的廣泛頻率。螻蛄為了使牠們的叫聲放得足夠大，就小心的把洞穴挖成雙旋號角狀或麥克風狀；蜜蜂會在黑暗中跳舞，讓同伴準確知道食物的方向和距離。這些精巧的溝通技術只有人類的語言可以匹敵。

根據傳統動物行為學者的說法，溝通信號的演化是為了播送者和接受者共同的益處。例如，當小雞迷路或受寒時會發出刺耳的吱吱聲，以影響母雞的行為，這時母雞聽到召喚，就立刻帶牠們回雞群之中。這整個行為可視為是為了共同利益而演化出來的，因為天擇已選擇了小雞迷路時要吱吱叫，而且母親也適時的回應。

如果我們想要的話（不一定必須），可以把吱吱叫看成有意義的訊息：「我迷路了」。而我在第一章所提到的小鳥的警告聲，可視為是傳達：「這裡有一隻老鷹。」那些聽到這消息並採取行動的動物，就因此得到益處，因為這些都是在傳達事實。

但是動物是否也傳達假的信息呢？牠們是否會說謊呢？

動物不算會說謊？

「動物會說謊」這個想法也許是個誤會，所以我必須先說清楚。我曾經參加過賈得納夫婦（Beatrice and Allen Gardner）的講座，內容是有關他們那隻有名的「會說話」的黑猩猩萬修（Washoe），牠會使用美洲人的手語，語言學系的學生對牠的成就應該會有興趣的。聽眾之中有些人是哲學家，講座結束之後，他們很熱烈的討論這黑猩猩會不會說謊。不過，我覺得賈得納夫婦認為還有其他更有趣的話題可以談，我也很同意。

在本書中我使用「欺騙」和「說謊」之類的措辭時，比哲學家更直接。他們有興趣的是欺騙時的意識和企圖；我所要談的則是功能上等於欺騙的效果。如果一隻鳥使用了「有隻老鷹」的訊號，而實際上並沒有老鷹，牠可以因此嚇走周圍的同伴，並享用牠們遺留下來的食物，那我們可以說牠說了謊。我們不是指牠有意識的設法欺騙別的鳥，而是說說謊者可以吃到別的鳥辛苦找來的食物，至於其他鳥飛走的原因，就是因為把說謊者的叫聲當真了。

許多本來可能被吃掉的昆蟲，就如上一章所提到的蝴蝶，都發展出與其他難吃或有刺的昆蟲相像的外表。我們常把黃黑條紋的蚜蠅（hover-fly）誤認為黃蜂，有些模仿蜜蜂的蒼蠅，在欺騙行為上發展得甚至更完美。琵琶魚（angler fish）會趴在海底，混在沙中，耐心等待獵物出現。牠唯一露出來的部分，是一塊像蟲一般不停晃動的肉，這塊肉連在從頭頂延伸出的長

「釣竿」尾端。當小魚游近時，這隻垂釣者就把這塊蟲形的肉在獵物前晃動，引誘小魚游近牠隱匿的嘴巴範圍之內，接著牠忽然張開大口，把小魚吸入吃掉。這隻琵琶魚其實在說謊，牠利用了小魚對蟲形物接近的癖性而吃掉牠。牠在說「這裡有隻蟲」，而那些相信的小魚很快就被吞下肚了。

有些求生機器則是利用其他動物的性需求。蜜蜂蘭會誘導蜜蜂和它們的花交配，因為花兒長得像雌蜂。如果一隻蜜蜂先後被兩株花所誤導，就會把花粉從一株帶到另一株上，蘭花就這樣得到授粉。螢火蟲（其實是一種甲蟲）會以閃光吸引牠們的伴侶，每一品種的螢火蟲都有牠們自己特殊的閃光方式，以免彼此混淆，造成不良遺傳的混血。就像水手留意特定燈塔的閃光模式一般，螢火蟲也是藉由特別的閃光密碼，來辨認自己的品種。雌性佛他利氏（*Photuris*）螢火蟲發現，如果牠們模仿雌性的佛他勒氏（*Photinus*）螢火蟲的閃光方式，就可以引誘雄性佛他勒氏螢火蟲接近，然把牠吃掉。

以上的故事讓人想起希臘的賽倫（Sirens）妖神和德國的羅蕾萊（Lorelei）女妖以歌聲來迷惑水手或船夫，使船破人亡的故事。但英國康瓦耳郡人把這行為看成跟古時的某些海盜一樣——那些海盜用岸上的燈把船引誘到礁石上撞毀，再搶奪撞裂分散在礁石附近的貨物。

都是利害關係

某一種溝通系統演化時，總有一些個體會運用這系統圖利自己。從「對物種有利」的群體選擇觀點來想，我們自然而然會把說謊者想成是另一物種，如掠食者、獵物及寄生者等。不過這是說不通的，只要不同個體的基因在利益上有歧見，說謊、迷惑及自私的利用溝通系統的行為就會發生，這自然也包括在同一物種的個體之間。我們甚至可以預測孩子會對父母說謊，丈夫會對妻子說謊，兄弟之間也會說謊。

如果相信動物溝通訊號的演化，一開始是為了雙方的益處，之後被惡意的一方利用，就太簡單了。也許動物的溝通，從起頭就含有一部分迷惑的因素，因為所有動物間的交流，總有些利益衝突。

下一章我會介紹一種有力的方式，能從演化的角度來探討利益衝突這檔事。

5

生存策略

這一章我要談的是「鬥性」這個遭到深深誤解的話題。為了方便表達，我將繼續把個體當成自私的求生機器，已被設計好去做任何有利於基因的事。本章的末尾，我們仍會回到純粹基因的術語。

骨肉容易相殘？

對求生機器而言，其他的求生機器（不包括自己的孩子或其他直系親屬）也是牠生存環境的一部分，就像岩石、河流或者一堆食物般，也是某些有妨礙或者能利用的東西。不過，牠們和岩石或河流有一點很重要的不同；這些傢伙會還擊。因為，牠們也是保管著「不朽基因的未來」的機器。

天擇喜歡那些能控制求生機器去善用環境的基因，這包括了善用其他相同和不同物種的求生機器。

有些求生機器似乎很少侵犯到彼此的生活。例如鼴鼠和山鳥不會互相捕食、彼此交配，或相互競爭生存空間。即使如此，我們還是不能把牠們當作完全的隔離。牠們可能會為了某些東西而競爭，也許是蚯蚓。但這並不表示你會看到鼴鼠和山鳥為蚯蚓而交戰；事實上山鳥可能一輩子沒有正眼瞧過鼴鼠。但是如果你清除掉鼴鼠的族群，對山鳥產生的效果可能是戲

劇性的——雖然我不能胡亂猜想情形應會怎樣，或者是經由什麼樣離奇的途徑造成了影響。

不同種的求生機器不斷以各種方式相互影響。牠們也許是捕食者和獵物、寄生者和寄主、或者是爭奪某些稀少資源的競爭者。牠們也許以特別的方式給利用，就像蜜蜂給花利用來做為花粉的攜帶者一樣。

同種的求生機器傾向於較直接影響到彼此的生活。這有很多原因，其中之一是同種的族群中，有半數的個體可能是自己未來的配偶——可能與自己成了為小孩努力工作、犧牲自我的父母；另一個原因是，同一物種的成員是所有生活必需資源的直接競爭者，因為彼此非常相似，都是為了將基因保存在同樣場所的機器，而且都具有相同的生活方式。

對一隻山鳥來說，鼴鼠可能是個競爭者，但是牠絕不如另一隻山鳥競爭者那般重要。鼴鼠和山鳥或許會為了蚯蚓而競爭，但是山鳥和山鳥彼此之間，則一定會為了蚯蚓以及所有其他的東西而競爭。如果牠們是同性別的，可能還會為了性伴侶而競爭；因為我們了解，通常雄性會為了雌性而互相較勁。這表示雄性如果對牠的競爭對手做出某些不利的事，將有助於自己的基因。

因此，我們是否可以趕緊下結論：對任何求生機器而言，合理的策略或許是去謀殺對手們——最好是吃掉牠們？請注意，雖然謀殺和同類相殘在自然界確實發生過，卻不普遍。我們不可以一抓住自私基因的理論，就妄下天真的解釋和預言。

的確，勞倫茲在《論鬥性》一書中，極力主張動物格鬥的自制和紳士的天性，對勞倫茲而言，動物格鬥最值得注意的事，是那些像拳擊或擊劍，根據規則進行的正式競賽。動物比賽時用的武器是戴著手套的拳頭和鈍劍，以威脅和虛張聲勢取代拚死拚活。而且，當勝利者看到投降的姿勢後，會隨即避免致命性毆打或啃咬的舉動。

把動物的鬥性解釋成自制和中規中矩的，肯定會遭到反駁；特別是，如果你又譴責我們的祖先——可憐的古代「智人」（*Homo sapiens*），是唯一會殺害自己同類的物種，和具有該隱（Cain，亞當的長子，殺害自己的弟弟）標誌的唯一後裔，那絕對會遭到攻訐。

自然學家不論是強調動物的暴力或自制，都與他經常觀察的動物種類有關，也與他個人對演化的成見有關。勞倫茲終究是個看見「對物種有利」的人物。他那「動物以戴著手套的拳頭格鬥」的觀點，即使過分誇大了，但似乎還有些真實性；至少表面上看來，這還滿吻合利他主義的形式。

攻擊的成本與利益

自私基因理論必須大膽面對解釋這點的難處：為何動物不在每一個可能的機會下，一舉殺死同種的對手呢？

對於這個問題一般的答案是，這種明顯的好鬥，牽涉到的不僅僅是顯而易見的時間和精力的消耗，還牽涉到成本和利益。例如，假設B和C都是我的對手，而且我碰巧遇到B。做為自私的個體，我似乎會直覺的試圖把他殺死……但是等一下，B不只是我的對手，也是C的對手。如果殺了B，我使C少了一個對手，就可能帶給C一大好處；我也許最好還是讓B活著，因為他以後可以和C競爭或格鬥，而間接對我有利。

這個簡單的假設例子，含義是：胡亂殺死對手，可沒有明顯的價值。在一個大而複雜的競爭系統中，將某個對手從舞台上除去，未必有好處，反倒是其他對手可能從他的死亡中，得到比你還多的好處。這是病蟲害防治中心的官員從難纏的案例中，已學到的教訓：當你碰到某種嚴重的農作物害蟲，你發明了撲滅的好方法，而且興高采烈的使用。最後卻發現，另一種害蟲從撲滅行動得到的好處，往往比人類的農業還多，你的結局就比以前更慘了。

另一方面，以特殊的方法殺害（或至少攻擊）某一特定的對手，似乎是個好計謀。如果B是一隻擁有眾多妻妾的象鼻海豹，而我是另一隻象鼻海豹，如果能殺死牠而得到眾多妻妾

的話，我會慎重考慮這麼做。

但即使是選擇性的鬥爭，仍要付出代價和風險。為了利益，B應該會回擊，以捍衛牠寶貴的財產，所以，如果我挑起了戰爭，也有可能落到死亡的下場，結果可能更慘。

我侵犯B的原因，就是牠握有一大寶貴的資源。但是B為什麼能擁有那一切？也許是牠在搏鬥中贏得的，牠可能在我之前打倒了其他的挑戰者，所以B可能是個好戰士。即使我贏得這場戰爭且得到妻妾，也許在過程中已給嚴重打傷，以致無法享受到預期的利益。而且，格鬥會耗費時間和精力；現在，如果我先專心攝食，且拋開煩惱一段時間，我就會長得又大又壯。雖然有那麼一天，我還是要為了妻妾和B搏鬥，但是假使我能先等待而不衝動，最終或許有更好的獲勝機會。

這個主觀的自說自話，只是在指出爭鬥與否的決定，理想上應該先有一套複雜而無意識的「成本與利益」的計算。潛在的利益並非完全歸於勝利的一邊，雖然其中有些的確是。同樣的，在爭鬥中間，關於是否擴大或平息戰爭的每一個戰略性決定，原則上，都可用成本和利益來分析。

關於這個說法，動物行為學家早已有含糊的了解；但梅納史密斯，這位不算動物行為學家的人，竟有力又明白的表達了這個想法。他與普來斯（G. R. Price）和帕可（G. A. Parker）合作，援用了數學中所謂的遊戲理論。他們絕妙的想法，雖然在執行上要付出某些代價，卻可

以用文字表達而不需任何數學符號。

演化穩定策略

梅納史密斯所介紹的基本概念是「演化穩定策略」（evolutionary stable strategy，以下簡稱ESS），這想法是漢彌敦和麥柯阿瑟（R. H. MacArthur）先提出來的。「策略」是預先擬訂的行為方針，舉個例子來看：「攻擊對手；如果他逃跑就追趕他；假使他報復則走為上策。」

你要了解，我們並不認為策略是個體故意擬訂出來的，這點很重要。請記住，我們是將動物想像成求生的機器人，具有已植入程式、能控制肌肉的電腦。我們用語文將「策略」寫成一組簡單的指令，只是為了方便思考。藉由一些不確定的機制，動物的行動就好像是遵循這些指令般。

ESS是個微妙且重要的觀念，它的定義是：由大部分族群成員所選擇，無可替代的最好策略。另一個表達方式是：對個體最好的策略，端視族群中的多數到底在做些什麼。因為族群是由個體所組成的，每一個個體都試圖使自己的成就達到最大，所以對個體而言，唯一持久的策略就是：一旦演化出來，就不能再讓任何偏差的個體超越。而對族群而言，經過大

環境變化之後，初期可能有短暫的演化不隱定，或甚至是量的變動。但是一旦達到ＥＳＳ，就會保持原狀——因為天擇會處罰偏離ＥＳＳ的個體及基因。

為了把這個觀點應用到鬥性上，我們且來思考梅納史密斯最簡單的一個假設例子。他假設某一物種的族群中只有兩種戰鬥策略，叫做「鷹」和「鴿子」。名稱是參考我們的慣用語，和鳥兒真正的行為無關；其實，鴿子是頗好鬥的鳥類。

再假想族群中任一個體，都被歸類成鷹或鴿子。鷹總是盡其所能的猛烈爭鬥不退縮，只有在受重傷時才撤退；而鴿子只是用高貴、傳統的方式威嚇對方，從不傷害任何個體。如果一隻鷹攻擊一隻鴿子，鴿子會迅速逃走，所以不會受到傷害。若是一隻鷹攻擊一隻鷹，牠們會持續到其中一隻嚴重受傷或死亡為止。假如是鴿子遇到鴿子，就沒有任何一隻會受傷：牠們持續不斷的向對方裝腔作勢，直到其中一隻感到疲倦或決定不再打擾對方，然後撤手停戰。在這樣的例子中，我們暫且假設：任何個體都沒有辦法事先辨別對手到底是鷹還是鴿子，牠只有在交戰時才會發現，而且沒有與特定個體戰鬥的舊經驗來指導。

鷹與鴿，誰能爭鋒？

現在，比賽隨時會發生，我們就來給競爭者打個分數吧。譬如每贏一次五十分，輸則零

分，負一百表示嚴重受傷，而負十則表示浪費時間在冗長的比賽上。這些分數可以當作能直接兌換成基因求生的現金。獲得高分數、有高平均「成就」的個體，就是能將許多基因遺留在基因庫裡的個體。其實，實際的分數對分析沒什麼用處，但是能幫助我們思考問題。

還有，很重要的是，我們對鷹在爭鬥時是否會打贏鴿子這件事，並不感興趣，我們已經知道答案是鷹總是獲勝。我們想要知道：是否鷹或鴿子其中之一是演化上穩定的策略？如果其中一個是ESS，而另一個不是，那我們就可預期哪一個會演化出來。而理論上，擁有兩個ESS是可能的。

無論族群的主要策略是怎樣，不管是鷹還是鴿子，對任何個體而言，最佳的策略就是去模仿他人。在這個例子裡，族群傾向於固守在兩個穩定狀態中首先達到的一個。然而，如我們將會看到的，鷹或鴿子這兩個策略，事實上都不具演化穩定性，因此我們不應期望它們演化出來。

現在，我就來計算平均成就，證明給你看。

假設有個全部由鴿子組成的族群，無論牠們何時爭鬥，誰都不會受傷。比賽是延長的儀式性競賽，或許是瞪眼比賽，只要其中一個對手放棄便結束。於是獲勝者在競賽中，因為贏得資源而得五十分，但牠在瞪眼上拖延時間，而受到負十分的懲罰，所以總分是四十；落敗者也因浪費時間，同樣受到負十分的懲罰。平均而言，任一隻鴿子有一半的希望贏得比

賽，也有一半可能失敗，所以牠每一場比賽的平均報酬率是正四十和負十的平均，也就是正十五。因此，鴿群中的每隻鴿子似乎都表現得很好。

現在假設族群中出現了一隻突變的鷹。因為牠是周圍唯一的鷹，牠的每一場爭鬥都會碰到鴿子，而鷹總是打贏鴿子，所以牠每場爭鬥得分是正五十，這是牠的平均成就。鷹從鴿子那兒享受了許多好處，而鴿子的淨成就只有正十五。如此一來，鷹的基因將快速散播到族群中。但是在這時候，每隻鷹就不能再期望每次爭鬥所遇到的對手都是鴿子了。舉個極端的例子，如果鷹的基因散播得成功極了，以致整個族群都是由鷹所組成，這時所有的爭鬥對象都會是鷹。現在事情就非常不同了，當鷹遇到鷹時，其中之一受到嚴重傷害，得分負一百，而衛冕者得正五十分。

同樣的，族群裡的每一隻鷹在爭鬥中，也有一半贏和一半輸的機會。所以鷹每一次爭鬥平均的期望成就是：介於正五十和負一百間的半數，即負二十五。

現在再來考慮，若是在鷹族群中出現了一隻鴿子，鴿子一定會輸掉所有的爭鬥；但是另一方面，牠也從不會受到重傷害。鴿子在鷹群中平均的成就是零，然而鷹平均的成就卻是負二十五。因此鴿子基因仍能散播到族群中。

我述說這故事的方式，聽起來，好像族群會有持續性的變動。鷹基因將傲視群雄；然而當鷹成為多數後，鴿子基因就獲得好處，且增加數量，直到鷹基因再次茂盛起來；接著又

繼續循環下去。然而，變動並不一定會是這樣子持續不休的，鷹對鴿子應該會有一穩定的比例。我們所用的這個隨意的記分制，如果你計算出來，其穩定比例會是十二分之五的鴿子對十二分之七的鷹。當達到這個穩定比例時，鷹的平均成就恰好等於鴿子的平均成就。因此天擇沒有偏袒牠們其中的任一個。如果族群中鷹的數量開始上揚，那麼比例就不再是十二分之七了，鴿子會因此得到額外的好處，不久之後，比例又會回復到穩定的狀態。

ESS可以避免造反

正如我們發現穩定的性別比例是五十比五十，所以在這個假設性的例子中，鷹對鴿子穩定的比例是七比五。在這兩個例子中，如果穩定點有變動，也不至於變動得非常大。

表面上，這聽起來有點像群體選擇，但實際並不是那回事。之所以像群體選擇的原因，是因為它使我們想到，族群好像有個穩定的平衡點，就算受到干擾，也會再回復到平衡狀態。ESS是個比群體選擇更精巧的觀念，它和某些群體是否比其他群體來得成功並無關係。在我們假設的例子中，隨意的記分制可以作很好的說明：一個由十二分之七的鷹和十二分之五的鴿子所組成的穩定族群，個體的平均成就是六又四分之一，不管個體是鷹還是鴿子，這都是不變的。而六又四分之一遠少於鴿子族群中每隻鴿子的平均成就（十五），所以唯

有在每個個體都同意當鴿子的情況下，才能獲更大利益。

依簡單的群體選擇而論，若是所有個體都同意當鴿子的族群，就會遠勝過處於ＥＳＳ比例的對手群體。但事實上，約定都當鴿子並非是最成功的群體。你可以計算出來，一個由六分之一鷹和六分之五鴿子組成的群體，平均成就是十六又三分之二，這才是最成功的同謀。但是為了眼前的目的，我們得先忽略它。

既然，在全是鴿子的群體中，每個個體的平均成就是十五，所以對每個個體而言，這遠比ＥＳＳ要好得多。因此，群體選擇理論會傾向預測：演化是朝族群全是鴿子的方向，因為成員的十二分之七為鷹的群體是很少會成功的。

在全是鴿子的群體中，每個個體都過得比在ＥＳＳ群體中還好，的確是真的；但不幸的，就像前面已經說過的，在全是鴿子的群體中若是出現了一隻單打獨鬥的鷹，牠總會表現得極端的好。那就沒法擋住鷹的演化了，所以合約必會給內鬨所破壞。

ＥＳＳ是穩定的，不是因為它對個體特別好，而是因為它可免除造反。

合約不敵個體最佳利益

人類可能簽訂對每個個體都有好處的協定或合約，即使這些在ＥＳＳ的意義上並不穩

定。但請注意，這是自然界唯一的可能，因為每個人都運用了他很理性的遠見，了解到協定內容對自己長期有利，而願意去遵守。不過最常見到的還是：個體預見破壞協定後，自己可以在短時間得到好處，這種破壞協定的誘惑就會讓人無法抵抗。

我且舉個破壞協定的最佳例子：價格制定。將汽油的公定價格一直訂得很高，對所有加油站老闆來說，當然會有長期的利益。不過，有時某個商人為了要搶生意，會先進行削價。接著他附近的商人也迅速跟進，結果削價之風很快漫布全國。這種結果對其餘的人而言是不好的，因此加油站老闆會再聚會，協定一個新售價；但不久後，可能又會有某個人先破壞行情。所以，甚至在人類，這個擁有意識、遠見和天賦能力的物種，基於長期最佳利益所訂定的約定或協同，也會因內鬨而在瀕於崩潰的邊緣上，不斷的搖擺。

野生動物被自私、奮鬥的基因所控制，要找到群體利益或協定的策略可能演化出來的方式，就更加困難了。

在我們假想的例子中，先是作了「任何個體不是鷹就是鴿子」的簡單假設。我們以鷹對鴿子的某種演化上穩定的比例做為結束。事實上，這意謂的是在基因庫內，鷹基因對鴿子基因會達到一個穩定比例，這狀態在遺傳學上的專有名詞是穩定的多形性狀（polymorphism）。

如果每個個體在每場特定的比賽中，都能依牠所願表現得像隻鷹或是像隻鴿子，ＥＳＳ就能夠達到。在這景況裡，所有個體都有同樣的機率（即十二分之七）可以表現得像鷹。這

表示每個個體在每一場比賽開始時，已決定在這場合中要表現得像隻鷹還是像隻鴿子了；這決定是隨意的，但其中有十二分之七的意願，會傾向於表現得像隻鷹。這樣的意願似乎對鷹有所偏好，但在表現上應該是隨機的，這點非常重要。照道理說，任一個競爭者並無法猜到牠的對手，在任一場比賽中將扮演怎樣的角色。好比說，連續七場競賽都扮演鷹，然後連續扮演五場的鴿子。這樣的表現是很不好的，因為任何個體採用了這麼一套簡單的順序，那牠的對手就會很快理解，且得到好處。

從實施簡單順序的策略者身上，獲得好處的方法是：一旦你知道對手將扮演鴿子的時候，就扮演鷹來對付牠。

當然，鷹和鴿子的故事很天真、也很單純。它只是個模型，在自然界不會發生，但是它能幫助我們了解自然界真正發生的事。模型可以非常簡單，但對了解重點或得到觀念，還是很有用的。簡單的模型能夠被精緻化，也可以趨向複雜。如果一切順利，當模型變得更複雜時，就與真實世界更加接近了。

不管怎樣，我們發展鷹和鴿子的模型，是要介紹更進一步的策略。

鷹和鴿子並不是唯一的可能。梅納史密斯和普來斯介紹過一種更複雜的策略，叫「復仇者」。

復仇者在每次戰爭剛開始時，都表現得像隻鴿子，也就是說，牠沒有像鷹一般發動兇猛的攻擊力，而只是好像在參加一場平常的威脅性競賽般。但如果對手攻擊牠，無論如何，牠會報仇。換句話說，復仇者被鷹攻擊時，會表現得像鷹；遇到鴿子時，就像隻鴿子；遇到其他復仇者時，也會表現得像鴿子。

復仇者是個有條件的戰略家，牠的行為視對手的行為而定，遇強則強，遇弱則弱。

另一個有條件的戰略家叫做「欺負弱小者」。欺負弱小者顧步自盼像隻鷹一般，一旦有人反擊，牠會立刻跑掉。還有另一個有條件的戰略家是「調查員兼復仇者」。調查員兼復仇者基本上很像復仇者，但是牠偶爾會嘗試一種短暫試驗性的戰情提升。如果敵人沒有反彈，牠就保持這種像鷹的行為；假使對手真的反彈了，那牠就恢復到像鴿子一樣，表現出習慣性嚇阻行為；又如果牠被攻擊了，就會像復仇者一樣，採取嚴厲的報復手段。

如果將我所提到的五種策略，以彼此間不互相牽制的方式進行電腦模擬，那麼其中只有復仇者，會脫穎而出成為演化上的最穩定者；調查員兼復仇者則是近乎穩定的。而鴿子是不

穩定的，因為鴿子族群總會被鷹和欺負弱小者侵入：鷹也是不穩定的，因為鷹的族群會被鴿子和欺負弱小者侵入。至於欺負弱小者，牠也是不穩定的，因為欺負弱小者的族群會被鷹所侵犯。

在全為復仇者的族群中，沒有其他的策略可侵入，因為任何策略都不會比復仇者的更好。然而，在復仇者的族群中，鴿子也可以過得一樣好，這意謂其他狀況都不相上下時，鴿子的數目會慢慢攀升。現在假使鴿子數量提高到某個重大的限度，調查員兼復仇者（附帶的，包括鷹和欺負弱小者）便開始得到好處，因為牠們對付鴿子的辦法比復仇者的還好。

再來考慮調查員兼復仇者族群，牠們可不像鷹和欺負弱小者一樣，容易窩裡反；它幾乎就是個ＥＳＳ。你可以說，在調查員兼復仇者的族群中，僅有復仇者的策略可以做得比較好，但也只是稍微好些罷了。

還是得計算成本效益

所以，我們會期望復仇者和調查員兼復仇者的混合體將成為優勢——兩者間還帶有些微的波動，這波動與少數鴿子族群的大小有關聯。再說，當每個個體只玩一種策略時，我們可以不需要考慮到多形性狀這個字眼。但事實上，每一個體都能扮演介於復仇者、調查員兼仇

者和鴿子之間的複合體。

這個理論的結論，與多數野生動物真正發生的情形相差不大。我們好像已經解釋過，動物鬥性的「戴手套的拳頭」觀點。當然，細節還要視獲勝、受傷、浪費時間等所獲得的分數而定。

對雄象鼻海豹而言，獲勝的獎賞可能是近乎獨占一窩雌海豹的特權，獲勝所需付出的代價照理應該是非常高的。但有點兒奇怪的是，爭鬥不但兇猛殘暴，還可能會嚴重受傷，更別提時間上的浪費了。不過，時間上的浪費顯然被認為比受傷的代價和獲勝的利益來得小。

對寒冬中的小鳥而言，浪費時間的代價可能就非比尋常了，當一隻大山雀要餵雛鳥時，必須平均每三十秒捉到一隻獵物，白天裡的每一秒鐘都是寶貴的。甚至在鷹與鷹的對決中，即是只花費了相當短的時間，已可能被視為比受傷還要嚴重。不幸的，我們目前知道的不多，以致無法算出確實的數字，來說明自然界中各項演變的成本和利益。

我們必須小心，不要單從自己對數字任意的選擇來下結論。在這裡，最重要的結論是：ESS較容易演化，ESS並不等同於群體共謀能達到的最佳狀態；還有、常識不見得是正確的。

消耗戰

梅納史密斯曾提到的另一個戰爭遊戲是「消耗戰」。這可以想成是發生在一個不曾參加過危險戰爭的物種身上，在這個物種內，所有的爭執都被慣常的裝腔作勢所解決了，一場比賽總是在某一方放棄後就結束了。為了要贏，你所要做的是堅守崗位，並且緊盯著對手，直到他逃走。

顯然沒有動物有能力花費無限的時間在威嚇上，就算牠所競爭的資源再寶貴，也絕不是無限寶貴；因為還有更重要的事情要辦，也只值得花這麼多的時間。就如在一場減價拍賣會上，每個個體都只打算花這麼多的時間在每一回合上。時間是買者在拍賣會上的貨幣。

假設所有這類的個體，事先都能準確算出某種資源值得花多少時間，那麼一個打算多堅持一點兒時間的突變個體，隨時都會贏。所以保持固定拍賣期限的策略，是很不穩定的。即便你能夠非常精確的估算出資源的價值，也經常能喊出正確的價值；然而任何兩個個體的出價，根據這種最大限度策略來看，都會恰好在相同的瞬間放棄，最後兩者都得不到資源！由此看來，在比賽一開就棄權，會比浪費時間要值得多了。

消耗戰和真正的減價拍賣之間，最大的不同是：消耗戰中，參賽雙方都得付出代價，但只其中一方得到獎品。然而，在出價者的族群中，臨陣脫逃可以少浪費許多時間，算是成功

的策略。當然，利益就歸於不放棄的個體了，但是牠總得多等個幾秒鐘——如果你是和族群裡占優勢的及時退縮者比賽，這個多等幾秒鐘的策略是值得的。所以你可以想像，天擇會喜歡漸進擴大的放棄時間方式，直到在變動中，再次達到真正的價值所允許的最大限度。

撲克臉占優勢

顯然在消耗戰中，個體對牠們何時放棄，是不會提供任何暗示的，這點非常重要。任何個體，只不過挑動一下鬍子，稍稍洩漏牠開始認輸時，就立即會處於不利的狀況下。如果對手的鬍子挑動，是在一分鐘內會有退縮行為產生的可信訊號，那麼就有個非常簡單的得勝策略了：「如果對手鬍子挑動，不管你自己先前的投降計畫是什麼，都得再等待一分鐘。如果對手鬍子還沒挑動，當你打算放棄時，不論如何，在一分鐘的時間內，就立刻要放棄，不要浪費更多的時間，而且千萬不要挑動你的鬍子。」所以天擇會很快的懲罰挑動鬍子，以及對任何類似行徑的背叛行為。

撲克臉因此演化而來！

為什麼天擇選擇了沒有表情的撲克臉，而不選虛張聲勢的騙子臉呢？

再強調一次，說謊不是穩定的。假設發生這樣的案例：大多數的個體打算在消耗戰中持

續一段非常長的時間時，就會豎起牠們的毛髮。明顯的對抗策略會發展成：每當對手豎起毛髮時，就立刻棄械投降。但是現在，說謊者開始演化出來了，那些實際上並不想持久戰爭的個體，在每一個場合都豎起了毛髮，而且獲得輕易就贏的好處，說謊基因因此散播開來。當說謊者變成多數時，天擇就偏好起那些不虛張聲勢的個體來，因此說謊者數量又再度減少。所以在消耗戰中，說謊話比說實話較不具有演化上的穩定性。撲克臉才是演化的穩定者，因為當牠終於要投降時，將是突然且無法預知的。

到目前為止，我們只有考慮過梅納史密斯所說的「對稱性」比賽，也就是我們假設參賽者除了戰爭策略外，在各方面都相同：鷹和鴿子被設想成一樣強壯，一樣裝配了良好的武器和盔甲，而且勝利時有相等分量的獎賞。這是建立模式的方便說法，但不是實情。

不對稱的比賽

帕克和梅納史密斯接著考慮不對稱性的比賽。舉例來說，如果個體在大小和戰鬥能力上有所差異，而且每個傢伙都能判斷對手與自己體型的大小。

這會影響ＥＳＳ的發生嗎？必定會的。

不對稱類型大致有三種。第一種是我們剛才提過的：個體可能在體型和戰鬥裝備上有所

不同。第二，個體可能在牠們須贏多少的考量上有所不同。例如一個老的雄性，再活也不會太久，如果牠受了傷，比起一個還有很長一段生殖期擺在前面的年輕雄性，所失去的可能不多。

第三個不對稱是理論推衍出來的奇怪結果：某個純粹人為的不對稱，因為能使比賽迅速結束而成為ＥＳＳ。例如常常會有這樣的事，一個參賽者比另一個早到達比賽場地，牠們分別稱為「居住者」和「入侵者」。為了論證起見，我先假設居住者或入侵者沒有什麼附帶的好處。但我們知道，這假設可能不是真的，不過這不是重點。重點是即使沒有理由假設居住者較入侵者有利，ＥＳＳ靠著自己的不對稱性，依舊能演化下去。這就好比人們用又快又簡單的丟銅板，來解決爭端一般。

策略可以是這樣的：「如果你是居住者，攻擊；如果你是入侵者，撤退」，這是我們假想的第一個ＥＳＳ。因為不對稱性被假設成隨意的，那麼相對的策略：「如果是居住者，撤退；如果是入侵者，攻擊」也可以是另一個ＥＳＳ。在族群中選用這兩個ＥＳＳ中的哪一個，是看何者最先達到多數而定，當多數個體正在玩這兩種策略其中之一時，違背者即受到懲罰。因此在定義上，它會成為ＥＳＳ。

假設所有個體都在玩「居住者贏，入侵者走」的策略，這代表牠們在爭戰中，將有一半的勝算和一半的失算。因為所有的爭端都在主觀形式下迅速平息，不但不會有人受傷，而且

時間上一點也不浪費。

現在來考慮某個突變的反叛者：假設牠玩的是純粹鷹的策略，總是攻擊，絕不退縮。結果便是，當牠的對手是入侵者時牠會贏；當對手是居住者時，牠將冒著受傷的嚴重危險。平均起來，牠比那些根據ＥＳＳ的隨意規則玩的個體成就低。而若是有反叛者嘗試「居住者逃跑，入侵者攻擊」的相反規則，甚至會更糟了，牠不但時常受傷，而且很少能夠贏得一場比賽。但是，假使因為某些巧合，個體因玩這種相反規則而達到多數，在這種情況下，牠們的策略就會變成安定的標準形式，與這不同的便會遭到不利的後果。

可想而知，如果我們能持續觀察族群的許多世代，便可以看到從某個穩定狀態到另一個穩定狀態之間，一系列偶發性的變動。

丁伯根的絕妙實驗

然而，現實生活中，真正隨意的不對稱性可能並不存在。譬如，居住者可能較入侵者有實際的好處：牠們比較了解駐地的地勢。入侵者也許因為要移動到別人的駐地去攻擊，而較容易上氣不接下氣，但居住者卻一直都在那兒，以逸待勞。

有個較抽象的理由可以說明，為何兩個穩定狀態中，「居住者贏，入侵者撤退」的策略在

自然界較為可能。

「入侵者贏，居住者撤退」這個相反的策略，先天上就具有自我毀滅的傾向；即梅納史密斯所稱的，是個矛盾的策略。任何處於這種矛盾的ESS族群，個體總是在奮鬥，而沒法成為居住者：他們在任何戰爭中總是努力當個入侵者。他們只有不停的或是無意義的到處移動，才能夠一直當個入侵者。撇開在時間和能量上的花費，這個演化趨勢本身就容易使居住者滅亡。

另外，族群若是處在「居住者贏，入侵者撤退」的穩定狀態，天擇就會偏愛那些爭著做居住者的個體。對每一個體而言，這代表保有一塊土地，盡可能少離開那兒，而且得擺出防衛的姿態。這樣的行為在自然界裡普遍觀察得到，通常被稱作「領域性防衛」。

我所知道的這類行為不對稱性形式的最巧妙證明，來自偉大的動物行為學家丁伯根所提供的一個相當精巧簡單的實驗。他的魚池裡有兩條雄棘魚（stickleback），分別築巢在池塘的對邊，而且各自防衛著自己巢穴周圍的領域。丁伯根將兩隻雄魚各別放進大玻璃試管內，而且把兩根試管靠在一起，然後就看到雄魚試著透過玻璃彼此爭鬥。

有趣的結果來了：當他移動試管到雄魚A的巢穴附近，雄魚A就採取攻擊的姿勢，而雄魚B企圖要逃跑；當他移動兩根試管到雄魚B的領域時，局面就轉變了。丁伯根只是將兩根試管從池塘的一端移動到另一端，就能指出哪隻雄魚攻擊、哪隻撤退。兩隻雄魚都明顯的執

行了簡單的策略：「居住者，攻擊；入侵者，撤退。」

生物學家常常問：領域行為在生物學上的好處是什麼？關於這點，已有許多人提出了看法，其中一些稍後會提到，我們現在了解這問題也許都是多餘的。領域防衛可能只是因為占領時間的不對稱性，所形成的ＥＳＳ，那可以表現出兩個個體和一塊土地間的關係。

你一來，我就走

最常見的非任意不對稱性，想必是體型和戰鬥力。大的體型未必是贏得戰爭的最重要特質，可能只是條件之一。如果兩個爭鬥者中，較大的總是獲勝，而且假使每個個體都確實知道牠比對手大還是小，那麼只有一個策略有道理：「如果對手比你大，逃跑；選比你小的人挑釁。」

如果體型的重要性不那麼確定的時候，事情就有點兒複雜了。倘若體型大只能得到一點點的好處，那麼我們剛才所提的策略，仍然是穩定的；但如果受傷的風險比較需要顧慮時，就可能出現「矛盾的策略」了，那就是「選比你大的人挑釁，而逃離比你小的人」！但這似乎完全違反了常理。

矛盾的策略之所以能穩定的原因是這樣的：在一個完全由矛盾策略者所組成的族群裡，

沒有人會受到傷害；這是因為在每次比賽中，較壯的參賽者總是逃之夭夭。這時若有採取「明智」策略的突變者，他專門挑選體型較小的對手挑釁，那麼他肯定會與半數所遇到的人激烈戰爭。這是因為，假使他遇到某個比較小的對手，他就攻擊；那較小的個體也會猛烈反攻，因為小個體行使的是矛盾策略。雖然明智策略者較有可能勝過矛盾者，但他仍然冒著失敗和嚴重受傷的危險。

當族群中多數是矛盾者的時候，明智的策略者就可能比任何一個矛盾策略者容易受傷。但就算矛盾策略可能穩定，那也只是學術理論上的趣味罷了。只有當矛盾的鬥士在數量上遠超過明智者時，他們才會獲得較高的平均成就。不過，究竟在什麼情況下這種情形才會產生，這可不容易想像。即使產生了，族群中明智策略者與矛盾者的比例只要稍往明智者那邊偏一點，便可達到另外一個ESS的「吸引域」。所謂的吸引域，就是一個族群中不同策略的比例。在這比例下，明智的一方（借用我們目前用的例子）較占上風；族群一旦達到了這個比例，整個族群就無可避免的往明智的一方吸引過去了。

我想如果我們能在大自然中找到一種矛盾的ESS的例子，那會多令人高興。不過這是不可能的。

●我說得太快了。我寫下剛剛那句「不可能的」後，梅納史密斯教授就叫我注意柏格斯

（J. W. Burgess）對墨西哥一種社會性蜘蛛 *Oecobius civitas* 的描述。

「如果一隻蜘蛛遭到干擾了，從牠的獨居處被趕出，牠會飛奔過石頭。當沒有空的縫隙可以躲藏時，牠可能會往另一隻同種蜘蛛的藏身處尋找掩蔽。另一隻居住中的蜘蛛在入侵者進來時，牠非但不攻擊，反而會飛快的逃出去，尋找自己的新住所。如此一來，當第一隻蜘蛛受干擾後，從一張網到另一張網間，會展開一連串的取代過程，可能持續數秒鐘，時常造成多數蜘蛛從牠們自家的獨居處，移到別家去。」（摘自〈社會性蜘蛛〉，《科學美國人》一九七六年三月號）。這就是矛盾策略占上風的好例子。

動物家族也有階級

如果個體保留了上次爭鬥結果的記憶，那該怎麼辦？這要看記憶是特定的還是概括性的而定。蟋蟀對上次爭鬥有個概括性的記憶，使得新近贏得多數爭鬥的蟋蟀會變得比較鷹派；而最近有一次失敗經驗的蟋蟀，會變得比較鴿派。

亞歷山大巧妙的說明了這個例子：他用一隻假蟋蟀去毒打蟋蟀。經過這樣的處理後，這隻真蟋蟀變得比較容易輸給其他的真蟋蟀了。每隻蟋蟀可以被想成：會不斷的重新估計自身，以及族群中其他個體平均的戰鬥力。

像蟋蟀這種以過去爭鬥的記憶來工作的動物，如果放在一起成為封閉的群體，過一段時間後，某種支配階級就可能發展出來。觀察者可以將個體排列出階級：較低階層的個體，會屈服於較高階層的個體。那些慣於獲勝的個體，最後會變得更容易贏，而慣於失敗的個體，則愈容易戰輸。就算個體一開始就獲勝或失敗完全是隨機的，牠們也會傾向於將自己照順序分類。這樣做的結果是：群體中激烈爭鬥的次數漸漸減少了。

支配階級不但會出現在前述不需個體辨識的例子中，還會出現在具有個體辨識能力的例子中。在這些例子裡，過去爭鬥的記憶是特定的，要多於概括性的。

蟋蟀不會辨識對方，但是母雞和猴子會。如果你是一隻猴子，過去曾經打過你的猴子，以後也可能打你。那麼個體最好的策略，是以比較鴿派的方式面對先前修理過自己的個體。一群素未謀面的母雞彼此照面，通常會有一場大戰，一段時間後爭鬥才會平息下來，不過平息的原因和蟋蟀有所不同。母雞的情況是：每一隻都知道自己和其他個體的相對地位。這對整個群體有連帶的好處，例如在具有階層制度的母雞群中，激烈的戰鬥很少，雞蛋的產量會比成員地位不停變動、且導致戰鬥頻仍的母雞群來得多。

生物學家時常認為，支配階級在生物學上的好處或「功能」是：減少群體中公然的侵略行動。但這樣想是不恰當的。認為支配階級在演化的意義上具有某種「功能」是不對的，因為它只是群體的特性之一，不是普遍存在的。

為什麼獅子不吃獅子？

我們一直在討論同一物種之內成員間的較勁情況，那麼物種與物種間的競爭又會是什麼情形呢？

如我們稍早所看到的，同種的成員常是最直接的競爭者，不同種的個體之間較沒有直接的利益衝突。基於這原因，我們會預期牠們在資源上不會有太多競爭。

我們的期望的確受到了支持。例如，知更鳥會為保衛領土而對抗其他的知更鳥，但不會對抗大山雀。我們可以在樹幹上畫出每隻知更鳥的領域圖，然後再加上大山雀的領域範圍。你可以看到這兩種鳥的領土以完全雜陳的方式部分重疊，不過牠們卻彷彿是處在不同的星球上，完全不會互相干擾。

但是，不同種個體間的利益，仍然也有相當尖銳對立的局面。例如，獅子想要吃羚羊，但是羚羊卻不想被獅子吃。常理上，這不是為了資源競爭，但邏輯上似乎也可算是另一種資源競爭——競爭肉的資源。

獅子基因為了自個兒的求生機器，想要把羚羊肉當成食物；羚羊基因則想要把肉留下，當成自己求生機器幹活的肌肉和器官。肉的這兩種用途是互不相容的，所以獅子和羚羊在利益上有了衝突。

同種的成員也是肉所組成的，為什麼同類相殘的情形比較少呢？

我們在黑頭鷗的例子中也看過，成鳥有時確實會吃同種的幼鳥。然而，我們不曾看見成年的肉食動物，積極的獵殺並吃掉其他成年的同種動物。為什麼不這麼做呢？因為我們還是相當習慣以「對物種有利」為演化觀點來思考，以致於時常忘了問：「為什麼獅子不獵殺其他的獅子？」這樣完全合理的問題。另一類很少被提出的典型好問題是：「為什麼羚羊遇到獅子要逃跑，而不反擊呢？」

獅子不獵殺獅子的原因是：這麼做的話就不是ＥＳＳ。自相殘殺的策略和前面例子中鷹的策略一樣，都是不穩定的。報復行動隱含太多的風險和危險，在異種間的競賽中較不可能發生，這也就是為什麼那麼多被獵殺的動物要逃跑，而不報復的原因。那可能源自這樣的事實：在兩個異種動物間的交互關係中，有著比同種間還要大的內在不對稱性。當競爭有強烈的不對稱情形時，ＥＳＳ可能視不對稱情況而制定出如此的策略：「如果我較小，就逃走；如果我較大，就攻擊」。相似的策略很可能在異種的競爭中演化開來，因為有太多可採用的不對稱性。

獅子和羚羊因為趨異演化（evolutionary divergence），已達到某種穩定狀態。趨異演化以某種持續增加的趨勢，來加強一開始競爭就有的不對稱性，例如獅子和羚羊分別在狩獵和逃脫的技巧上變得非常熟練。一隻選擇「停下來打鬥」策略的羚羊，一定不會比消失在地平線上的

其他羚羊來得成功。

ESS太有力了

我總覺得ESS觀念的發明，是自達爾文以來演化理論上最重要的進展之一。這個概念適用於任何有利益衝突之處，幾乎可以適用在每個方面。

攻讀動物行為學的學生，常常喜歡談論「社會結構」這樣的事情。物種的社會結構，時常被當作是擁有它自己生物優勢的當然實體，例如剛剛提到的支配階級。我相信可以在生物學家所做的社會結構的大量報告中，找出背後所隱藏的群體選擇論的假說。

梅納史密斯的ESS觀點，使我們首次清晰的了解到：獨立自私個體的集合，可能成單一而有組織的群體。我想這個觀點不僅在物種內的社會性組織中是真實的，甚至在許多物種所組成的「生態系統」中和「生物社會」也都是真的。未來，我期待ESS的觀念能徹底改革生態學。

我們也能運用ESS到第三章提過的例子：一條船上的划槳手（代表身體裡的基因），需要良好的團隊精神。類似的例子還有不少。基因能被挑選出來，並不代表個別是特別的好，而是好在能合力對抗基因庫裡的其他基因。一個「好」的基因，必須能夠和其他基因一

起分享肉體的長期發展，並能互相配合和互補。好比咀嚼植物牙齒的基因，是草食性生物基因庫中的好基因，但卻是肉食動物基因庫中的壞基因。

你可以將基因的組合，想像成被挑選在一起的單位。在第三章蝴蝶擬態的例子裡，似乎就是這麼回事。但是ＥＳＳ觀念的力量在於；它使我們了解到，純粹從獨立的基因層次來選擇，也可以獲得相同的結果；基因並不需要連結在同一條染色體上，只要它們能互相合作就成了（划船的比喻無法詮釋這個觀點，那只是我們能夠提出來的最接近的比喻）。

再談划船

在一支真正成功的隊伍中，划槳手應該以溝通來協調他們的動作，這是很重要的。我們現在要假設，一群在教練指揮下的划槳手，有的只會講英語而有的只會說德語。英國船員和德國船員程度其實差不多，但是因為溝通不良會削弱團隊力量，混合船員的隊伍贏得比賽的次數，總會比純粹英國人或純粹德國人組成的隊伍還少。

教練並不了解這點。他所做的只是把隊員編組，對獲勝船隻的成員給與分數，對落敗船隻的成員則記上一筆。現在，如果他所有的隊員是以英國人占多數，那麼任何德國人上船就有落敗的可能，因為溝通不良。相反的，如果團隊中以德國人居多，一個英國人就極易發

現，自己會使任何船隻在比賽中失利。

最好的隊伍將會是處於兩種穩定狀態中的一個：都是英國人或都是德國人，就是不要混合的。表面上，教練就像在挑選整個語言團體當作單位。但他不是，他是依據他們贏得比賽所展現出來的能力，來挑選船員的。碰巧，任一個船員贏得比賽的可能性，是要看那支划船團隊中的成員組成而定。占少數的候選者總是遭到淘汰，並非因為他們是差勁的划手，只因為他們是參選中的少數。同樣的，「基因因具有相容性而被挑選出來」的事實，並不一定表示「整個基因組都是從同一單位挑選出來的」，就像蝴蝶的例子。

「挑選單一基因」這低層次選擇，有時會讓人以為是從某些較高層次所作的選擇。我再用划船的例子解釋如下：

在划船的例子中，天擇喜歡簡單的一致。但比較有趣的是，真實的基因可能因為互補而被天擇挑選出來。從相似性來說，你現在可以假設一支理想均衡的划船隊伍，應該擁有四個右手划槳者和四個左手划槳者；再假設教練不在乎這個事實，而盲目的以績效來選擇。現在，如果候選團體由右手划槳者占多數，那麼任何一個左手划槳者將得到優勢：他可能發覺自己使得某艘船獲勝，且因而顯示自己是個好划槳手。相反的，以左手划槳者占多數的團體中，右手划槳者應該會較有利。這和一隻鷹在鴿子族群中吃得開，以及一隻鴿子在鷹族群中活得很好的例子相同。所不同的是，在那兒我們談論的是有關自私機器個體間的交互作用，

而此處我們則討論關於肉體內基因交互作用的話題。

教練盲目的挑選「好」划槳手，最後結果仍會是由四個左手划槳者和四個右手划槳者組成一支理想的隊伍，這讓人覺得好像這位教練是有意識在挑選這樣的組合。其實教練並不是在挑一支理想的團隊，而只是將好的團員一一挑出。四個左手划槳者和四個右手划槳者的演化穩定狀態（「策略」在這裡會誤導大家），正是前面所說的，以顯著的優點為基準所做的低層次選擇，卻讓人以為是從較高層次所做的抉擇。

演化就這麼發生了

基因庫是基因的長期環境，「好」基因是被盲目的挑選而存活於基因庫中的。有趣的問題是，是什麼使基因變好？

基因庫若是逐漸變成一個演化穩定的基因組，它的定義就是：不能被任何新的基因所侵入，許多由突變、重組或遷入而產生的新基因，很快會遭到天擇淘汰；演化上穩定的組合又會給恢復。偶爾，某個新基因真的成功侵入了那個組合，而且還成功的散播到整個基因庫裡，雖然那會有段不穩定的過渡時期，但仍會以一個全新的演化穩定組合收場——一點點的演化於是發生了。

根據攻擊策略的比喻，族群或許有不只一個穩定點，有時候還會來去跳動不定。而且在一系列不連續的穩定點之間，你還可以看到，漸進演化的過程也並不是很穩定的在點與點之間攀升。而整個族群看起來，表現得就像個能自我調控的單位。這個錯覺的產生，是由於天擇係作用在單一基因這個層次上。基因因為績效而給挑選出來；但是績效是根據對抗演化穩定組合（也就是現存基因庫的背景）的表現來判定的。

梅納史密斯把焦點集中在所有個體間的交互攻擊作用上，而使得事情變得非常清楚。以鷹和鴿子的穩定比例來考量，確實比較容易，因為身形是可以看到的大東西。但是位於不同身體內的基因，這種交互作用就只是冰山一角了。在演化穩定組合（基因庫）中，基因之間絕大部分的交互作用都是在個體體內運作的，這些交互作用很難看到，因為它們在細胞內進行，尤其是發育中的胚胎細胞。最後，整合良好的身體生存下來了，牠們是一組演化穩定的自私基因的產物。

我必須回到這本書的主題，所有動物間的交互作用的層次上。因為了解了鬥性，就可以將動物個體當作獨立的自私機器了。但是當個體間是親密的親戚（兄弟、姊妹、堂兄弟、父母和子女）關係時，這個模式就破壞了。這是因為親戚間共有相當比例的基因。每個自私的基因對不同的個體自有它的忠誠度。關於這一點，且先喘息一下，下一章再來解釋。

6

基因的自私算盤

為什麼我們說「自私的基因」？自私的基因究竟是什麼？基因，不僅是具體的ＤＮＡ組成單位而已。從太古渾湯裡起始，基因就以ＤＮＡ某一特定部分的複製品的形式，散布在全世界每一個角落。

如果允許我們大膽假設基因擁有任何有意識的目標，也讓我們使用較嚴謹的遣詞造句方式，把話說清楚，首先我們要提出一個問題：自私的基因居心何在？我直率的這樣回答：它想要在基因庫中擴大同類的勢力。達成這個目的最基本的方法就是：協助操縱包藏有基因的身體，使基因存活和繁衍。我們還要強調的是：基因是一種傳播媒介，它同時存在於許多不同個體裡面。

其實它還是自私的

基因存在於不同個體之中，對於任何個體意圖複製它的行為，它都有可能從旁協助。換句話說，一些看來像是個體利他的行為，其實也是基因自私的結果。

以導致人類白化症（albino）的基因為例。事實上，要好幾種基因同時存在，才會發生白化症，不過這裡我只討論其中的一個基因。這是一種隱性基因，所以患者體內必須具有雙份的基因，才會發生白化症，這種情形發生的機率約兩萬分之一。這種基因也會以單份形式存在

一般人身上，而一般人身上帶有一個這種基因的機率高達七十分之一，但不至於引起白化症。

由於白化症基因分布的比例相當高，理論上，它可以操縱自己所居住的身體，使身體做出裨益白化症患者的行為。另一方面，如果某個白化症基因，能促使它所屬的身體拯救十個白化症的身體，雖然它自身可能死於這種利他行為，但在基因庫中，白化症基因可因此得以大量增加。也就是說，只要有助於其他含有白化症基因的個體生存，即使它所生存的個體死亡，這個基因也該很樂意才對。

那麼我們是否可以預期，白化症患者彼此會特別友善相待？事實很可能並非如此。要了解其中緣故，我們必須暫時拋開把基因當作「有意識的媒介物」這個觀念，我們必須回到較嚴謹、可能也比較囉唆的說法。

白化症基因並不真正具有求生的意念，或幫助其他白化症基因的意念。但如果白化症基因正好使它所屬的個體，對其他白化症個體做出利他行為，那麼白化症基因在基因庫中的數量，就會自然而然的增加。可是為了要達成這個目標，基因必須對所屬的個體有兩種影響力：它不僅要發揮使顏面蒼白的一般作用，另外還必須製造一種願意為顏面蒼白的人犧牲自我利益的心態。兼具這雙重效果的基因如果存在，白化症人口無疑會快速增加。

可是正如我在第三章裡強調的，事實上沒有一種基因具有多重作用。理論上，基因可能賦予某種外在可見的標誌，例如白皮膚、或綠鬍子、或任何其他顯而易見的特徵；同時也可

能對具有該種特徵的人特別友善。這種事不是沒有可能，但可能性不大。同一種基因既要製造可辨識的特徵，又要製造對應的利他行為，這種事發生的可能性太渺茫了。但話說回來，所謂「綠鬍子利他效應」，在理論上仍是可能的。

基因如何辨認同類？

像綠鬍子這麼沒來由的標誌，不過是基因用來在其他個體身上，辨認同類的方法之一。還有其他方法嗎？這可能是最直接的方法了。辨識一個人是否有某種利他基因，主要得看他的利他行為。能在基因庫裡興旺的基因，可能因為它會用某種方式說：「身體啊！如果A為了救一個快要淹死的人而快要淹死了，你就快跳下去救A吧。」這樣的基因之所以會興旺，是因為A身上帶有同樣願意捨身救人的利他基因的可能性，高於一般人之上。A在救別人的行為就是一種標誌，作用跟綠鬍子是一樣的，它比綠鬍子合乎邏輯，可是說服力還是不夠。基因是否有更令人信服的方式，用以在其他個體身上辨認同類呢？

答案是肯定的。近親具有相同基因的機會高於一般人，這也就是父母願意一生無怨無悔為孩子奉獻的原因。費雪、霍登（J. B. S. Haldane, 1892-1964，英國生物學家）、漢彌敦都發現，這也適用於其他近親，例如兄弟姊妹、姪甥兒女、堂表親等。如果一個人能用自己的生命換十個

近親的生命，雖然自己的基因會因而喪失，但會有更多的同類基因獲救。

「更多」的意義有點含糊，「近親」也是如此。我們可以把話說得更清楚點，在漢彌敦的論文中，有兩篇一九六四年完成的論文，可說是有史以來，最有分量的社會行為學著作。我始終不能理解，為什麼漢彌敦備受動物行為學家忽視（一九七〇年出版的兩本主要的動物行為學教科書，甚至沒有在索引中列入他的名字），所幸近年已有跡象顯示，學界對他的觀念重拾興趣。漢彌敦的論文相當偏重數學推論，在某些方面流於過度簡化；但就算你沒受過嚴格的數學訓練，也不難憑直覺掌握其中的基本原則。

不論有無親戚關係，大多數人都有「不患白化症」的基因，這種基因之所以普遍，主要因為白化症患者的存活機會不及非白化症患者那麼高——因為患者的眼睛容易被陽光照花，看不見敵人逼近，容易喪命。不過，我們的重點不在於解釋，為什麼基因庫裡會有大量「不患白化症」這種顯而易見的「好」基因。我們感興趣的是，對於有利他傾向的基因為何會興旺，該如何提出令人信服的解釋？

在援引漢彌敦的數學推理之前，我要先假設：我們討論的基因在整個基因庫裡非常罕見，至少在演化初期，這些基因很罕見。

要注意的是，即使在全人類當中很罕見的基因，在某個家庭裡可能很普遍。這麼說吧，我體內具有多種人類少見的基因，你體內也具有人類少見的基因，但我倆具有的少見基因很

可能並不相同。可是在我妹妹身上，卻可能有幾種跟我相同的罕見基因；同樣的，你妹妹身上也很可能有好幾種跟你相同的罕見基因。這種機率是百分之五十，因為兄弟姊妹的基因，不是來自父親，就是來自母親。

從親緣看機率

假設你具有一種G基因，那麼它不是來自你父親，就是來自你母親（為方便解釋起見，我們在以下的討論中，把若干不常見的特殊可能性暫且擱置一旁，例如：G是一種新的突變、你的父母都擁有這種基因、或父母中的一人擁有雙份這種基因）。現在再假設基因是來自父親，那麼他每個正常的體細胞就有一個G。男性製造的精子，每個裡頭有自己一半的基因；所以生成你妹妹的精子，就有一半的機會含有基因G。另一方面，假設你的基因G是來自母親，透過完全相同的推理方式可以證明，她的卵子含有G的機會占一半，所以你妹妹遺傳到G的機率還是百分之五十。換句話說，如果你有一百個兄弟姊妹，其中大約五十人會有跟你一樣的罕見基因。同理，如果你體內有一百種罕見基因，你的任何一個兄弟姊妹體內，都可能帶有其中的五十種。

接下來，你就可以計算任何親緣的親戚擁有相同基因的機率了，但父母子女的關係仍

是計算時的基準。例如，如果你有一個H基因，你任一個小孩有這種基因的機率是百分之五十；因為你體內半數的生殖細胞含有H，而任一個孩子可以從任一個生殖細胞生成。如果你有一個J基因，令尊擁有J基因的機率也會是百分之五十，因為你身上一半的基因來自於他，另一半來自令堂。

為方便起見，我們將採用一種親緣關係指數，表示兩個親戚之間擁有同種基因的機率。簡單的說，同胞兄弟的親緣關係是二分之一，因為一個兄弟身上可找到另一位兄弟一半的基因。這是個平均值：由於減數分裂時的配對和分離是隨機的，一對兄弟擁有的相同基因數可能多過一半，也可能少於一半。但父母子女之間的親緣關係指數，永遠恰好是二分之一。

計算親密關係

每次都要從頭計算很煩人，所以在這裡我用一個大略的規則，來推算任何A與B兩人之間的親緣關係指數。你可能會覺得這原則在擬遺囑、或解釋家人面貌為何相似時很管用。它適用於所有簡單的個案，但是如果遇到亂倫行為就會失效了；還有，後面我們會談到，在某些昆蟲身上也不適用。

第一步驟，先鑑定A與B共同的祖先。比方說，兩位一等表親的共同祖先，即為外祖

父母。一旦確定共同祖先後，當然從這位祖先上溯的所有祖先，也都是A與B的共同祖先。但我們只討論最近的共同祖先，所以只說一等表親有兩位共同祖先。又如果A是B的直系後裔，例如，A是B的曾孫兒，那麼B本身就是我們要找的共同祖先。

第二步驟，確定了A與B的共同祖先後，可以用以下的方式計算世代差距（generation distance）。從A開始沿著族譜樹往上找，直到共同祖先為止，然後再沿樹而下，到B為止。上樹和下樹一共經過多少步（一步就是一個世代），就是兩者的世代差距了。例如，若A是B的叔叔，共同祖先就是A的父親，也就是B的祖父。從A開始，往上一步，就碰到共同祖先，然後尋另一個方向往下兩步，才碰到B。所以世代差距是一加二等於三。

透過特定的共同祖先，找出A與B的世代差距後，第三步驟，就是計算從該位祖先而來的親緣關係了。計算方式是每一步為二分之一的一次方，世代差距三步，就是二分之一的三次方。如果世代差距是G步，那麼由這位祖先所決定的親緣關係，就是二分之一的G次方。

但這項結果只是A與B親緣關係的一部分。如果他們的共同祖先不只一人，我們必須把不同祖先的數據加起來。多半情形下，一對個體的所有共同祖先，世代差距都一樣。因此，根據任一位祖先算出A與B的親緣關係後，只需將這數據乘以祖先人數即可。例如，一等表親有兩位共同祖先，他們的世代差距是四。所以他們的親緣關係是二分之一的四次方乘以二，即八分之一。

如果A是B的曾孫，世代差距是三，共同祖先人數為一（即B本人），所以他們的親緣關係是：二分之一的三次方乘以一，也是八分之一。

這意思是說，一等表親跟曾孫的親緣關係是相同的。同樣的，你長得像舅舅的機率（親緣關係是四分之一），跟長得像祖父或外祖父的機率（親緣關係是四分之一）完全相同。

經過這套計算後，我們發現：像三等表親這麼遙遠的親緣關係（二分之一的八次方乘以二，即一百二十八分之一），擁有相同的某個特定基因的機率，已降到最低點了。對利他基因而言，三等表親就跟陌生人沒什麼不同。二等表親稍微特殊一點（親緣關係三十二分之一），一等表親更多了（八分之一）。親生兄弟姊妹、父母子女關係之密切，當然不在話下（二分之一）；而長得一模一樣的雙胞胎（一），對彼此的意義跟自身是完全相同的。還有，叔伯阿姨、姪甥兒女、孫兒輩和曾孫輩、僅同父或同母的兄弟姊妹，以四分之一的親緣關係居於中庸。

基因怎麼做救人買賣？

現在我們可以更精確的討論，基因如何造成血親之間的利他關係了。

一個不顧自己生命安危、拯救五個表親的基因，數量不會因此增加；但如果他救的是五

個親兄弟或十個一等表親，同類基因的數量就會增加。所以，一個願意自殺的利他基因，仍然會興旺的起碼條件就是：它救的若是手足（或兒女或雙親），人數必須超過兩人；救的若是同母異父或同父異母的手足（或叔伯阿姨、或姪甥兒女、或祖父母、或孫兒女），人數必須超過四人；若救的是一等表親，人數必須超過八人，依此類推（親緣關係數字的倒數，就是至少必須救的人數）。只要救的人夠多，同類基因數可以在生者體內繼續生存；這個利他基因的死亡，就能在基因庫中得到充分的彌補。

如果一個人確知某人是他的雙胞胎兄弟，他對這個兄弟的關應該不亞於對他自己。雙胞胎的利他基因在兩人身上應該完全相同，所以如果有一個勇敢的為拯救另一個而犧牲了，基因仍會繼續存在。九環犰狳每次產下一窩一模一樣的四胞胎，但就我所知，不曾聽說這些小犰狳有過任何了不起的自我犧牲表現；可是我們絕對可以預期，牠們會有強烈的利他意識存在，有興趣的人應該到南美洲好好觀察一下。

至於父母照顧兒女，恐怕只是親屬利他主義的一個特例。

從基因的角度看，任何成年人照顧失怙的年幼同胞手足，所花的心血應該跟照顧自己的幼兒完全相同，因為手足跟幼兒的血緣關係同樣是二分之一。就基因的選擇而言，促成兄姊利他行為的基因，在基因庫中的密度跟父母的利他基因是相同的。但實際上，這種假設太過簡化了，它忽視了我們後面還要討論的各種理由；而且兄姊照顧弟妹的案例，在自然界遠不

如父母照顧幼兒普遍。

但我在此要強調的是，從基因的角度看，父母子女的關係並不比兄弟姊妹的關係特殊。雖然基因由父母傳給子女，而不能在兄弟姊妹間傳遞，但這並不構成影響，因為兄弟姊妹仍然是從同一對父母遺傳到一模一樣的複製基因。

近親選擇

有人用近親選擇（kin selection）一詞，企圖使這種自然選擇方式，跟群體選擇和個體選擇有所區分。近親選擇可用於解釋家族內利他主義：關係愈密切，選擇愈明顯。這詞彙並沒有錯，但我們得小心，因為最近它遭到過度濫用，很可能增加生物學家的困擾。哈佛大學的威爾森（Edward O. Wilson, 1929-）在他備受推崇的《社會生物學：新綜合論》（*Sociobiology: The New Synthesis*）一書中，偏偏把近親選擇定義為群體選擇的一種特例。他用一幅圖表清楚的顯示，近親選擇介於個體選擇和群體選擇的傳統定義之間。根據威爾森自己的定義：群體選擇的意義是團體的差別生存。不消說，家族當然是一種特殊的團體。

但是在這裡，我所引用的漢彌敦的論證重點在於，家族與非家族之間的區分並非固定不變的，那只不過是某種數學機率而已。漢彌敦的論證從來沒有說：動物應該對「所有家族成

員」表現利他行為，而對所有其他動物都顯得自私自利。家族與非家族之間可沒有明確的界線，比方說，我們沒有必要決定二等表親該不該包括在家族團體之內；我們只預期，二等表親獲得利他待遇的機會，可能是親生子女或同胞手足的十六分之一。所以，近親選擇絕對不是群體選擇的特例，它是基因選擇的特殊結果。

威爾森對近親選擇的定義，還有更嚴重的缺失：他刻意把子女排除在外，說子女不算親屬！他當然知道得很清楚，子女是父母的親屬，他這麼做只是不想在解釋父母對子女的無私照顧時，提及近親選擇的理論。威爾森當然有權利照自己的方式界定詞彙，但是這種定義實在太令人困惑了，我希望威爾森在修訂他這本極具影響力的大作時，能修正這個觀點。

從基因的角度而言，父母照顧子女以及同胞手足之間的利他行為，發生的原因完全相同——在這兩種情形下，接受幫助的個體內，都含有促成利他行為的基因。

你該捨身救誰？

感謝讀者容忍我這番題外的批判，現在再回到正題吧。

到目前為止，我一直把主題過於簡化，我應該趁這個機會，增加若干條件限制。我用初級語彙談到，基因為拯救一定數量、已確知有相當親緣關係的親戚生命，不惜犧牲自己的生

命。但是在現實生活中，我們不能預期動物會仔細計算自己救了多少親戚；即使牠們有辦法知道哪個是兄弟、哪個是表親，也不可能根據漢彌敦的方法做心算。

在現實生活中的自殺和救人，必須用自身和他人面臨死亡的風險統計數字來取代。換句話說，如果只需要冒很小的危險，即使三等表親也值得一救。另一方面，每個個體都有生命預期值，你自己和你計劃要救的親戚，遲早都不免一死。救一個不久就要死於衰老的親戚，對未來基因庫的影響，當然不及救一個血緣同樣近、卻年輕得多的親戚。

所以我們整齊對稱的親緣關係計算式，就必須以麻煩的精算加權來調整了。大致而言，祖父母和孫兒女有同樣的理由互相表現利他行為，因為他擁有相同的四分之一基因。可是如果孫兒女的未來生命較長，那麼在選擇上，促成祖父母做出對孫兒女有利行為的基因，遠比促成孫兒女對祖父母做出有利行為的基因更占上風。這麼一來，幫助年輕遠親的淨利益，非常可能超過幫助年老的近親。順便提一句，當然不見得祖父母的未來存活期間，一定比孫兒女短。在嬰兒死亡率高的物種當中，說不定相反。

我們可以擴大精算的譬喻，把個體視為人壽保險顧客。任何個體可以提出他財產的若干比例，投資或下賭注在另一個體的生命上。他應該考慮到自己跟這個體的親緣關係，還有這個體的預期壽命跟保險者自己相比較，看看是否是一項好投資。在我們討論的題目中，應該採用的是「預期生殖力」，而非「預期壽命」，更嚴格點說，該說「預期未來裨益自身基因的

全部能力」。然後，產生利他行為的先決條件就是：利他行為的淨風險，應該小於接受者人數乘以親緣關係。風險和利益都必須利用前面介紹的複雜方式精算出來。

可是對於一具簡陋的求生機器來說，這種計算程序實在太複雜了，何況時間又那麼急迫！即使偉大的生物統計學家霍登也說：「我曾經兩次將快要淹死的人從水裡救起，那使我自己的生命蒙受極大的危險，但兩次都沒有時間做這種計算。」（他在一九五五年發表的一份論文中，比漢彌敦先提出，解救近親免於溺死的基因數量會增加的假設。）不過，好在霍登也知道，我們不必假設求生機器的心中，會有意識的做這種計算。動物可能天生已給輸入了程式，當面臨抉擇時，牠們會立即採取行動，跟做過精密計算後如出一轍。

這並不像表面上看來那麼複雜。一個人把一顆球投向半空，又接住，這種表現好像是需要做過一系列的微積分，才能預測球的軌跡。他可能不懂，也不在乎什麼是微積分，可是這不影響他玩球的技巧。某種相當於數學演算的程序，會在潛意識的層次上進行。同樣的，當一個人面臨某個困難的決策，得立刻衡量所有利害因素及各種決定的後果時，那就等於做了一套大規模的「權衡」，跟複雜的電腦演算可沒什麼兩樣。

設計利他程式

如果我們要設計一套電腦程式，模擬一具標準的求生機器，以決定是否採取利他的行為模型，大致程序應該是這樣的：我們先列出這隻動物所有可能的選擇，然後為每種可能的行為模式，設計一套權衡利害的計算方式。所有的益處用「＋」號表示；所有風險用「－」號表示；利益和風險都要乘以對應的親緣關係指數，然後相加、比較。為簡單起見，我們在此暫時不管其他因素，例如年齡、健康等。

一個人跟自己的親緣關係是一（也就是他百分之百擁有自己的基因），他救助自己時，所面臨的風險和利益都完全不打折。任何其他種類的行為抉擇，總和應該依下列的公式來計算：

行為模式的淨利益＝自己的利益－自己的風險＋$\frac{1}{2}$（兄弟的利益）－$\frac{1}{2}$（兄弟的風險）＋$\frac{1}{2}$（其他兄弟的利益）－$\frac{1}{2}$（其他兄弟的風險）＋$\frac{1}{8}$（一等表親的利益）－$\frac{1}{8}$（一等表親的風險）＋$\frac{1}{2}$（子女的利益）－$\frac{1}{2}$（子女的風險）＋其他。

最後得到的數字叫做「行為模式的淨利益得分」。接著，模型中的動物要計算出牠所擁有每種選擇的淨利益得分，最後牠選擇了淨利益最大的行為模式。即使所有得分都是負數，

牠也該選擇害處最小，即分數最高的行為。別忘了，任何積極行動都會消耗時間與能量，這些時間與能量本來都可以用於其他方面。如果什麼都不做，那也算一種「行為」；而且如果「無為」有最高淨利益時，模型中的動物就該什麼都不做。

在此舉一個極端簡化的例子，我就用主觀獨白的形式呈現。假設我是一頭動物，發現一叢八個蘑菇。衡量它的營養價值，再減掉中毒的風險後，我估計每個蘑菇有六個單位的價值。這些蘑菇長得很大，我只吃得下三個，這時我是該發出「進食」的叫聲，把我的發現通知別人？又有誰會聽見？是兄弟B（跟我的親緣關係是二分之一）呢？表親C（親緣關係八分之一）呢？還是D（無特殊關係，在實際計算時，他跟我的親緣關係小到可視為零）呢？如果我對這項發現祕而不宣，我自己的淨利益如下：每個蘑菇六分，我吃三個，得分是十八。

發出「進食」叫聲的淨利益也需要一番計算。八個蘑菇若由四個人分享，我自己的報酬是分到兩枚蘑菇食用，淨利益是十二。可是我的兄弟和表兄弟每人也吃到兩枚蘑菇，因為我們擁有部分相同的基因，所以我也分沾到利益。實際得計算如下：

$$(1\times12)+(\frac{1}{2}\times12)+(\frac{1}{8}\times12)+(0\times12)=19\frac{1}{2}$$

相對較自私的行為淨利益是十八，兩者差距不大，可是結果卻很明顯：我會發出叫喚！自私的基因可以從我的利他行為獲得報酬。

這是一個極度簡化的假設，是我假設動物推算何種行為對自身基因最有利的過程。事實上，基因庫裡充滿著影響行為模式的基因，使得身體好像真的做過這計算似的。無論如何，這種計算方式跟理想相較，實在太過粗糙了。它忽略很多條件，例如每一個體的年齡。還有，如果我剛吃飽，只能再吃得下一枚蘑菇，那麼我發出叫聲可獲得的利益，就和腹內饑餓的時候不同了。為了達到所有可能行為中的最佳效果，計算的過程可以永無止境的改進。可是現實生活並不是全然如意，我們不可能預期一頭真實的動物，會把所有細節列入考慮後，再做出最完善的決定。我們只能根據對野生世界的觀察與實驗，設法了解一頭真實的動物，如何做到理想的成本效益分析。

誰是近親？

為了避免被主觀的例子帶離正題，我們再回頭談談基因語言。

有生命的個體，是生存至今的基因所操縱的機器，大致而言，基因的生存條件，代表了過去生存環境中的特徵，因此所有成本效益的估算，都是基於過去的「經驗」，這跟我們做決策是一樣的。只是經驗在這裡特別是指基因的經驗，或說得更精確點，是過去基因求生存的條件。

由於基因也賦予求生機器學習的能力，所以部分成本效益的估算，也有可能是以個體獨有的經驗為依歸的。只要條件沒有太大的變化，判斷就不會有偏差，求生機器就能做出大致正確的決定。如果條件發生重大改變了，求生機器很可能做出錯誤的抉擇，牠們體內的基因就要遭殃。同樣的道理，人類做決策若依賴過時的資訊，往往也會出錯。

估算親緣關係時，也會出現錯誤與不確定。到目前為止，我們提出的簡化計算模式，一直假設求生機器「知道」誰跟它有親戚關係，親密到什麼程度。但在現實生活中，求生機器往往得不到這些資訊，較常用的方法是，親緣關係只能以平均值估算。例如：A跟B可能同父同母，也可能同母異父或同父異母，他們的親緣關係可能是二分之一，也可能是四分之一。但由於我們無法確定，所以實際可用的數字是兩者的平均值，亦即八分之三。如果確定他們有相同的母親，而父親相同的機率僅十分之一，那麼有百分之九十的把握說他們是同母兄弟，只有百分之十的機會，他們是同父又同母。於是，有效親緣關係的算式如下：

$$\left(\frac{1}{10}\right)\times\left(\frac{1}{2}\right)+\left(\frac{9}{10}\right)\times\left(\frac{1}{4}\right)=0.275$$

可是所謂「百分之九十的把握」，到底是什麼意思？我們是指，有位人類的博物學家經過長期的田野研究，發現有百分之九十的把握；還是我們認為該頭動物應該有百分之九十的把握？運氣好的話，兩者意義可能相同。

要了解這一點，必須再考慮動物實際上如何推斷誰是牠們的近親。

認祖歸宗

因為人家告訴我們，因為我們為他們取名，因為我們舉行過正式婚禮，因為我們有文字的紀錄和良好的記憶力……，所以我們知道誰是我們的親戚。很多社會人類學家，都對他們所研究的特定社會中的「親屬關係」特別感興趣。這種關係不一定等於靠基因建立的親屬關係，而是主觀的和文化的觀念。人類的風俗習慣和部落儀式，往往特別強調親屬關係，像是：祖先崇拜的儀式非常普遍；家庭責任和效忠家庭的觀念，占據人生的大半。

至於親族復仇和派系戰爭，是可以用漢彌敦的基因理論解釋的。亂倫禁忌證明了人類有強烈的親屬意識，不過禁止亂倫雖然有基因上的優點，卻跟利他無關。這主要是考慮到，近親結婚會助長隱性基因的不良效應。(不知何故，很多人類學家不喜歡這種解釋。)

但是，野生動物如何「知道」誰跟牠們是親戚呢？或換個說法，野生動物遵守什麼樣的行為規則，使牠們看起來好像對親屬關係很有概念的樣子？

既然有「善待親戚」這條規則，我們就不得不問，親戚要如何辨認？基因必須給動物一個簡單的行為規則，讓牠們雖不了解行為的終極目標，但至少在一般條件下還行得通。我

們人類對規則很熟悉，深知它威力強大。心胸不夠開闊的人，甚至拿著雞毛當令箭，即使明知某條規則對任何人都沒有好處，仍然奉行不悖。例如，傳統派的猶太教徒或回教徒寧可餓死，也不破戒吃豬肉。話說回來，究竟是一套怎樣簡單實用的規則，可供動物遵守，使牠們在正常情況下，做出對近親有利的行為呢？

如果動物對外表跟自己相似的個體，有利他傾向，這就可能會間接為自己的親戚做些好事。但如果條件改變了，例如，物種開始組成更大的團體，過更大團體的生活，這就可能會導致錯誤的決定。可想而知，種族歧視可解釋為：非理性的擴大近親選擇傾向，只認同跟自己外表相似的個體，而以惡劣的態度，對待外表不同的個體。

在成員活動力不強、或通常只組成小團體的物種當中，你碰到的任何同種個體，都可能與你有密切的親戚關係。在這種情況下，「善待遇見的每一個同種」的規則，就可能有積極的求生價值，而能使個體服從這個規則的基因，數量就會日益增多。

或許因為如此，我們在成群結隊的猴子或鯨魚中間，常會發現利他行為。鯨魚和海豚若無法呼吸空氣就會溺死，無法游到水面上的鯨魚寶寶和受傷的鯨魚，會有隊友救援和扶持牠們。我們不知道鯨魚是否有辦法知道誰跟自己是近親，但很有可能知不知道都無所謂，很可能整隊鯨魚都是親戚，使利他行為無論如何都值得。

曾經發生過一則海豚救援瀕臨淹死的人類的真實故事，這或許該視為救援隊友規則的一次誤用。海豚救援規則中，對於有溺斃危險的隊友的「定義」，很可能只是：「水面附近一個不斷潑水、嗆咳的長形物體。」

認親儀式

成年的雄狒狒，也有冒著生命危險抵抗肉食性強敵的行為。一般成年的雄狒狒，可能跟團隊中其他成員共有大量相同的基因。它們會「說」：「身體啊！如果你是成年的雄性，就該替團隊抵抗豹子。」這基因就有絕佳機會成為基因庫中的多數。但在這個經常被人引用的例子最後，我要補充一點：至少已有一位權威學者，曾提出全然相反的事實。她指出：豹子出現時，第一個先開溜的就是成年雄狒狒！

還有，同一窩小雞跟著母雞一起覓食。牠們有兩種叫聲：除了我前面提到，迷路時響亮尖銳的吱吱聲，進食時還會發出一種短而悅耳的唧唧聲。吱吱聲有召喚母親來幫忙的效果，其他小雞都聽若不聞。但唧唧聲會引來其他小雞，這代表一隻小雞找到食物時，就會發出唧唧聲，喚其他小雞來分食。在這例子中，小雞明顯的利他行為很方便用近親選擇來解釋。因為在自然界，一窩小雞都是有血緣關係的兄弟姊妹，只要發出叫喚的成本不超過其他小雞所獲得淨利益的一半，發出進食叫喚的基因就會分布得愈來愈廣。

當然，這規則在養雞戶或農場會發生失誤——有時母雞被迫去孵不是牠所生的蛋，甚至是火雞蛋或鴨蛋。可是我們不能預期母雞和小雞知道這一點。母雞和小雞的行為，是經過自然界常見的條件所塑造的；在自然界中，陌生人並不會隨便闖進窩裡來。不過，這類錯誤在自然界也偶爾會發生。例如群居的動物當中，失去母親的幼獸可能會被陌生的雌獸收養，多半情形下，是因為雌獸也正好失去幼獸。觀察猴子的人，有時會把收養幼獸的雌獸稱作「阿姨」，但是通常沒有證據足以證明牠是真正的阿姨，或有任何親戚關係——如果猴子觀察者對基因有較多的認識，就不會濫用「阿姨」這麼重要的字眼！

問題收養

不論收養的行為看起來多麼感人；多數情況下，收養或許應該視為本能規則的失誤。因為負責收養的雌獸照顧孤兒的行為，對牠自身的基因毫無好處，反而浪費了應該用以照顧自己親屬（尤其是未來的子女）的時間和精力。大概這樣的錯誤發生的機率不高，所以天擇「懶得」改變規則，使母性本能變得更挑剔些。

附帶一提，收養行為其實是非常罕見的，孤兒往往只有死亡一途。

有人曾看見一頭失去幼兒的猴子媽媽，從另一頭母猴那裡偷取嬰兒照顧。這是個極端錯

誤的例子，以致一般人不太願意把它當作錯誤，而寧可視為自私基因理論的反證。我認為這是一樁雙重錯誤，因為收養者不僅浪費了時間，還幫助了一頭競爭的雌性擺脫養育幼兒的負擔，讓對方可以早日懷另一個孩子。

在我看來，這是個值得徹底研究的重要案例，我們必須知道它發生的頻率有多高；收養者跟孩子之間有什麼樣的親緣關係；孩子的親生母親又持什麼樣的態度，畢竟牠的孩子被收養對牠有利；是否有母猴蓄意誘騙其他雌猴收養牠們的孩子？不過，也有人提出另一種看法：收養者和搶奪幼兒者可以學習養小孩的技巧，所以也得到好處。

布穀鳥和其他「寄生育兒」的鳥類，會把蛋生在別的鳥窩裡，這是刻意誤導母性本能的實例。布穀鳥利用存在於其他鳥父母本能中的規則：「善待窩在你巢裡的雛鳥。」這條規則通常能達到只以血親為利他行為對象的效果，因為事實上鳥窩彼此孤立，自己的窩裡幾乎只可能有自己的雛鳥。例如，成年的沙丁魚母鷗並不認識自己的蛋，牠們願意替其他海鷗抱蛋，甚至對做實驗的人所放的木雕球也不排斥。在自然界，辨識自己的蛋對海鷗並不重要，因為海鷗的蛋不可能一滾好幾碼，掉進別的海鷗巢裡。但海鷗會辨識自己的雛鳥：雛鳥跟蛋不一樣，會到處亂跑，很容易就跑到附近別的成鳥巢裡，有時甚至因而送命。

但是，海鳩卻能夠根據蛋上的斑點圖案，辨識自己的蛋，在孵蛋時主動加以區分。這應該是因為牠們都在平坦的岩石上築巢，蛋很可能到處滾動而造成混淆。不過，為什麼牠們要

費心去區分，只孵自己的蛋呢？只要海鳩都有蛋可孵，不一定非得每個母親都孵自己的蛋不可呀！有些群體選擇論者就持這種論調。

請想想看吧，如果發展出這麼一個育幼團體會怎麼樣？海鳩平均一窩只生一隻，如果共同育嬰的策略成功，每隻成鳥平均也是孵一個蛋。但是如果有的鳥作弊，不願孵蛋，牠可以利用不孵蛋的時間生更多蛋。這計策的好處是，其他利他傾向較濃的成鳥，會替牠照顧雛鳥。牠們會繼續遵守「發現巢邊有迷路的蛋，就把它弄進巢裡孵化」的規則。不過這麼一來，作弊者的基因一旦散布到族群中，善良美好的育嬰集團就分崩離析了。

又一場武裝競賽

或許有人會說：「如果誠實的鳥兒拒絕被勒索，堅持只孵一個蛋呢？這樣騙子就無法得逞了，因為牠們會目睹自己的蛋丟在岩石上，沒有人照顧。這麼一來，牠們該守規矩了吧？」唉，不會的。因為我們已經假設孵蛋者不會區分自己的蛋，如果誠實的鳥用這個辦法抵制欺騙，被忽視的蛋不一定是騙子的，也有可能是牠們自己的蛋。騙子還是占了上風，因為牠們會生更多蛋，有更多孩子可以生存下來。

誠實的海鳩打敗騙子唯一的辦法，就是主動辨識自己的蛋。換言之，放棄利他，只照顧

自己的利益。

借用梅納史密斯的話，利他的收養「策略」不是一種演化而來的穩定策略。收養策略之所以不穩定，是因為有敵對的自私策略企圖生多一點的蛋，又不肯自任孵蛋的工作。但自私策略也並不穩定，因為被它所剝削的利他策略是不穩定的，會逐漸消失。從海鳩的演化而言，唯一穩定的策略就是認清自己的蛋，只孵自己的蛋。結果也正是如此。

還有，被布穀鳥寄生的鳴鳥類也設法反擊了，但牠們不是去學習如何辨識自己所生的蛋，而是靠本能區分、偏袒有同種典型記號的蛋。因為這種鳥沒有被同種鳥寄生的危險，所以這方法很管用。但布穀鳥也會報復，後來生下的蛋無論色澤、大小、記號，都跟寄主的蛋愈來愈類似。這是個撒謊的例子，往往都見效。

這場演化武裝競賽，把布穀鳥造就成幾近完美的下蛋模仿者。

我們是這樣假設的：一定比例的布穀鳥蛋和雛鳥終會被發現，但沒被發現的就可以活到生出下一代的布穀鳥蛋，所以最擅長欺騙的布穀鳥基因，勢力會愈來愈大。同樣的，眼光犀利、能察覺布穀鳥蛋破綻的寄主鳥，在牠們自身的基因庫裡也會有更多擴張的機會，牠們犀利多疑的眼睛會傳給下一代。這是自然淘汰可以增進主動區分能力的實例，目的是為了區分那些千方百計企圖欺騙區分者的物種。

獅子的親緣

我們再回頭看看，動物對於自己和其他同種動物間親緣關係的估算，跟田野博物學家相對的估算，是不是很相近。博川（B. C. R. Bertram）曾經花了很多年在非洲色倫蓋蒂（Seregeti）國家公園研究獅子。他基於自己對獅子繁殖習慣的認識，曾經對典型的獅群中，各獅子之間的一般親緣關係做過估算。

博川考量的事項如下：一個典型的獅群約有七頭成年雌獅，算是永久性成員，再加上兩頭流動性的成年雄獅。約半數的成年雌獅幾乎會在同時生產一批幼獅，一起扶養，所以很難分辨哪頭幼獅是哪頭母獅所生的，典型的幼獅數量是三頭。播種的工作，是由同群獅中的兩頭雄獅平分。新生的小獅當中，雌的留在獅群中，以便在較年長的雌獅死亡或離開時，取而代之。小雄獅在青春期就被趕走，長成後，牠們組成小型幫派或成對行動，在獅群間流浪，不再回原來的家。

綜合上述和其他假設，就會發現：一個典型獅群中，任兩頭獅子之間親緣關係的平均值，很容易算得出來。博川算出，兩頭隨機選樣的雄獅，其值為零點二二，兩頭任選的雌獅其值為零點一五。也就是說，同一獅群中，雄獅的親緣關係比同父或同母兄弟略疏遠，雌獅的親緣關係比一等表親略親密些。

當然，任兩頭獅子有可能是親兄弟，可是博川無法確知，獅子可能彼此也不知道。如果這些數據真的適用於一般獅群，那麼，任何促使一頭雄獅把其他雄獅當作同父異母或同母異父兄弟看待的基因，在求生上就會發揮積極的作用。任何基因做得太過頭，使雄獅把其他雄獅當作親兄弟，而表現得過於友善的，就會受懲罰；同樣的，使牠不夠友善（例如把另一頭雄獅當作二等表親）的基因，也會落到同樣下場。

如果獅子的生活狀況，確實跟博川描述的一樣，而且牠們已經以這種方式生活了許多世代，我們就可以預期，自然淘汰會偏好與典型獅群中平均親緣關係相當的利他主義。我前面不是說了嗎，運氣好的話，動物對親緣關係的估算，跟優秀博物學家的估算結果，意義可能是相近的。果然，我們運氣不差！

不能不自私！

所以我們可以下結論說：「真正的」親緣關係，在利他主義的演化中，或許不及動物對親緣關係的最佳「估算」來得重要。

這項事實可能是個關鍵，有助於理解為什麼在自然界裡，父母對子女的照顧比兄弟姊妹的利他行為更普遍、也更周到；為什麼動物會把自己看得比幾個兄弟加起來更重要。因為在

正常情況下，我們要辨認誰是自己的孩子，比辨認誰是自己的兄弟更有把握；而確定自己是誰，就更不在話下了！

我們已經談過作弊的海鳩，下一章還會用更多篇幅討論作弊者、騙子和剝削者。在其他個體不斷設法利用近親選擇、利他主義牟利的世界裡，求生機器必須清楚分辨誰可以信任，誰可以確定。如果甲真的是我弟弟，那麼我就該花一半照顧自己的精神，或跟照顧自己的孩子相同的心力去照顧他。可是我對他的身分是否跟對自己的孩子一般確定呢？我怎麼知道他是我弟弟呢？

如果是我的同卵雙胞胎，那我就該花照顧自己孩子兩倍的心力照顧他，事實上，我應該把他的生命看成跟自己一般重要。可是我能確定嗎？他當然長得像我，但可能我們只是控制面貌的基因相同罷了。不，我不會為他赴死，因為雖然他可能有我百分之百的基因，但我也百分之百確定我身上有我自己百分之百的基因，所以對我自己而言，我比他更有價值！我是我所有的自私基因唯一能確定的個體。

雖然在理想狀況下，個人自私的基因可以被參與競爭的近親利他基因取代，但這類利他基因做出救援行為的對象與名額，至少得是一名雙胞胎兄弟、兩名孩子或兄弟、或四名孫兒女。不過，自私的基因在確知個人的身分上，仍占極大優勢。參與競爭的近親利他基因，則面臨認錯人的風險，不論是真正的意外，還是中了騙子或寄生蟲的詭計。所以我們必須預期

自然界的個體都是自私的，其程度遠超過純粹考慮基因關係而做的預測。

男性不安了

很多物種都是母親比父親更有把握孩子是她的，因為是母親產下明顯易見的蛋，或直接胎生孩子，她確知誰有她的基因。可憐的父親受騙的機會就大得多了。因此可預期，父親不會像母親那麼用心照顧幼兒。

同樣的，外祖母對孫輩的血統也比祖母有把握，所以對外孫的利他傾向，也比祖母強烈。這是因為他們對女兒的孩子沒疑問，但他們的兒子卻有可能戴綠帽子。

外祖父對外孫血統的把握，跟祖母對孫兒血統的把握相同，因為雙方都各有一代的確定和一代的不確定。同樣的，舅舅對外甥兒女的福祉，比叔叔伯伯更關心；大致而言，舅舅的利他傾向與阿姨或姑媽同級。事實上，在一個普遍存在婚姻不忠貞的社會裡，舅舅的利他傾向有時還超過父親，因為他們對於自己跟外甥的關係更有信心。他們知道，至少外甥的母親是他們的同母姊妹，但「合法的」父親卻什麼都不知道。

我不知道是否有任何證據，可以支持這樣的論點，但這裡我還是把它提出來，希望其他人會有興趣著手蒐集證據。

父母終是無怨無悔

再說父母對子女的利他行為，為什麼比對兄弟的利他行為更普遍呢？用「辨認的風險」來解釋，似乎很合理。但還不足以說明父母子女關係裡，那種根本的不平衡。父母照顧子女，遠比子女照顧父母多，可是基因關係卻是對等的，而二者親緣關係的雙向確認，也同樣毫無困難。其中一個原因是在現實條件上，父母比較有能力幫助子女，因為他們年紀大，謀生技能強；反觀即使嬰兒願意反哺父母，也沒有實踐的能力。

父母子女的關係裡還有一點不平衡，那是在兄弟姊妹關係中找不到的：孩子永遠比父母年輕！這在多半情形下，代表他們未來的存活時間會比父母久。我前面已強調過，壽命是個重要的變數，在所有情況下，當一頭動物決定是否要採取利他行為時，都需要「計算」到剩餘壽命。子女的平均壽命大於父母的物種，任何孩子若擁有對父母的利他基因，都只會對自己不利。因為這等於要求利他者，為比自己更快老死的個體，做出利他的自我犧牲。

把未來壽數列入考慮後，父母的利他基因就比子女的更有意義了。

我們有時聽說，近親選擇在理論上很有根據，但是卻幾乎找不到實例。說這種話的人，其實根本不懂近親選擇的意義。事實上，所有父母對子女的保護與照顧，所有相關的身體組織、分泌乳汁的腺體、袋鼠的袋子等等，都是自然界遵行近親選擇原則而運作的實例。批評

者當然熟知父母照顧子女的例子比比皆是，但他們不了解父母的照顧跟兄弟姊妹之間的利他行為，同樣都是近親選擇的例證。他們宣稱，需要的例證是父母照顧之外的例證，而這樣的例證的確不多見。

我已經對這現象提出可能的解釋，我也可以不厭其煩的舉出若干兄弟姊妹利他行為的例子，這類例子還算不少。但我不打算這麼做，因為這會加深錯誤的觀念，以為近親選擇特別是指父母照顧子女以外的親屬關係。

這項錯誤之所以發展，主要是歷史因素作祟。「有父母照顧」在演化上的優越性極為明顯，無須等漢彌敦指出，達爾文早已了解。在漢彌敦證明其他親屬關係在基因上具有同等價值，並說明它在演化上的意義時，無可避免的強調了這些其他的關係。他特別舉社會性的昆蟲，如螞蟻和密蜂為例，說明了對這些動物而言，姊妹關係特別重要。我還聽人說過，他們以為漢彌敦的理論只適用於社會性的昆蟲。

如果有人堅持不承認，父母照顧子女是一種近親選擇；那麼就該由他負責，建構一套完善的天擇理論吧，看看它是不是既能解釋父母的利他行為，也能解釋為什麼旁系親屬之間缺少利他行為。我認為這是辦不到的！你以為呢？

7

動物早懂得家庭計畫

為什麼有些人會將父母的養育排除在近親選擇的利他主義之外？這很容易了解。父母的養育似乎是生殖不可或缺的一部分，然而，舉個例子說吧，對於甥姪而言可不是這樣的。所以那些人很自然的將生殖與父母的養育歸為一類，而把其他類的利他行為歸在另一類。但我認為在這些推理當中，實際上隱藏著一點重要的區別，可是人們卻誤解了這個區別。

為了解開這個誤會，我想先在「帶新的個體來到世間」和相反的「養育現存的個體」之間，作個區分，我分別將這兩種行為稱為生孩子和養孩子。

生養本不相干

一具求生機器必須做兩種非常不同的決定：養育的決定以及生產的決定。我用「決定」這個字眼來表示非意識性策略的行動。養育的決定是這樣的：「有一個小孩，他和我關係的程度是如此這般；如果我不養他，他死亡的機會則是如此那般；我該養他嗎？」另一方面，生產的決定則像這樣：「為了要帶一個新的個體來到世界，我必須採取所有必要的步驟；我該生嗎？」到了某個程度，養育和生育必定會彼此爭奪個體的時間和其他資源；所以這個體就必須做決定了：「我要養這孩子，還是生一個新的呢？」

根據物種的生態細則，各式撫養和生育的混合策略都會是演化上的穩定，在演化上不能

穩定的是純粹的撫養策略。如果所有的個體都專心顧照顧已有的小孩，而不再生新的，那麼族群將會很快的被擅長生產的突變個體所侵入。唯有當撫養只是混合策略的一部分時，才能在演化上穩定下來（至少得有一些生育必須持續下去）。

我們最熟悉的物種：哺乳類和鳥類，都是出色的撫養者。對牠們而言，生一個新孩子的決定，往往伴隨著撫養牠的決定。因為生育和撫養常常是一起的，以致於人們已將兩者混為一談。但是從自私的基因這觀點來看，撫養一個新生的弟弟或是一個新生的孩子，基本上並無差別，因為兩個嬰兒和你同等的親密。如果你必須在兩者之間選擇餵哪一個，沒有基因上的理由可以解釋為什麼你應該選擇你的孩子。不過依照定義，你沒法生一個新弟弟，一旦他被帶到這個世界，你只能照顧他。

在上一章裡，我們已經看過求生機器如何理想的去決定，要不要對其他已存的個體做出利他行為。在這一章，我們要來看他們應該如何決定，要不要帶新的個體們來到世間。

英國動物學家韋恩艾德華是傳揚群體選擇觀念的主角，在他所發表關於「族群調節」（population regulation）的理論中，他認為動物個體會為了整個群體的好處，刻意減少生育率。這是個非常吸引人的假說，因為它說明了個人應該為族群做些什麼。人類正為了擁有太多的小孩而煩惱呢！

人口爆炸

族群的大小端賴四件事：出生、死亡、遷入和遷出。若把全世界的族群視為一體，則沒有遷入和遷出，只剩出生和死亡了。只要每對夫妻生下的孩子平均有兩個以上存活下來，並繼續繁衍，則嬰兒的出生數目每年將以持續激增的速率增加。族群的子代與親代之間，並不是以一定數量增加的，而是以親代規模的固定比例來增加的。這種成長方式如果任其不受限制的持續下去，族群的數量將很快達到天文數字。

順便提一下，人口的成長也是依人們何時有孩子而定的，那和生多少個孩子的意思相同。這兩個決定因素一直沒給真正理解，甚至那些擔心人口問題的人也沒搞清楚。因為族群是每一代以一定的比例在增加著，假如你讓代與代之間的時差隔得愈遠，那麼族群每年就會以愈緩慢的速率成長。所以「兩個小孩恰恰好」的家庭計畫口號，若是改成「三十歲生第一胎」，效果應該是一樣的。不論如何，急速的族群成長絕對會帶來嚴重的困擾。

我們可能都已看過驚人的統計數字，例如，拉丁美洲目前的人口約三億，許多人已營養不良。但是如果人口繼續以目前的速率增加，不到五百年的時間，全球的人口統統站在地面上，就可紮成實心的人體地毯鋪滿整個陸地。真會這樣的，就算我們假設他們都瘦得皮包骨也沒差多少。而在一千年內，他們就得站在彼此的肩上，還將疊到超過一百萬人的高度。到

兩千年時，成堆的人的繁殖速度會像光速般向外推進，將人擠到已知的宇宙邊緣！這些例子應該可以讓你明白，急速成長的族群有什麼嚴重的困擾。

這些雖是假設性的推測，但你絕忘不了！不過，基於一些相當實際的理由，並不會真的發生那樣的事。這些理由的名字叫饑餓、傳染病、和戰爭；或者是我們成功的實施了節育。而訴諸農業科學的進步，如綠色革命等，並不能減緩人口增加的速率。

增加食物的生產或許可暫時緩和問題，但可以肯定的是這不會是個長期的解決之道；事實上，醫學進步加快了人口膨脹的速率，也許已使問題更形惡化。但不受控制的生育率最終必定會導致死亡率可怕的增加，這是個簡單、符合邏輯的事實，除非人類能用火箭，以每秒幾百萬人次的速率，大規模移民到太空。難以置信的是，這個簡單的事實，竟然不能讓某些宗教領袖放棄他們「不得避孕」的教義。他們向限制人口的自然方法示好，而他們打算去執行的自然方法，它恰好叫做饑餓！

生得少，不挨餓

當然這種天文數字之所以令人不安，是基於關切我們所有物種整體的未來福祉，是人類（某些人）深謀遠慮的意識到人口過剩的災難性結果。但本書基本的假設是：求生機器通常

被自私的基因所指使，千萬別指望這些基因會看到未來，或能念念不忘全物種的福祉。這也就是韋恩艾德華與正統演化理論家意見不合之處，因為他認為真正的利他性節育，自有一套演化方法。

在韋恩艾德華的著述或是亞得利的通俗觀點中，有一點沒被強調——這一點大部分被同意，而且是不爭的事實。像是：野生動物族群並沒有以理論上能達到的龐大速率增長，有時野生動物的族群數量保持相當穩定，生育率和死亡率彼此幾乎並駕齊驅。有許多例子顯示族群波動很大：劇烈增加、快速崩潰，與幾近滅絕的狀況交替更迭，旅鼠就是個有名的例子。偶爾，結果會是完全滅絕，但也只會出現在某個局部區域的族群。還有就是像加拿大山貓的例子：連續數年，由哈德遜海灣公司（Hudson's Bay Company）賣出的皮裘數量可以估計出，加拿大山貓的族群數量，似乎呈現規律性的變動。

動物族群絕不做的一件事就是：無限制的持續增加個體數量。

野生動物幾乎沒有死於年老的：饑餓、疾病、或是獵食者早在牠們真正高齡之前，就結束牠們的性命了。大部分動物死在幼年時期，許多甚至未活過卵的階段。饑餓和其他死亡的因素，是為什麼族群不能無限制增加的根本原因。但是當我們反觀人類這個物種時，實在沒有理由解釋，為什麼人類不會演變到上述的景況？韋恩艾德華的學說就是這麼認為：「只要動物會調節生育率，饑餓就絕不會發生。」你很難想像讀過他的書的人，會贊同這一點。

領土就是生育執照

自私基因學說的支持者都會同意，動物確實會調節生育率。任何一個物種皆趨向於有固定的孵出量和固定的每一胎產量——沒有動物會有無限量的小孩。不過也有人不表贊同，但不贊同的意見並不在於生育率是否被調節，而是在為什麼被調節，是經由怎樣的天擇過程，才有家庭計畫的演化？

簡單的說，不贊同的意見在於：動物的節育可否算是利他性，是為整個群體的利益而做的？還是自私的，是為了個體生殖的好處？我將依序處理這兩個理論。

韋恩艾德華假設：個體擁有少於他們能夠生的小孩數，是為了整個群體的利益。他認為正常的天擇不可能演化出這樣的利他行為，因為那是自相矛盾的，所以他援用群體選擇的觀點。根據他的論點：個體若生殖太快會造成食物供應危機；如果個體會壓抑生育率，就較不可能滅絕。因此，這世界變成由壓抑生育的繁殖者占絕大多數。

韋恩艾德華的個體壓抑說法大致相當於節育，只是他的看法更為特殊。實際上他也提出了一個重要的觀念，就是：社會生活被看成是族群調節產量的機制。

針對韋恩艾德華的觀念，我們且舉些例子來看。在第五章已提過了，許多種動物的社會生活中，兩大主要特徵是領域性和支配階級。

動物花大部分的時間和精力，明確的防守的一塊土地，自然學家稱為領域。這現象在動物界非常普遍，不但常見於鳥類、哺乳動物和魚類族群，在昆蟲，甚至海葵也有。領域可能是一大片森林，也可能是一對夫妻基本的捕食範圍，就像知更鳥的例子。

若以鯡鷗為例，領域可能只是一小片沒有食物的區域，但是在中央有一個巢。韋恩艾德華相信，動物為領域而戰爭，是為了象徵性的獎品而格鬥的，而非為了如一小片食物的實質獎品。許多例子顯示雌性拒絕與沒有領土的雄性交配，事實上，雌性在配偶被打敗、且牠的領域被征服後，迅速依附勝利者的事時常發生。就算是忠誠的一夫一妻的物種，雌性也可以說是嫁給雄性的領域而非牠本人。

如果族群變得太大，一些個體將無法得到領域，於是就不能繁殖了。因此對韋恩艾德華而言，贏得一塊領域，就好像贏得一張生育的許可證或執照。因為領域是有限量的，生育執照也是有限量的發行。個體可能會為獲得這些領域而格鬥，但是整個族群能擁有的嬰兒總數，卻會受限於有限的執照數。

在某些例子中，個體在乍看之下似乎顯得壓抑，因為那些無法贏得領土的不僅不能生育，好像也放棄了為贏取領土的奮鬥。好像牠們都接受這遊戲規則：如果到了競爭季節終了時，你還不能得到一張公認可以生育的許可證，就得自動避免生育；在生育季節也不得去騷擾那些幸運者，以便牠們能夠成功的繁衍種族。

高階也是生育執照

韋恩艾德華也以相似的方式闡釋支配階層。

在許多動物族群中，個體會熟悉彼此的身分，知道哪些是牠們在格鬥中可以擊潰的，哪些是通常會擊潰牠們的，就如我們在第五章所看到的，牠們傾向於不經爭鬥而直接屈服於那些可能會擊潰自己的個體。如此一來，自然學家就能夠看出支配的階層或「啄的順序」（這樣的說法最先是用來形容母雞），就好像社會的階級順序，其中每個人都知道自己的地位，不會期待越級。當然，有時候真正的爭戰還是會發生，而且有時候個體能超越原來的直屬長官贏得晉級。但是我們在第五章已看到，較低階級個體自動臣服的整個影響是：拖拖拉拉的格鬥實際上很少發生，且鮮少有嚴重的傷害。

許多人從一些模糊的群體選擇論的角度來看，認為支配階層是件「好事」。韋恩艾德華則有全面性的大膽解釋：高階級的個體似乎比低階級的個體較可能生育，因為牠們較被雌性所喜歡，或者因為牠們在體格上防止了低階級的雄性接近雌性。

韋恩艾德華視高社會階級為另一種有資格生育的許可證。雄性個體為社會地位格鬥，而不直接為雌性搏鬥，而且牠們接受了另一個遊戲規則：假使終究無法取得高的社會地位，就沒資格生育。雖然雄性可能隨時設法贏得較高的階層，這也可以說是間接為了雌性而競爭；

但是牠們仍然避免與雌性直接接觸。

就領域行為的例子而言，這個「自願接受」規則的結果是：唯有高階層的雄性可以生育。根據韋恩艾德華的說法，如此一來族群就不會成長太快。不用在擁有太多小孩之後，才辛苦的發現這是個錯誤；而先由族群針對地位和領域採用正式的競爭，做為限制族群大小的方法，這樣將不至於因為饑餓而付出慘痛的代價。

蚊子群聚是為了點名？

也許韋恩艾德華觀點中最驚世駭俗的是「群聚普查行為」（epideictic，是他自創的字），主要是指許多動物花相當多時間群聚在一起的行為。某些常識性的理由已經有人提出來，說明為什麼這樣的行為會被天擇所偏好。我會在第十章談論其中一部分。但韋恩艾德華的觀點卻非常不一樣，他認為傍晚蚊蚋以驚人的數字大量集結，或在門柱上成群跳舞時，代表牠們正在從事族群的「蚊口」普查。

對韋恩艾德華來說，群聚普查行為乃是動物有計畫的集結成群，以便於族群估算。但他不是指有意識的族群估算，而是有個自主神經或荷爾蒙的機制，聯結了個體對族群密度的認知和生殖系統。因為他假設，個體會為了整個群體的利益而抑制生殖率，當族群密度很高

時，牠們會少生些孩子。所以這些個體發展出一些計算族群密度的方法，是很合理的。這就像一套溫度調節裝置，總得有支溫度計當作機器運作不可或缺的一部分。

我已試著公平對待韋恩艾德華的理論，即使敘述時稍有簡略些。如果我辦到了，那麼你現在應該會覺得他的理論，至少表面上看來是相當合理的。但是在本書前幾章裡，我也準備好讓你對韋恩艾德華的理論起疑，你看，蚊子的例子似乎是易懂的，但是不是還有更恰當的，或其他的證據可援用呢？不幸的是……其他證據都是不貼切的。

許多以韋恩艾德華的方式可以解釋的例子，如果用「自私基因」的方法來說明，也會一樣好。

決定產量

「家庭計畫的自私基因理論版」的首要設計者，是偉大的生態學家拉克（David L. Lack, 1910-1993），不過他不曾這樣稱呼自己的理論。雖然他只研究野生鳥類一窩卵的數目，但是理論和推斷卻具有一般性的適用價值。

每一種鳥都傾向於生下一窩特定數量的卵。例如：塘鵝和海鳩一次孵一個蛋，雨燕是三個，大山雀則是半打或更多。這些數字不見得是不變的，有時雨燕一次只生兩個，而大山雀

可能一次生十二個蛋。

就像其他的生理特徵一樣，我們可以很合理的假設：雌鳥生下的和孵的蛋數也是在基因的控制之下。也就是說，可能有個基因是生兩個蛋，它的某一對偶基因是生三個，另一對偶基因是生四個等等。實際上當然不這麼簡單。

從自私基因理論的觀點，我們要問：基因庫裡哪一個基因會成為較多數？表面上看來，似乎生四個蛋的基因較生三個或兩個蛋的基因來得有利。可是稍微思考一下，就會發現這種單純的「較好的」看法並不是事實。這會導致五個蛋比四個好，十個更好，一百個還要更好，無限制則是最好不過的期望，換句話說，它造成邏輯上不合理的結果。顯然生大量的卵除了有好處外還要有成本，增加生育必定要付出撫養不足的代價。

拉克的根本看法就是：任一物種在特定的環境下，必定有最佳的孵出量。他與韋恩艾德華的觀點最大的不同，在於「從誰的觀點來看是最佳的」這問題的答案上。韋恩艾德華認為最佳條件應該是「所有個體所期盼的」，也就是「對整個群體最好的」。拉克則說：每一個自私的個體所選擇的孵出量，是她能夠撫養的最多小孩數。如果三個是雨燕的最佳孵出量，其意義對拉克而言就是：任何一隻想養四個小孩的個體，最後牠所能養大的小孩，一定比競爭對手少，所以較謹慎的個體就只試著養三個。

能養多少，再生多少

拉克的推論是很有道理的。食物一分發到四個嬰兒，量就不足了，以致四個嬰兒鮮少能活到成年階段。這從起初卵黃要分配到四個卵中，到幼體孵出後，食物分給嬰兒的情形，都可看出「不患不均而患寡」的事實。所以，根據拉克的說法，個體調節孵出量絕不是為了利他；實施節育是為了讓小孩有最高的存活率。這目的和我們一般所謂的節育是非常對立的。

養育雛鳥是一件昂貴的事，母親必須投資大量食物和能量在蛋的製造上。她可能在配偶的幫助下，投下大量精力造個窩來安頓和保護她的蛋，再花費數週時間耐心孵蛋。當幼鳥孵出來後，父母拚命地工作換得食物來餵牠們，絲毫不曾稍作停留。一對大山雀白天平均每三十秒要帶一種食物回巢中，我們哺乳動物則以稍微不同的方式養育下一代。但是對母親而言，生產是件高代價的工作，絕非虛假。

母親必須在生產和養育之間衡量輕重，如果她分散有限的食物資源和精力在太多的孩子身上，最後只能養大較少的小孩；如果她一開始就謹慎些，就不至於如此了。所以，雌性個體或一對配偶所能集合的食物和資源，是決定他們能餵養小孩數目的限制因子。根據拉克的理論，為了使這些有限的資源獲得最大的效益，天擇會調整最初的孵出量（一胎生下的數量等）。

個體擁有太多的小孩會遭到不利的後果，不僅可能導致整個族群滅絕，更直接的是自己的孩子鮮少存活下來。這麼一來，就會有太多的基因無法大量傳遞到下一代，因為含有這些基因的小孩很少能活到成年。

但是現在文明人的家庭大小，已不再受限於雙親個體所能供應的有限資源了，如果丈夫和妻子擁有超過他們養得起的孩子，政府就會插手並維持那些多餘孩子的生命和健康。

福利國違反自然

社會福利國家其實是非常不自然的事。要知道那些插手接管小孩的政府，實際上也是族群中的個體，也帶有和我們競爭的基因。在自然界裡，父母親若擁有超過負荷的孩子數，就不會有許多孫兒，他們這種「超生」基因，也就不會傳到未來的子代。因為自然界沒有福利國，所以沒有必要在出生率上作利他性的抑制，任何放縱的基因會立即受到懲罰，含有那個基因的小孩就會挨餓。

有一陣子，我們人類因為不想回到以前，讓多口之家的小孩自然餓死的自私方式繼續下去，所以不得不摒棄自我滿足的經濟單位，也就是摒棄家庭，而以政府來取代。但是對小孩的人權關懷，絕不能濫用，否則人口危機就不會自動消失。

避孕有時被抨擊為「不自然的」，它的確是很不自然，但是，福利國也一樣不自然。

我們都高度期望全世界成為一個福利國，但是你不能有個不自然的福利國，除非你也有不自然的生育控制，否則最終結果將比自然獲得的還要悲慘。福利國也許是動物界已知最大的利他系統，但是任一個利他系統先天上都是不穩定的，因為它開放給自私的個體濫用，而自私的個體也隨時準備剝削它。

擁有的小孩多過自己所能撫養的人，多半會被冠上愚昧無知的罪名，但絕不會被抨擊為蓄意違法。定出福利條款，鼓勵別人多生的政府領袖和有勢力的團體，在我看來，似乎都難逃幫兇的嫌疑。

用時間換取空間

再回到野生動物的部分，拉克的孵卵量理論能夠概括韋恩艾德華所有其他的舉證，包括領域行為、支配階級等等。以拉克和同事一直在研究的紅松雞為例：這些鳥以石南屬植物為食，牠們在領域中區分獵場，以致於食物明顯的超過領域擁有者的實際需要。初期，牠們爭奪領域，但不久之後，戰敗者似乎承認自己失敗了，不再做任何爭戰。戰敗者變成沒有領土的被驅逐者，終了幾乎都餓死了，唯獨領域擁有者可以生育。

非領域擁有者在肉體上是能生育的，下面的事實可以佐證：如果某個領域擁有者的地盤遭到外來的攻擊而死去，領主的地位會立刻被原先沒領域的被驅逐者所填補，然後牠就可以繁殖下一代了。韋恩艾德華對於領域行為的解釋，我們已經提過了：被驅逐者一旦「承認」自己無法贏取生育許可證或執照，就不試著生育。

紅松雞的故事對解釋自私基因的理論，似乎是個不恰當的例子。為什麼被驅逐者不多試幾次，設法趕走領域保有者，直到筋疲力竭才罷休呢？多幾次的奮戰對牠們來說，應該沒什麼損失！

但是且慢，牠們可能真的失去了些什麼。我們已經看到，如果一個領域擁有者死了，另一個被驅逐者就有機會取代牠的位置，得以生育。如果被驅逐者以這種方式繼承領域的希望，大於以爭鬥的方式獲得領域，那麼牠會寧可等待某個領域擁有者死亡，而不願在無謂的爭鬥中浪費絲毫精力。對韋恩艾德華而言，在群體福利下，被驅逐者的角色則是等著當臨時演員，準備在群體生育的主要階段時，去占領死亡的領域擁有者的巢穴。

我們現在當然了解被驅逐者的等待了：這可能是自私個體的最佳策略。就如第四章所見的，我們也可以將動物視為賭徒。

賭徒的最佳策略有時是等待翻本的機會，而不是胡亂下賭注。

同樣的，在許多例子中，動物似乎也被動的「接受」不生育的狀況。這也可以簡單的藉

自私基因理論來解釋。大體的解釋總是相同的：個體最好的賭注是暫時壓抑自己，以期待未來有較好的機會。年輕的雄海豹可以若無其事的離開擁有三妻四妾者，牠並不是為了群體的利益而這麼做，牠是在等待吉時良辰。即使那一刻不曾到來，而牠也終究沒有子嗣，但這賭注可能還是划算的；不過我們知道，當然這對牠並不划算。

當旅鼠以數十萬的數量，大批遠離「鼠口」爆炸中心時，這麼做並非為了離開後可減少那個區域的密度！每一個自私的牠都在尋找，尋找一個比較不擁擠的居住場所。事實上，牠們有可能在找不到合適住所的情況下死亡，就像我們後來所看到的一樣；但留下來不走卻是更糟糕的冒險，因為留下來無法改變鼠口爆炸的可能性。

擁擠造成節育

過度擁擠往往會減少生育率，這是不爭的事實。這個事實有時被拿來當作韋恩艾德華理論的明證，但那是毫不相干的。我要說，這事實不僅符合韋恩艾德華的理論，也適合自私基因的論點。

你若做個實驗，將老鼠放在充滿大量食物的戶外，並且任牠們自由生育。你最後會看到，族群量成長到某一點時，即呈現水平不再增加。達到水平成長的原因是過度擁擠，使雌

性變得較不易懷孕，也就是使牠們的新生兒較少。這種影響常有報導，直接的原因常被稱作「壓力」，不過像這樣的名稱無法解釋什麼。任何例子，不論直接原因是什麼，我們還是得尋求根本的，或演化上的解釋。

為什麼當族群過度擁擠時，天擇會偏好減少雌性的生育率？韋恩艾德華的解釋是：天擇喜歡「雌性會計算和調整她們的生育率，使得食物的供應不虞匱乏」的群體。但是在實驗裡，就算食物從未缺乏，還是會有這種現象。我們不能期望老鼠會意識到食物不會缺乏，牠們早已被設計成野地求生的動物；我們得承認，在自然的情況下，過度擁擠可能是未來饑荒的可靠指標。

在這裡，自私基因的理論該說些什麼呢？它說的幾乎還是完全相同的事情，只有一個決定性的不同點。

你應該還記得，根據拉克的說法，動物從牠們自私的觀點出發，會傾向於擁有適當的小孩數。如果生得太少或太多，都只能養大比恰好適合的數量還少的小孩。現在，「剛剛好的數量」有可能隨著族群密度的大小做調整了。在族群過度擁擠的年頭，生育數量可能會比在族群稀少的年頭來得少。

過度擁擠可能是饑餓的前兆。如果不久將發生饑荒的有力證據，已經展現在雌性面前，她必定會為了本身的私利而降低生育率。沒有感覺到警告訊號的對手們，即使實際上生得較

多，最後養大的嬰兒還是較少。因此我們和韋恩艾德華幾乎有完全相同的結論，但是我們是用全然不同類型的演化理由推論出來的。

大夥群集為哪樁？

以自私基因理論來解釋群聚普查行為，也沒有問題。你應該記得韋恩艾德華曾假設：動物為了方便進行族群普查，會刻意聚集成一大群，藉以調節生育率。

群聚行為是否是真的有普查行為的意味，並沒有直接的證據；現在被提出來的證據，都只是假想能符合韋恩艾德華的論述而已。自私基因理論就因此而難堪了嗎？一點也不。

八哥以龐大的數量棲息在一起。假設牠們次年春天之所以會降低生育率，除了因為今年冬天過分擁擠之外，還和牠們聽到了其他同伴此起彼落的叫聲有關。那麼我們或許可以做個實驗，將八哥暴露在以錄音帶模擬的密集且非常嘈雜的群聚下。結果發現，八哥在這種環境所生下的蛋，要比暴露在較安靜且較不密集的群聚下來得少些。從定義上看來，這項實驗已經指出，八哥的叫聲等於群聚普查行為的指標——叫聲愈吵雜，表示族群愈大了。自私基因理論對這結果的解釋，和處理老鼠的例子沒什麼兩樣。

接下來，我們要從「基因因為擁有超過自己所能照顧的子代數量，而自動的受到懲罰，

在基因庫中反而成為少數」的假設開始說起。

身為自私的個體、有效率的產卵者，必須能預估在即將來臨的生育季節中，對她而言最適當的產卵量是多少。你該記得在第四章中，我們提到預估這個詞的特殊意義。那麼一隻雌鳥如何預估她最適當的產卵數呢？哪些變數會影響她的估計呢？

許多物種可能會做固定的估計，年年不變。塘鵝最適當的平均產卵量是一個，但是在魚特別豐收的那年，一隻塘鵝最適當的產卵量，可能可以暫時提高到兩個。不過塘鵝不可能事先知道這一年是否會豐收，所以我們不能期望雌鳥會冒險浪費她的資源在兩個蛋上，因為這樣做可能反而會讓牠們的年平均生殖率遭到損傷。

偽善效應

但是對於其他物種，好比八哥，原則上在冬天裡牠們就可以預測出，下一個春天某些特別的食物資源是否能夠豐收。鄉下人有許多古老的說法，例如冬青屬植物果實的盛產，可做為來年春天氣候的良好指標。不論鄉野奇談是否正確，這類線索仍然有邏輯上的可能；還有，做為一名好先知，理論上每年都能夠調整對自己有利的孵卵量，也依然有邏輯上的可能。

冬青屬植物的果實可能是可靠的指標；另外如老鼠的例子，族群密度似乎很可能就是個

好的指標。一隻雌八哥原則上也該知道，來年春天她要餵嬰兒，仍然必須與同種的對手競爭食物。如果她在冬天有辦法預測自己地區的族群密度，將能提供有力的依據，用來預測明年春天獲取食物來餵養小孩的困難度。倘若她發現冬天的族群量特別高了，從她本身自私的觀點來看，最精明的策略當然是生比較少的蛋——在此，她對自己最佳孵卵量的估算已經降低了。

個體根據牠們對族群密度的估計值，而減少孵卵量的事實，對每一個會向對手假裝族群是膨大的自私個體而言，不論膨大是不是真的，都會有立即的好處。你看吧，如果八哥會依照冬天棲息處的音量來估計族群大小，那麼每隻八哥都會盡可能為了聽起來像兩隻八哥的樣子，而大聲叫嚷。

「動物假裝同時有許多個體」的想法，在克利伯斯的另一論點中曾經被提過。這個觀點因《偽善效應》（*Beau Geste Effect*）這本書而得名，法國外籍軍團的某個單位也採用過相似的策略。這種想法可以在我們的例子上看到，也就是有些八哥用大叫來試著減少毗鄰同胞的孵卵量，直到鄰居的孵卵量降到比最適量還低。如果你是隻成功做到這點的八哥，這樣做對你的自私基因就十分有利了，因為你正在減少那些不能攜帶你的基因的個體數。

因此我要總結韋恩艾德華的群聚普查行為的想法，說：或許那真是個好主意，或許他一直是對的，但卻弄錯原因了。更概括的說吧，拉克型的理論，用自私基因的字眼，就足以說

明所有可以支持群體選擇論的證據了。

家庭有了計畫以後

這一章的結論是：一對夫妻若正在執行家庭計畫，那是因為他們為了能在生育率上達到完美，而不是為了大眾的福祉在自我抑制。夫妻試圖使存活的小孩數達到最大，這就表示他們會擁有不太多也不太少的孩子。使個體有太多嬰兒的基因，是不易保存在基因庫中的，因為有這樣基因的小孩很難活到成年。

家庭大小的定量考慮也是這樣的。再來，我們會談到家庭利益的衝突：母親平等對待她所有的小孩，對她一定有利嗎？還是她會有所偏愛呢？家庭是團結的共同體，還是，我們該預期家庭中也有自私和欺騙呢？每一個家庭的成員都會向著相同的最佳狀況邁進嗎？還是他們並不認同什麼是最佳狀態？

這些是我們在下一章要試著解答的問題。而配偶間是否也有利益衝突的問題，就留待第九章再來討論。

8

兩代的戰爭

首先，讓我們從上一章末尾提出來的第一個問題開始。母親是否應該偏心？或應該對所有的小孩都一視同仁？在此我必須老調重彈，提醒一下諸位，「偏愛」一詞並無任何主觀的含義，「應該」一詞也絲毫不含任何道德的意義。我只是將母親當作是一部設計好了的機器，作用是盡其所能的複製體內的基因。由於你我都知道「自覺」是怎麼一回事，因此我想利用隱含有「目的」的語言當作隱喻，來解釋求生機器的行為。

在實際生活中，當我們說母親偏愛某一個小孩時，這意謂著什麼？這意謂的是她會資源分配不均。母親所擁有可投資的資源有數種，食物是其中最主要的一種，找尋食物所需的精力也是，畢竟找尋食物是需要付出代價的。還有，母親可以決定耗費或拒絕耗費的另一種資源，是花在保護幼體免受遭掠食所需的風險上。總括來說，母親可以選擇公平或不公平的分配給她小孩的寶貴資源，便包括了：餵養、保護、維修窩巢及抵禦外力所需的時間和精力，有一些物種則還需再加上教導幼體這一項資源。

衡量母親的投資

要想出一種共通的貨幣，來衡量母親所有可投資的資源，並非易事。人類社會用錢做為通用性的可交換貨幣，以換算食物、土地、或者勞動時間。同樣的，我們也需要某種貨幣來

衡量：求生機器可投資在另一個生命上（特別是小生命上）的資源。

有些生態學家已經在計算自然界的精力成本，比方說以卡路里衡量精力，就是個很吸引人的辦法，不過這個辦法並不太恰當，原因是，它只能很粗略的衡量在演化上真正有意義的「金標準」，也就是基因的存活。一九七二年，崔弗斯用他的「母投資」（PI, parental investment）理論，很簡潔的解決了這個問題。而二十世紀的大生物學家費雪，在一九三〇年提出的〈母支出〉論文，其實與「母投資」大同小異。

母投資（PI）的定義是「母親為了增加單一幼體的生存機會（也是繁殖的成功率），對此幼體投下會影響自己照顧其他幼體的能力投資」。崔弗斯的母投資論好就好在這理論的衡量單位，相當接近真正有意義的單位。當一隻幼體喝掉一些母奶時，牠所喝掉的母奶量，崔弗斯既不用品脫也不用卡路里來表示，而是用「對其他幼體造成的損害有多少」來衡量。譬如說一個母親生了兩隻幼體X和Y，當X喝了一品脫的母奶時，代表這一品脫母奶的母投資，是以Y因為沒喝到那些母奶，而可能增加的死亡率來衡量的。

所以說，母投資的衡量單位，是以其他已出生和未出生的後代，壽命減少多少來計算的。但是，母投資論因為過分強調父母的重要性，而忽略了其他的遺傳關係，因此還不是很理想的衡量標準。理想上說來，我們應該用更普遍化、利他的投資標準來衡量。譬如說個體A在適當的血緣關係內，犧牲了對其他個體以及本身的投資能力，進而增加了B的生存機率

的話，那麼A就可以說是對B做了投資。如此說來，母親對任何幼體所做的投資，理想上應該都是依照這份投資對其他幼體，乃至於甥姪兒女，甚至自己的壽命所造成的損害來衡量的。但是從很多方面看來，這樣說也不過是在狡辯，崔弗斯的衡量方法在實際上還是很值得採用。

媽媽不該偏心嗎？

每一個成年雌性在一生裡，都擁有一定量的母投資，可以投資在自己小孩身上（以及其他親戚和自己身上，但為了簡單，我們只考慮她的小孩）。這包括她終其一生的勞力所能蒐集、製造的食物，所有預備冒的險，以及為了子女的福利可以投入的所有精力和努力。

一個剛步入成年的年輕女性，該如何安排她一生的資源呢？她要怎麼樣投資才算明智？拉克的理論讓我們了解到，母親不可以將她所擁有的資源分配給太多的小孩，而使得每個小孩只能得到微小的量，因為如此一來，她會失去太多基因，而導致沒有足夠的第三代。但是從另一方面說來，她的投資也不應該局限在少數小孩身上，而把他們寵成小壞蛋。雖然這麼做，她可以保證自己會有一些第三代，但是那些投資在適量小孩身上的對手，會有更多的第三代。

我們最關心的是：母親做均勻的投資是不是比較明智？也就是說，她應不應該偏心？答案是，從基因上說來，母親沒有必要偏心。因為她與她所有小孩的關係都是一樣的，都是二分之一。對她來說，最適當的策略是把投資平均分配在她所能養大的最多數目的小孩身上，直到這群小孩有了他們自己的小孩為止。話雖如此，但我們知道有些小孩的存活率總是比其他的好。

一隻長得過小的幼體，牠所含的基因與其他健壯的同胞兄弟姊妹一樣，但是牠的壽命通常是較短的。換句話說，光要使牠長得跟其他的同胞兄弟一樣大，就得耗費比其他幼體較多的母投資。在某種情況下，對母親比較划算的做法，就是乾脆不養這隻小不點，把牠所應得的食物，分配給牠的兄弟姊妹。事實上，若是把這隻小不點餵給牠的兄弟姊妹吃，或是母親自己把牠吃掉好製造母乳，都可能比較划得來。這雖然頗殘忍，不過母豬中確實有吃自己小豬的事，但我不清楚牠是否特別找不成器的小豬吃。

押大還是押小

長不大的幼體是特例。我們可利用一般母親依照幼體的年紀決定投資多少的傾向，來找個較為通用的預測原則。

如果說，母親在非得救一個小孩與放棄另一個小孩之間做抉擇，而且如果被放棄的一個必死無疑的話，那麼這母親應該會選擇救年紀較長的孩子。原因是如果這較年長的小孩死了，這母親所失去的母投資比較大。換個比較好的方式說吧，如果被救的是年紀小的孩子，那麼這母親還得投入一些昂貴的資源，才能把牠拉拔到和年長的一樣年紀。

從另一方面來說，如果這母親所需做的不是生與死的抉擇，那麼她最好的選擇可能是選小的了。比方說，這個母親正在為餵大的或餵小的而傷腦筋時，餵小的就可能比較好，因為年紀大的比較可能靠自己的力量找到食物，因此即使沒餵牠，也不見得會死。相反的，如果母親將食物給年紀長的，年紀小尚未有能力自己找食物的幼體就比較可能餓死。有鑑於此，母親還是會將食物給小的，因為大的本來就比較不容易餓死。

這也是為什麼哺乳類母親要給幼體斷奶，而不餵牠們一輩子的原因：幼體長大到一定程度時，對母親來說，將投資趕緊轉換到將來的幼體身上會比較划算。當這時候一到，母親就會將幼體斷奶。如果母親能知道她現在養的已是她最後一個幼體，一般可能會期望她就可以把餘生所有的資源，都投在這隻幼體身上，甚至直到牠長大成年以後。雖然如此，母親應該仍會「衡量」一下，是不是將投資放在第三代，或甥姪兒女身上會比較好？雖然這些受益者與她的關係只有兒女的一半，但是牠們受益的程度可能超過那小幼體的兩倍以上。

女性之所以停經

在此談一下令人困惑的女性停經現象，應該是很恰當的。停經是人類女性在中年時期突然面臨生產能力終止的現象。這種現象在我們野地生活的祖先中可能不太普遍，因為很多女性祖先根本沒活到這年紀就去世了。雖說如此，婦女這種突然的轉變與男性逐漸喪失的生育能力，可能都意味停經在基因上是「故意的」，是一種適應。這個說法恐怕不太容易解釋，因為從自私基因的角度看來，婦女即使年紀漸大，生出來的後代存活率也漸小，還是應該終其一生不斷生產，畢竟不斷嘗試總是值得的。但別忘了，母親跟她的孫兒女之間，雖然只有自己兒女的一半親近，畢竟還是有血緣關係的。

當然還有其他不同的原因，也或許跟梅達華的年老論有關。在自然情況下，婦女年紀漸長時，養育小孩的能力也跟著走下坡。因此，年紀較大的婦女所生的小孩，壽命很可能會比年輕婦女所生的小孩來得短。也就是說，如果這個年紀較長的婦女在同一天同時獲得一個兒子、一個孫子，這個孫子的壽命應該會較兒子為長。因此當婦女到了某個歲數，也就是她的小孩長到成年的機率還不到她孫子的一半時，投資偏向孫子的基因會比較成功。雖然這樣的基因在四個孫子中才有一個有，而在孩子中卻每兩個就有一個會有，但是孫子的壽命卻比兒女占了上風，因此「利孫子」（grandchild altruism）的基因仍會在基因庫中占優勢。

婦女如果持續生小孩，她就無法在孫子身上充分投資。這麼一來，使婦女進入中年以後就失去生育能力的基因，很自然的會愈來愈多。這是因為這些擁有「利孫子」基因的祖母，她們的孫子會得到較好的照顧，這些基因便會廣泛的在孫子身上擴散開來。

以上是針對中年婦女停經現象演化的可能解釋。男性的生育力之所以是逐漸的而不是突然喪失，很可能是因為男性在每一個小孩身上的投資，本來就不像女性那麼多。老男人只要還能讓年輕的女性生小孩、養小孩，就算年紀再大，對他來說投資在自己小孩身上，總是比投資在孫子身上划算。

投資幼小利多多

上一章及本章到目前為止，我們全是從父母親，尤其是母親的觀點來看事情。我們已經問過：父母是不是應該偏心？還有，大體來說，母親應該怎麼投資才算最明智？

不過，小孩也可能左右父母親，使父母多給他一點，而少給兄姊弟妹一點。或者說，可能父母親不「願」偏心，而孩子們卻自己貪心多取。孩子們這樣做划算嗎？再嚴格一點說，貪心的基因在基因庫內，是不是會比不貪心的基因占優勢呢？崔弗斯在他一九七四年發表的〈親子衝突〉論文中，對這個問題有很精采的分析。

母親和她的小孩的關係，不管是已出生還是未出生，都是一樣的。我們已看到，若單從基因的立場出發，母親不應該偏心的。如果她要偏心的話，出發點應是基於孩子年紀的大小，以及其他造成壽命長短差異的因素。

母親跟其他人一樣，她和自己的關係比她和任何一個子女的關係都親兩倍。如果排除了母子的差別，其他條件都一樣的話，那麼母親應將大部分的投資都自私的留給自己才對。可是這個假設並不正確，因為對她來說，將她適當的投資放在小孩身上，還是對她的基因比較有益。因為小孩子比她幼小、無助，每一單位的投資對他們來，都比對她自己受用。

因此，忽視自己而將投資放在無助幼小者的基因，在基因庫會占優勢；就算受益人和自己只有部分的關係，也是如此。這就是為什麼動物之間會有父母之愛，甚至近親之愛。

孔融讓梨新解

現在，我們改從小孩的角度來看。

對小孩來說，他與兄姊弟妹的血緣關係，跟母親與他們的血緣關係是一樣的，都是二分之一。從基因上來講，他對同胞弟兄的愛與他母親的一樣，所以他會「希望」母親能把部分資源平均投資在他與兄弟姊妹身上。雖然如此，但他和自己的關係，仍然要比他與同胞弟兄

的關係親上兩倍，也因此在其他條件都相等的情形下，他會希望母親在他身上多做點投資。譬如說，你與你的兄弟同年齡，同樣都能從母親的一品脫母奶受益，那麼你「應該」想辦法幫自己多搶一些。當母豬剛躺下來餵小豬時，你應該聽過整窩的小豬都吵著要第一個被餵？還有，你是否看過幾個小男孩搶著吃最後一塊蛋糕？自私似乎是兒童行為的主要特徵。

事情並非就是如此而已。如果我和弟弟在爭一口食物，弟弟年紀比我小許多，所以比我更能因這一口食物而受益，那麼也許讓他吃那一口食物對我的基因更有幫助。這麼說來，兄長的愛與母親的愛也許是基於完全一樣的理由——我們已經看到，不管是兄長或母親，和小弟弟的關係都是二分之一，而且年紀小的比年紀大的更能受益於同樣的資源。

如果我有一個為別人而放棄食物的基因，那麼我的弟弟同樣有那個基因的機率是百分之五十。雖然這個基因存在我體內的機會是我弟弟的兩倍（我可是百分之百擁有這基因的），但是那些食物對我的重要性，可能不到對我弟弟重要性的一半。一般說來，小孩是應該從父母那兒給自己多搶些食物的，但這是有限度的。到什麼限度呢？當他所搶來的食物對自己的益處，只有這食物對他弟妹益處的一半時，就已達到他搶食物的限度了。

斷奶的時機

現在讓我們來想想什麼時候斷奶比較好。為了準備下一個孩子，母親得將眼前的小孩斷奶。而小孩本身呢，因為母奶是很方便、一點都不麻煩的食物，所以還不想斷奶，而且他還不想為三餐到處奔波。說得更確切一點，他是想等到有一天，對他的基因來說，讓母親去照顧弟妹，會比自己落在後頭還好的時候再斷奶。因為小孩的年紀愈大，所能受益於一品脫母奶的程度，也會相對減少。

一品脫母奶對大一點的孩子來說，只是他所需要食物的一小部分。況且，在非不得已的情況下，他比弟妹更有自尋食物的能力。所以，當較年長的小孩喝掉一品脫本可投資在弟妹身上的母奶時，他所用掉的母投資要比年紀較小、喝掉等量母奶的小孩為高。而對母親來說，當小孩長到一定程度時趕緊斷奶，然後將投資轉到未來的小孩身上，是比較划算的；對這個較年長小孩的基因來說，斷奶對他也是比較好的。因此，當一品脫母奶對自己弟妹身上的基因，比對自己體內的相同基因更有益時，就到了斷奶的時候了。

母子之間對斷奶一事有不同意見，並不是絕對的，那只是某種數量的落差，在這兒是對時機的意見不一。母親在考慮過現存小孩的存活率，還有自己已做的投資後，會繼續撫養這個小孩，直到她認為小孩已得到應得的資源為止。到此為止，母子的意見是一致的，而且母

子雙方也同意；還有當等量的母奶對將來的小孩的好處，超過對眼前孩子好處的兩倍時，母親就不應該再餵眼前的小孩子。不過在中間這段過渡期間，也就是當作母親的認為孩子所用的資源已經超過他所應得，不過對其他小孩所造成的損失還不到他所受益處的兩倍時，母子的意見會有不合。

斷奶的時機問題只是母子衝突中的一個例子罷了，這項爭執也可看成是某個個體和他未出世的弟妹間的衝突——在這裡，母親代表的是她尚未出世的子女。比較直接的衝突是同巢或同窩的兄弟姊妹間的食物之爭，在這種衝突裡，母親通常都希望看到公平競爭。

黃口小兒忙爭食

很多幼鳥都是由父母在鳥巢中餵食的。餵食的時候，小鳥會在鳥巢中張嘴大叫，而親鳥就將蟲或其他食物丟到其中一張嘴巴裡。照道理說，小鳥叫的程度應該和牠饑餓的程度成正比，一隻小鳥吃夠了以後就不會叫得那麼大聲了，而做父母的只需要把東西餵給叫得最大聲的寶寶，每一隻小鳥就應該會得到應得的分量。

不過，依照我們的自私基因論，我們知道每一個個體都是會欺騙的，「會」對自己的饑餓程度不老實，而且這種情形還會升高等級，只不過看起來顯然沒什麼意義。因為如果每一隻

小鳥都用較大的聲音來假裝饑餓的程度，那麼久而久之，大聲叫就變成是正常現象，而不再是欺騙了。在這種情形下，如果有一隻鳥率先叫得小聲一點，牠可能會因被餵得不夠而遭餓死的命運，因此這種情形只能一直提升，不能降低。不過雛鳥的叫聲有其他的因素控制，不會無限制的大下去，這些因素包括：大的聲音容易招來掠食的動物，而且也容易累。

前面我們看到，同一窩幼體中，有時會出現一隻體型弱小長不大的小不點。小不點無法像其他幼體那樣有力的爭食物，通常也活得不久。我們已考慮過在什麼情況下，母親應該讓她的小不點死去比較好。我們可能直覺推想這隻小不點應該會不斷的奮鬥，直到死為止。不過，這個理論並不一定會預測到這點。

小不點一旦微小衰弱到母親投資在牠身上的食物為牠帶來的益處，還不到同樣的食物對其他幼體的一半時，照理說，這隻小不點就應該優雅的、心甘情願的死去，因為這樣做對牠的基因是最好的。也就是說，基因庫裡能發出「身體啊，如果你比同胞兄弟姊妹小得太多的話，還是不要再掙扎，死了吧」這種指示的基因，可能是成功的基因。

雖然小不點體內的基因存活率原本非常低，不過同樣的基因卻有百分之五十的機會，存在牠倖存的兄弟姊妹身上。小不點的生命裡應該會有一個無力回天的時刻：在到達那個時刻以前，牠應該不斷掙扎奮鬥；一旦到了那個地步，牠就應該放棄掙扎，而且最好是讓牠的兄弟姊妹或者母親吃掉牠。

前面我們討論到拉克的產卵數時，我沒提到做母親的如果不知道一年應該孵幾個蛋時，可以採取什麼策略。下面我就要來談談這個策略：她可以比自己原先認為的真正最好的產卵數，多生一個蛋。這樣做有其優點：如果這年的食物比預料的豐盛，她就可以養那多生的一隻；否則的話，損失也不會太多。而且做母親的如果經常注意依照同樣的順序餵食，比如體型從小到大，那麼她就可以留意到其中有一隻（也許是小不點）很快就會死掉，除了最初蛋黃等的東西外，不能再浪費太多食物在牠身上。

從母親的觀點看，這也許就是小不點現象的解釋，牠所代表的是一個母親下賭注的態度。這種情形在很多鳥類中都可觀察到。

小子訛詐老媽子

我們一直把動物個體當作生存機器，具有保存基因的目的。現在，利用這樣的隱喻，我們也可以來討論親子間的衝突，也就是兩代間的爭執。

這是很微妙的爭執，爭執的雙方並沒有受到任何限制，孩子那一方並不會放過任何說謊的機會，像是：誇張肚子餓的程度、佯裝實際的年齡、以及危險的程度。雖然牠們的身體還不夠大、不夠強壯，不能威脅牠們的母親，但是卻不會放過任何可利用的心理武器，諸如說

謊、詐欺、矇騙、剝削；甚至對親戚所做的危害，已到血緣關係內不被容許的地步。

父母親這一方則必須很留意孩子的詐欺、瞞騙，不要被牠們騙了。這事看似容易，做母親的如果知道孩子可能會欺騙她，她可以採取這樣的方法：不管孩子叫得多大聲，每餐都固定給牠們一定的分量。但這個辦法可能會有問題：孩子可能並沒有說謊，如果這孩子因沒吃夠而餓死的話（野鳥在幾個小時沒吃的情況下就會死亡），這母親就失掉了一些寶貴的基因。

札哈維（A. Zahavi）曾提過某種幼體威脅母親，極為殘忍的現象：幼體利用一種特別的叫聲刻意招來掠食者。幼體「說」：「狐狸，狐狸，快來吃我！」母親唯一能使孩子閉嘴的辦法就是餵牠。如此一來，幼體冒著本身生命的安全給自己換來一些不該得的食物。這個殘忍的策略與劫機者威脅同機的人，如不給贖金就要將飛機引爆是一樣的道理。我很懷疑這樣的策略在演化上有什麼好處，並不是因為這個方法太殘忍了，而是懷疑這個施威脅的小傢伙究竟會得到什麼好處？如果掠食者果真來了，小傢伙本身所失去的也相當多。

這種利用殘忍威脅的情形，在獨子的情況下尤其明顯，這也是札哈維所考慮的情況。因為無論做母親的在牠身上投下了多少投資，牠自己應該比母親更重視自己的生命，畢竟母親只有牠一半的基因。再說，就算施威脅者是一窩脆弱幼體中的一隻，這個方法仍舊是不值得的。因為施威脅者在其他受危的兄弟姊妹身上，各有百分之五十的基因「賭金」，還有自己身上百分之百的賭注。在我看來，掠食者如果有專挑大的幼體吃的習慣，這種理論還說得過。

小的幼體因為不太可能給自己招來太多的危險，所以對牠來說，施一下恐嚇可能是值得的。這類似把槍口對準自己兄弟的頭，但不會讓自己腦袋開花。

置於死地而後生？

威脅法對布穀鳥（杜鵑鳥）幼雛或許比較划算，因為母布穀鳥有個習性是：在幾種不同種類的鳥巢中各下一個蛋，而讓不知情的養父母們去照顧牠的幼雛。小布穀鳥與牠的養兄弟姊妹沒有絲毫的基因關係。（有些種類的小布穀鳥，由於某種極為惡毒的原因而沒有養兄弟姊妹，這點我們稍後會討論。目前我們先暫時假設，布穀鳥是與養兄弟姊妹同居一巢的。）

小布穀鳥如果叫得太大聲，引來了掠食者的話，牠失去的可能相當多，最大的損失當然就是生命。可是牠的養母損失的可能更大，也許是牠四隻幼雛的性命。所以對這隻母鳥來說，也許多餵小布穀鳥一些是值得的。而對小布穀鳥來說，為了這個好處，冒一點險也是值得的。

在這種情形下，我想我們應該回到可敬的基因語言上去，不為什麼，只為確定一下，我們沒被主觀的隱喻帶離主題太遠。

讓我們假設小布穀鳥利用尖叫「掠食者，掠食者，快來抓我，快來抓我的兄弟姊妹」，來

恐嚇牠的養母。這種尖叫真正的意義究竟是什麼？從基因上說來，意義是這樣的：

布穀鳥尖叫的基因之所以會在基因庫內成為多數，是因為這個基因增加了養母餵小布穀鳥的機率。而養母之所以對尖叫會有這樣的反應，是因為會反應的基因在領養種的基因庫中擴散開了。至於這些基因之所以會擴散，是因為沒有多餵小布穀鳥的養母們，比其他多餵了小布穀鳥的養母們所剩下的小孩少，原因是小布穀鳥的尖叫會引來掠食者。沒有尖叫基因的小布穀鳥，雖然被掠食者吞食的機會比較小，但不尖叫的小布穀鳥卻得承受沒被多餵的嚴重後果，這也就是尖叫基因在布穀鳥基因庫中擴散開來的緣故。

接續上面比較主觀的論點，我們可以從另一個類似的基因思維模式看出，恐嚇的基因在布穀鳥基因庫中擴散的原因雖然不難理解，但這種基因在一般的鳥類中卻不太可能存在；即使存在也不是為了吸引掠食者。我們已經知道在一般的鳥類中，尖叫的基因可能有其他擴散的理由。這種尖叫偶爾也會有招來掠食者的後果，可是這種有選擇性的被掠食，影響應該是使叫聲放小一點。

而在布穀鳥的例子中，掠食者的真正影響，可能是促使布穀鳥叫得更大聲。

布穀鳥及其他有寄生習性的鳥，是不是真正施用恐嚇手段，並沒有確切的證明。只是這些鳥確實是非常殘忍的。舉尋蜜鳥（honeyguide）為例，牠們和布穀鳥一樣有在其他鳥巢中下蛋的習性。小尋蜜鳥天生一副尖利無比的鉤狀嘴。甫生出來，尚未睜眼、尚未長毛，除了嘴巴外仍相當無助的小尋蜜鳥，就會亂揮亂砍牠那張尖鉤嘴，將養兄弟姊妹殺死！

一般人所熟悉的英國布穀鳥，用的威脅方法稍微不同，但是效果一樣。這種鳥的孵化期很短，因此能在養弟妹之前孵化出來，一孵出來後，小英國布穀鳥就會盲目的、機械似的，不過卻很有效率的，將身邊的蛋一個個丟出巢外，丟的方法是先鑽到蛋底下去，將蛋放在背上的凹處，然後慢慢沿著巢邊往上挪，最後再將蛋小心翼翼的放在兩翅中間丟出去！如此這般，一個接一個，直到所有的蛋都丟出去了，只剩下牠自己。這一來，養父母的全部注意力就會集中到牠身上了。

我聽到的事中，最值得注意的一件是西班牙的阿爾法瑞茲（F. Alvarez）、雷那（L. Arias de Reyna），及西古拉（H. Segura）三人一同發表的報告。他們三人的研究項目是潛在的布穀鳥受害者（即養父母），對入侵的布穀鳥或布穀鳥蛋的辨別能力。他們的實驗首先是利用機會在鵲巢中放進小布穀鳥及蛋；為了對照，他們也放了其他種類如燕子的蛋及小燕子在一些巢中。有

一次，他們在某個鵲巢中引進了一隻小燕子，第二天，他們看到鵲巢下方的草地上有一個鵲蛋。由於蛋沒有破，他們便把蛋撿起來放回鳥巢裡，然後注意觀察。

他們所看到的頗值得一提。小燕子的行為與小布穀鳥完全一樣，牠也會把蛋丟出巢外。一旦研究人員再把蛋放回巢內，小燕子又會把它丟出去。而且小燕子也是用小布穀鳥的方法，把蛋擱在兩翼中間，沿著巢邊邊慢慢往上挪，直到把蛋丟出去為止。

阿爾法瑞茲與他的同事沒有嘗試將他們的驚人發現加以注解，我想這或許是明智的。這樣的行為如何會在燕子的基因庫裡演化？這必定跟燕子的正常生活有相當密切的關係。小燕子不習慣被丟在鵲巢裡，一般來說，除了在燕子巢裡，別種鳥的巢裡應該是找不到燕子的。這是不是代表著一種反布穀鳥的行為被演化了？燕子用自己的武器對布穀鳥進行反擊的行為，在燕子的基因庫裡是否已受到天擇的贊同呢？事實上，燕子巢裡通常沒有布穀鳥的寄生蛋存在，原因可能就在於小燕子的反布穀鳥行為。

根據這理論，實驗當中的鵲蛋可能是因為大小跟布穀鳥的一樣，但稍大於燕子蛋，因此意外遭到同樣的待遇。可是如果連一隻小燕子都能夠區別一個大的蛋與一個普通的燕子蛋，母燕理所當然的應該也會區別。由母燕把蛋丟出巢外，應比小燕子丟容易多了，為什麼母燕沒這麼做呢？有些人認為，小燕子的這種行種行為，通常是用來清除腐壞的蛋或巢裡殘留物質的。不過，這種說法也同樣遭到反對，因為這種工作由母親來做其實更容易多了。母鳥可

以輕易完成的，對幼小無助的小燕子來說卻是艱辛無比；但是充滿技巧的丟蛋工作，卻由小鳥來做。因此我不得不下這樣的結論：從母鳥的觀點看，小鳥是在胡鬧！

手足相殘

我在想，這件事的真正解釋也可能跟布穀鳥完全無關。雖然這種想法可能有點令人心寒，不過，小燕子之間是不是也會這樣彼此相待？因為第一隻孵出的既然得跟尚未出生的兄弟姊妹爭母投資，那麼如果牠一生出來就把身邊的蛋丟一個出去，對牠來說不是比較有益嗎？拉克理論中所考慮的最適當的產卵數，是從母親的觀點出發的。如果我本身是隻母燕的話，我所認為的最適當的產卵數可能是五個；可是如果我是一隻小燕子，我本身的利益也牽涉在內的話，那麼我所定下的最適當的產卵數當然是愈少愈好。

母親的希望是將她所擁有的有限資源，均勻的分配在五隻幼兒身上；而孩子本身卻不希望只得到五分之一。小燕子不似布穀鳥，牠不想獨享全部的食物，因為同巢的都是牠的親兄弟姊妹。可是牠想要的卻不只是五分之一。牠只要丟出一個蛋，那牠的所得就會增加為四分之一，再多丟一個，就是三分之一。

轉換成基因語言來說，同胞互弒基因之所以在基因庫裡會擴散開來，是可以理解的。因

為這基因百分之百存在行兇者身上，受害者身上卻只有百分之五十，而最後存活的絕對是行兇者！

反對這種說法的人認為，如果這種殘忍的行為果真存在的話，很難相信一直都沒有人注意到。對此，我並沒有令人信服的解釋。在這世界上，不同的地方有不同種類的燕子，一般人所熟悉的西班牙種燕子與英國種燕子，在某些方面就是不同。西班牙種燕子並不像英國種燕子，受到那樣徹底的研究。因此，可能在西班牙燕子當中也有同胞互弒的情形，只是沒被注意到而已。

我之所以提出這樣一個極不可能的同胞互弒的假設，目的在提出概括性的看法。也就是說，像小布穀鳥這種殘忍的行為，只是所有家庭中無法避免的極端事件之一。親兄弟姊妹彼此之間的關係，比小布穀鳥與養兄弟姊妹的關係親，可是這差別也只是程度上的不同而已。我們雖然無法相信同胞互弒的行為會演化，可是這世界上一定有很多程度上較輕微的自私自利的幼體，牠們以兄弟姊妹的損失當作自己的成本，且以超過二比一的比率為自己圖利。

兩代相爭誰得利

讓我們再回到母子間的利益衝突上。兩代之間的爭執哪一方最可能獲勝呢？亞歷山大在

他寫的一篇有趣的報告裡提出了概括的答案。根據他的說法，親代一定是贏家。果真如此的話，你讀這一章是完全浪費時間了。

假如亞歷山大所說是正確的話，以下的幾點就很有趣。譬如說，利他行為之所以演化，並不是因為對本身基因有益，完全是因為對父母親的基因有益。用亞歷山大的說法，父母對子女的操縱是另一種利他行為的演化因素，與純粹的近親選擇沒有什麼關係。

檢查亞歷山大的思維方式，對我們充分了解他究竟錯在哪裡非常重要。為了達到這個目的，我們必須利用數學方式來著手。雖然在這書裡我可不想用到數學，不過我們還是可以提供直覺的概念，來幫助了解亞歷山大理論的錯誤。

以下濃縮的引句，概括了亞歷山大對基因的基本看法，「假設有一隻幼體……為了本身的利益而促使牠母親分配不均，進而減低母親的總繁殖數。以這種方式增加自己生存能力的幼體長大後，繁殖能力也會降低。因為有這種突變基因的幼體，牠的後代也擁有這種基因的機率會成正比增加。」亞歷山大是不是考慮一種新突變的基因，對他的論證並不重要。我們不如將這看作是從父親或母親傳下來的稀有基因。

「適應」一詞含有繁殖成功的專業意義，基本上，亞歷山大的意思如下：一個促使幼體貪心給自己多弄些食物，因而減低了父母親總繁殖數的基因，可能確實會增加幼體本身的存活率。但是幼體長大後卻要為此付出代價，因為牠的孩子很可能也繼承了牠那自私的基因，

如此一來，牠的總繁殖成功率就會受到負面的影響。結論是牠很可能自作自受，而這種自私的基因永遠也成功不了；父母親在這場爭執中，一定永遠是贏家。

亞歷山大的論證讓我們懷疑，因為他的假設是建立在一種不存在的基因不對稱性上。他稱「父母親」及「後代」當作是根本不一樣的基因組合；雖然就我們所知，父母與孩子之間在實質上不同，譬如說，父母親年紀比小孩子大，還有孩子來自父母親的身體，可是兩者並無基本的基因不對稱性。不管我們怎麼看，兩者的關係都是百分之五十。

在此我要重複一下亞歷山大的話，來說明我的意思；不過我要把話中的「父母親」、「小孩」及其他相關的詞反過來。「假使基因庫中有一個使母資源不平均分配的基因，那麼具有這個基因，並以這種方式增進個體存活機率的父母親，在牠們小時候，必定是得到較多照顧的一群，因為牠們如今已長大，成了別人的父母親。」由此我們得到一個與亞歷山大相反的結論，即在任何母子爭執當中，孩子一方必贏。

很明顯的，這樣說也有點不太對勁。兩邊的辯論都太過簡單化了。我將亞歷山大的話反過來敘述的目的，並不是要證明與他相反的論點，而是要讓大家看到我們不能以那麼牽強的不對稱性來辯論。亞歷山大的辯論與我的反應，都同樣犯了「從單一個體看事情」的錯，只是亞歷山大是從父母親的觀點，而我則是從小孩的觀點。

基因是天生贏家

在演化裡，實際上只有一個實體的觀點是最重要的，那就是自私的基因。年輕一代體內的基因，是因為它比父母一代的基因更聰明，而被選上的；父母親體內的基因，則是因它比下一代的基因聰明些，而能夠存在。這一點也不矛盾，因為成功的基因可以同時存在父母親與下一代身上。基因是以善用可支配力量的能力而被篩選出來的，它們不會錯過任何可利用的機會。只是，一個存在於小孩體內及父母親體內的相同基因，它可利用的機會是不同的。我們沒有理由像亞歷山大那樣，假設後來者的最適當措施必定勝過先前的。

我們另外還有一個方法可以反駁亞歷山大的理論。亞歷山大很有技巧的一方面假設親子關係之間的不平衡假象，另一方面又假設了兄弟姊妹之間的關係。你應該還記得崔弗斯說過的：一個自私的幼體自私多取的代價，以及牠有限度自私背後的原因，是因為牠不要失去有牠一半基因的兄弟姊妹。不過同樣擁有百分之五十基因的親人有很多，兄弟姊妹只是其中一種，自私的小孩將來生下的小孩，對牠自己來說也與牠的兄弟姊妹同樣寶貴。有鑑於此，貪心多取的總代價，實在應該依照因自己的自私而失去的兄弟姊妹，以及尚未出生的第二代來衡量。

亞歷山大所說的，年輕人的自私基因若是擴散到兒女，會有導致長期繁殖數量減少的

缺點，這個說法是很有道理的。不過這也只說明，我們必須將這個代價加到成本上去。一個小孩因自私所得的利益至少是近親成本的一半時，自私還是值得的。不過所謂的近親，應包括自己的兄弟姊妹以及自己未來的小孩。每個個體應將自己本身的利益，看得比自己的兄弟還要重要兩倍，這就是崔弗斯的基本假設。不僅如此，個體也應該將自己的價值，看得比自己的任何一個小孩還要重要兩倍。所以亞歷山大認為的「親代在親子利益衝突上有先天的優勢」，這是不正確的。

親子最後還是得妥協

除了基本的基因觀點外，亞歷山大還有一些較實際的，有關親子間無可否認的不平衡關係的論點。由於親代處於主動的地位，是實際從事蒐集食物的一方，因此有權做決定。如果父母決定不工作了，小孩因為比較弱小，無力反抗，也沒什麼辦法。因此，父母不管小孩怎麼想，都可自行其是。這個不平衡關係是實在的，因此亞歷山大的這項論點不是很明顯的錯。

父母親確實是比小孩子強而有力，而且比較世故，好牌似乎都在他們手裡。不過小孩也暗藏了一些王牌，比方說，父母必須知道每一個小孩肚子餓的程度，好決定怎麼分配食物。當然父母可一視同仁，每個都給同樣的分量，可是這並不是最好的辦法，比較好的辦法是給

真正需要的多一些。對母親來說，最理想的狀況是每個小孩都能告訴她肚子有多餓。前面我們也已看到，這樣一個系統似乎已經演化出來了，不過孩子很容易使出欺騙的手段，因為他們知道自己到底有多餓，父母只能猜測他們是不是在說實話。對父母來說，要拆穿一個大謊容易，要拆小謊就難了。

父母如果能知道孩子什麼時候高興，對她本身也是有益的；孩子高興的時候如果能告訴父母，對他本身也是好的。貓高興時發出的咕嚕聲或人類的微笑，信號之所以會演化，可能是因為父母可藉此知道做什麼對小孩子最有益。對父母來說，看到自己的小孩子微笑，或看到自己的小貓舒服得咕嚕咕嚕叫，會給他帶來好結果，他就很容易利用這些行動來左右父母，藉此給自己多得些不應得到的東西。

如此看來，究竟誰在親子之爭中比較容易占上風，並沒有統一的答案，最後冒出來的會是父母及小孩雙方理想的折衷。親子之爭可以比做布穀鳥和養父母之爭，不過沒那麼嚴重，因為敵對的雙方在基因上持有相同的股份，使雙方只敵對到某個程度而已；或者說，只有在某些敏感的時段敵對而已。不管怎樣，布穀鳥所使用的許多伎倆如欺騙、利用等，自己的親生小孩也可能會使用，只是程度上比不上布穀鳥而已。

此事無關道德

本章以及下一章（有關兩性間的衝突）所討論的，可能看起來相當的諷刺，甚至會使摯愛小孩及忠於彼此關係的為人父母者相當難過。

在此再強調一下，我並不是在談有意識的動機，沒有人說過小孩會由於自私的基因而故意、有意識的欺騙父母。同時我要再重複一下，當我說像「小孩應該不要錯過任何欺騙的機會……說謊、矇騙、剝削……」這樣的話時，我用「應該」這個字有特別的含義。我並不是說這樣的行為是道德的，是可取的。我只是在說，天擇會偏愛這樣子的小孩。

當我們觀察野生動物的族群時，常會看到牠們的家庭成員中會有相互欺騙、自私自利的情形。從這個觀察結果中你可以了解，「小孩子應該欺騙」的意思是說：讓小孩子有欺騙傾向的基因在基因庫會占優勢。如果說這個論點有什麼人性道德價值的話，那就是：

我們不能期待小孩子生下來就知道愛人，這是我們必須教他們才會的。

9

兩性的戰爭

父母和孩子共同擁有彼此百分之五十的基因。如果這麼親密的關係，都會有利益上的衝突，那麼彼此的基因沒有關係的配偶，衝突又會有多嚴重呢？

配偶在同一個孩子身上所持有的基因股份，同樣是各有百分之五十。因為父親和母親在同一個孩子身上，都投注了自己的一半心血，所以他們合力養育孩子應會有一些好處。如果雙親之一在供給每個孩子的昂貴資源上，投資得比自己應公平分擔的少，那麼他會更為安樂；因為他可以和其他的性伴侶生更多的孩子，也因此可以繁殖更多他的基因。

任何一個伴侶都會如此盤算著去利用對方，驅使對方投注較多。

理想上，個體「喜歡」（我並不是指生理上的歡愉）盡可能和愈多的異性交配，然後每次都讓伴侶去撫養孩子。就如我們即將看到的，某些物種的雄性個體會這麼做。但是也有某些物種的雄性個體，仍必須分擔一半撫養孩子的重任。這種兩性合夥觀點，尤其是彼此不信任和互相壓榨的關係，特別為崔弗斯所提倡。對動物行為學家而言，這是相當新穎的想法，因為我們通常會把性行為、交媾和求愛，當作本質上是為求得彼此的好處，或甚至是為了物種利益而做的合作冒險！

安能辨我是雄雌

讓我們回到第一個原則，先來探究雄性和雌性的基本天性。在第三章我們討論到性別，但沒有強調性別上根本的不平衡；我們只知道某些動物叫做雄性的，而其他是雌性的，並沒有追問這些詞真正的含義是什麼。但是什麼是雄性的本質？又該如何定義雌性呢？

哺乳動物是以擁有陰莖、生產幼兒、藉特殊的乳腺餵奶、染色體的特徵等全部的特徵性狀來定義性別的。這些用來判別個體性別的標準，對哺乳類而言非常適合，但是對於其他的動物和植物來說，這些判斷標準就像把穿短褲當作判斷人類性別的標準一樣不可靠。例如青蛙，沒有任何性別有陰莖。那麼，也許雄和雌這兩個字並沒有概括性的意義，它們只是文字而已。假使我們覺得它們對描述和研究青蛙沒什麼幫助的話，大可隨意捨棄它們；如果我們喜歡，也可以任意的把青蛙分成1號性別和2號性別。

不過的確有一項性別的基本特徵，可以用來區分整個動植物界裡的雌雄兩性，那就是雄性的性細胞（配子，gamete）比雌性的性細胞小且數量多。這麼一來，擁有大的性細胞的個體，就可用雌性來稱呼；另一群稱為雄性的個體，則具有小的性細胞。這點不同在爬蟲類和鳥類特別明顯，單一個卵細胞就夠大而且有充分的養分，可供應發育中的嬰兒長達數個星期。在人類，即使卵子要用顯微鏡才能看到，還是比精子大上許多倍。在說明性別之間其他的相異

處之前，可能須從這一個基本的不同點出發。

在某些原始的生物中，例如一些真菌，並沒有雄性和雌性之分，然而有性生殖仍然進行著。在所謂配子同型（isogamy）的系統中，個體沒有性別之分，沒有精子和卵兩種不同的配子，所有的性細胞都相同。新的個體是經由減數分裂產生兩個同型配子體後，再融合形成的。例如我們有三種同型配子，A、B和C，A可以和B或C融合，B也可以和A或C融合。在典型的兩性系統中就不會發生這樣的事，因為如果A是一個精子且能和B或C融合，那麼B和C必須是卵，B就不能和C融合。

雌性受剝削的開始

當兩個同型配子融合時，雙方都提供等量的基因到新的個體中，而且也貢獻了同樣分量的存糧。精子和卵也提供等量的基因，但卵在食物貯存方面的貢獻遠超過精子。事實上，精子毫無貢獻，只顧著以最快的速度將它們的基因運送到卵子去。因此，在受孕的時刻，父親在子代身上的投資少於他應該公平分擔的部分（即百分之五十）。因為精子是如此的小，所以雄性每天能夠製造出上百萬個精子，這表示他有潛力在極短的時間內，利用不同的雌性生下相當大量的孩子。之所以能夠這樣是因為，母親供應了足夠的食物給每一個新的胚胎。如此

一來，一個雌性能擁有的孩子數量受到了限制，但是一個雄性能夠擁有的孩子等於是無限量的，雌性受到的剝削由此開始。

帕可和其他學者說明了這種不平衡性，如何從一個最初的同型配子狀態演化出來：在當時，所有性細胞都可以互相轉換且大小相當，但有一些恰好長得比其他的稍微大一點兒。在某些情況下，大的同型配子會比一般大小的有好處，因為它給胚胎一個好的開始——在最初就供應大量的食物。因此曾經有個演化趨勢朝向形成大配子。但是如果大型配子演化到超過需要，將會給自私自利者開啟了大門；也就是說，能產生比平均配子更小的個體就獲利了，只要能確保自己的小配子必能和特別大的配子融合即可。如果小的配子變得比較會動，並且能主動去尋找大的，和大配子結合的目的就更能夠達成了。

能生產小而移動快速的配子的個體，所得到的好處是它能製造大量的配子，也因而可能有較多的孩子。天擇偏愛小且能主動去尋找大配子進行融合的性細胞。所以我們可以聯想到，會有兩種歧異的「性策略」演化出來：先是一種大量投資或誠實的策略，這種策略自動為另一種小投資剝削策略開闢了生路。一旦兩種策略開始發生分歧，演化就持續的快速進行，大小中等的中間型會受到懲罰，因為它們無法從兩個非常極端的策略者身上得到好處。

剝削者演化得愈來愈小，且機動性愈高；誠實者演化得愈來愈大，以補償剝削者已經較小的投資，而且它們變得不會動，因為它們總是被剝削者主動的追求。誠實者都寧愛和另一

個誠實者融合；但是將剝削者拒於誠實者門外的力量，和剝削者逃避責任的力量比起來，前者顯然要無力多了。因為剝削者有較多配子可以損失，也由此贏得了演化的戰爭。

結局是，誠實者成為卵，剝削者成為精子。

多生了男孩真浪費

這麼看來，雄性似乎是很沒價值的夥伴，在「對物種有利」的基礎上，我們應當可以預期雄性的數量會變得比雌性少。理論上，一位雄性能生產足夠的精子以供給一百位雌性，所以我們可以假設在動物族群中，雌性與雄性的數量比是一百比一；另一個解釋的方式是：對物種而言雄性比較「可以犧牲」，而雌性比較「有價值」。舉一個極端的例子，在海象的研究中，所觀察到的百分之八十八的交配現象中，只有百分之四的雄性。

海象的例子以及許多其他的例子顯示，有過多的單身雄性可能一輩子沒有機會交配。但是多餘的雄性依然過著正常的生活，而且吃掉族群的食物資源，挨餓狀況也未高於其他成年個體。從對物種有利的觀點來看，這是非常浪費的事實；多餘的雄性可以看成社會的寄生蟲，這正是族群選擇論難以自圓其說的又一個例子。在另一方面，自私的基因理論在解釋雄性和雌性數量傾向於相等，並沒有什麼困難；甚至要解釋實際從事生殖的雄性，可能只是總

數的小比例時，也沒有困難。

費雪首先提出了解釋。有多少雄性和多少雌性誕生，這問題是雙親策略的一個特殊問題。正如我們討論過，雙親之一試圖使自己的基因存活達到最大狀態時，最理想的家庭大小是如何；我們也可以依此邏輯討論，最理想的性比例該是多少。

將你寶貴的基因託付給兒子還是女兒比較好呢？假設母親投下她所有的資源在兒子身上，而沒留給女兒，她平均能提供給未來基因庫的基因，會比另一個全投資在女兒身上的母親還多嗎？天擇會選擇喜歡兒子的基因，還是喜歡女兒的基因呢？

費雪的報告指出：在正常環境下，穩定的性比例是五十比五十。為了要知道為什麼，我們必須先了解一點有關決定性別的機制。

生男生女順誰意？

在哺乳動物，性別遺傳的決定如下：所有的卵都能發育成雄性或者雌性，是精子攜帶了決定性別的染色體。男性所產生的精子，一半是製造女性的，稱為X精子；而另一半是製造男性的，稱為Y精子。這兩種很相似，它們只在一條染色體上有差別。基因若要使父親只生女兒，就讓他只製造X精子；而基因使母親只生女兒的方法，則是讓她分泌某種選擇性的殺

精液，或是使她的雄性胚胎流產。

雖然個體無法隨意選擇小孩的性別，但是基因想要擁有某一性別的孩子卻是可能的。若是我們假設有喜歡性別比例不等的基因存在，那麼這種基因可能會在基因庫中，多過那些喜歡性別比例相等的對偶基因嗎？

假設在前面提過的海象中，使雙親幾乎只生女兒的突變基因產生了。剛開始族群裡的雄性並未減少，所以女兒沒有找不到配偶的煩惱，製造女兒的基因就能傳開來。漸漸的族群的性別比例可能會轉變成陰盛陽衰。從對物種有利的觀點來看，這沒什麼不對勁，因為只要有一些雄性就足以提供所需的精子了，就算有大量過盛的雌性也沒關係。

我們可能以為生女兒的基因會持續的傳播，直到性別比例不均，而使得碩果僅存的雄性，工作得筋疲力竭無法支撐下去。但是仔細想想，那些少數擁有兒子的雙親們，不就享受了遺傳上極大的好處？任何投資在兒子身上的人，就有機會成為數百隻海象的祖父母。那些只生女兒的雙親，確定會保有一些外孫子，但是比起那些專攻生兒子所得到的輝煌遺傳機會，簡直是小巫見大巫了。因此生兒子的基因將會變得愈來愈多，情勢亦將隨之逆轉。

女孩男孩一樣好

為了方便說明，我用鐘擺的搖擺來解釋。實際上，鐘擺絕不被允許靜止在女性主導的那一方，因為一旦兩性的比例變得不均，需求兒子的壓力就會將鐘擺推向另一邊。生等量的兒子和女兒的策略，是個演化穩定的策略，意思就是：任何違背它的基因，必定會遭到損失。

我從「生兒子對生女兒的數量」的角度來說這件事，為的是使故事簡單化。但嚴格說來，還是須有雙親的投資，也就是雙親之一必須提供的所有食物及其他資源才行。雙親應該在兒女身上做相同的投資，這通常表示他們應該有同樣多的兒子和女兒。但假使演化上有穩定的性別不等的比例，所對應的假設會是：投資在兒子和女兒身上的資源是不等的。在海象的例子中，若演化的決策是「女兒是兒子的三倍」，那結果就是，只有在每個兒子身上投資三倍的食物和其他資源，使他成為超級男性，才可能是穩定的演化。雙親投資較多的食物在兒子身上使他又大又壯，可能增加他贏得一窩妻妾的機會，但這只是個特殊的例子。

一般而言，在每個兒子和每個女兒身上的投資大致相等，而且性別比例通常是一比一。

在代代相傳的長期旅途中，一般的基因幾乎花一半的時間待在雄性身體裡，另一半則待在雌性身體內。某些基因效應只表現在某一個性別的身體，這些叫做限性基因效應（sex-limited gene effect）。例如，一個控制陰莖長度的基因，只會表現在雄性的身體上，但是它也存在於雌

性體內，且對雌性身體可能有某些相當不同的影響。我們沒有理由說明，為什麼男人不會從他的母親那兒，遺傳到能發育出長陰莖基因。

無論哪一個基因待在哪一種身體裡，我們都可以期望它會善用那種身體所提供的機會。這些機會無論在雄性或雌性身上，可能都非常不同。為了方便估算，我們再一次假設每個個體是一部自私機器，試圖為它所有的基因做最好的打算。對自私機器來說，最佳決策之於雄性和之於雌性，往往是兩種南轅北轍的結果。簡單的說，我們又要把個體當成好像有意識，知道目的是什麼。但是就像前面一樣，我們要謹記著這只是比喻，身體實際上是一部機器，仍然盲目的被它的自私基因所操控。

被剝削的母親

配偶這一對自私的機器，都想要有同樣數量的兒子和女兒，他們也同意這樣的限度，但他們無法達成的共識是，誰要擔負養育孩子的花費？每個個體都希望有最多的孩子活下來，他或她在任何一個孩子身上所負擔的投資愈少，所能擁有的孩子就愈多。要達到這種狀態，最簡單的方法是促使你的性伴侶，對每一個孩子的投資多於他（她）應平均分攤的部分，讓你能自由的和別人生更多的小孩。這對任一性別而言，都會是個理想的策略，但是雌性卻較

難達成。

雌性一開始就投資得比雄性多，因為她那大且富含營養的卵，在受孕的時候，就已對每個孩子許下比父親還深的「承諾」，孩子若是死了，她損失得比父親還多。如果她丟下嬰兒任由父親去照顧，而與其他雄性私奔，父親可能會因為本身的損失較小，也拋棄孩子以為報復。所以，至少在孩子早期發育階段，如果有任何拋棄行為，幾乎都是父親遺棄母親居多。

同樣的道理，在每個發育階段，雌性對小孩的投資都比雄性多。所以，在哺乳動物裡，是雌性在自己體內懷著胎兒，是雌性在胎兒生下後用母乳哺育牠，是雌性竭盡全力扛下養育和保護的重擔。雌性因為性別而被剝削，但被剝削的基本演化基礎，卻是卵比精子大。

不忠的父親

當然在許多例子中，父親仍要努力工作而且忠實的照顧小孩。但即使如此，我們仍須預期通常會有一些演化上的壓力，促使雄性投資在孩子身上比較少，而且想跟不同的妻子生下更多的小孩。我這樣說，僅是表達基因為了在基因庫中成功，會想說：「身體啊，如果你是雄性，在我的對偶基因要你忠實之前，早點離開你的配偶，去尋找其他雌性吧！」

這種「不忠」的演化壓力真正普及的程度，在物種間有很大的差異。在許多物種中，

例如天堂鳥，雌性完全無法從雄性那兒得到幫助，她得獨自撫養她的孩子。其他種類像三趾鷗，則形成忠實的一夫一妻模範配對，兩個伴侶協力養育孩子。這裡我們必須假設，有一些演化上相反的力量一直作用著：對於自私的配偶，剝削策略除了帶來好處外也附帶有懲罰，對三趾鷗則是懲罰遠重於利益。無論如何，必須在妻子有把握獨立撫養孩子的情況下，才值得父親拋妻棄子。

崔弗斯已想過要為遭到配偶遺棄的母親開些可行的課程。其中對她最好的是，試著騙另一個雄性把孩子「想成」是自己的而收養牠。如果孩子尚未出生，這樣做可能不會太難。當然，那孩子帶了她一半的基因，卻沒有任何受騙繼父的基因。所以天擇會嚴懲這種易受騙的雄性；而且當雄性一旦和新的妻子交配時，天擇偏愛立刻採取的主動措施——殺死任何可能的養子！

這很可能可以用來解釋所謂的布魯斯（Bruce）效應：雄蹊鼠分泌一種化學物質企圖讓已懷孕的雌性流產，如果氣味和雌蹊鼠先前的配偶不同，她就會流產。雄蹊鼠用這個方法摧毀牠可能繼養的孩子，使新婚妻子接受牠的求愛。亞得利領悟到布魯斯效應是種族群的調節機制！相似的例子如：雄獅新到一個獅群時，有時會謀殺現存的幼獅，大概是因為這些不是牠們親生的孩子。

不過有時候，雄性不需要殺養子也能達到同樣的結果。牠可以在與雌性交配前，趕走

其他追求的雄性，並預防她逃跑，接著進行一段長時間的求婚。用這個方法，牠可以等待，看看她肚子裡是否已懷有別人的小孩，如果是就捨棄她。接下來我們將能了解，為什麼雌性在交配前也需要一段長的交往期。當然在這裡，我們已經有理由說明，為什麼雄性也想要這樣——因為倘若牠能不讓她和其他的雄性接觸，就有助於避免做其他孩子的不知情恩人。

棄婦的抉擇

假使被遺棄的雌性不能騙新的雄性來繼養她的孩子，那她該怎樣辦？也許重要的是看這孩子有多大。如果是剛受孕的，雖然她已投資了整個卵給它，並且可能有更多的其他投資；但她流掉它然後盡快找到新的配偶，或許會更值得。在這個狀況下，為了她和未來新丈夫彼此間的好處，她應該流產，因為我們假設她不希望騙他來收養這孩子。從雌性的觀點，這可以解釋什麼布魯斯效應仍然有效。

被遺棄的雌性另一個選擇是堅持到底，自食其力的撫養孩子。如果孩子已經相當大了，這方式特別值得。孩子年齡愈大，已投資在他身上的愈多，而她在完成撫養的工作上，尚需付出的就愈少。雖然雄性已經離開，就算孩子還非常年幼，她仍然應該嘗試從先前的投資裡回收些東西，即使她必須加倍辛苦工作來養這個孩子。雖然她不高興這孩子也含有那雄性一

半的基因，但要以拋棄孩子的方式來憎恨他，同樣會令她難受。沒有理由怨恨孩子，它帶了一半她的基因；而且這個困境是她自己的，沒理由去連累其他人。

遭到遺棄危機的雌性，有一個合理的對策是：在雄性遺棄她之前先拋棄他。這麼說似乎有點兒矛盾，但值得她這麼做，即使她已經在這孩子的身上投資得比雄性多。某些情況下最先離棄的伴侶，不論是父親或母親，都會得到一些好處。這雖是個令人不悅的事實，但就如崔弗斯所說的，後離開的伴侶會置身於悲慘的牽絆中。

想要逃走的雙親之一，此時可能會這樣說：「這孩子要發育到我們兩個能夠卸下撫養責任的階段，還早得很。假設我能確定另一半不會逃走，我現在就應該逃走。如果我現在真的走了，我的伴侶會做任何對她（他）的基因有利的事，她（他）被迫要下一個比我現在還更嚴重的決定，因為我已經離開了。我的另一半知道如果她（他）也離開，那小孩子一定會死掉。假定我的伴侶將採取對她（他）本身自私基因有利的決定，那麼我斷定對自己有利的行為方針是先溜為妙。尤其是我的伴侶可能循著完全相同的脈絡在思考，可能隨時會來個先發制人，揚長而去！」當然，這個想像的獨白只是為了說明而已。

在雄性面前，妳得矜持

我們看過一些雌性被配偶遺棄時，都會盡量把爛攤子收拾好。有什麼方法能讓雌性減少被配偶剝削的機會呢？她手中其實握有一張有力的王牌：她可以拒絕交配！在交易市場裡她是有銷路的，因為她帶了一個大而營養的卵做嫁妝。雄性若能與她成功的交配，就能獲得一項貴重的食物資源給他的子代。

雌性在交配之前，也許能夠要求對方同意有利於自己的協議。因為一旦交配後，她的卵就交付給雄性了，她就丟出了王牌。要求對方同意對自己有利的協議，似乎非常的順當，但我們知道並不是真的那樣。是否有任何實際的方法，相當於要求對方同意對自己有利的協議，能經由天擇演化下去呢？我認為有兩個可能，一個叫做家庭幸福的策略，另一個是男性氣概的策略。

家庭幸福策略最簡單的解釋是：雌性逐一審視雄性，試著看出忠誠和顧家的徵兆。在雄性族群裡，能否做個可靠的丈夫，必定有其氣質上的差異。如果雌性能預先辨認出這樣的特質，對她們在選擇能占有自己的雄性時會有幫助。雌性要做到這樣的方法是：長時間表現得高不可攀、要矜持。任何一個沒有耐心等到雌性點頭的雄性，就不可能是個篤定的、忠實的丈夫。

雌性可藉著堅持一段長時間的交往期，剔除不可靠的追求者，最後只和一個能證明他的忠誠和耐性的雄性交配。女性的矜持在動物中非常普遍，而且這樣可延長求婚或交往的時間。如同我們已經看過的，長時期的交往對雄性也有好處，因為他可避免被騙去照顧其他雄性的孩子的風險。

求婚儀式往往包含了不少雄性交配前的投資。雌性可以拒絕交配，直到雄性建好一個窩給她，或者直到雄性供給她相當豐富的食物。而這也提供了家庭幸福策略另一個可能的解釋：雌性強迫雄性在她們同意交配之前付出那麼多，就能使雄性不會在交配之後一走了之嗎？這個想法是相當吸引人的。

雄性在等待矜持的雌性和他交配時，是付出了大代價的：他放棄了和其他雌性交配的機會，也花費了大量的時間和精力去追求她。當他最後終於可以和這麼一個雌性交配時，他必然會嚴肅的給她承諾。如果他未來想再接近任何一個雌性，並和她交配之前也必須付出這麼多的代價，就少有誘惑能讓他遺棄她了。

兩種曠男，兩種怨女

崔弗斯的理由有一個錯誤，他認為先前的投資，是對某個個體承諾了未來的投資。這是

不合理的經濟狀態，生意人從不會說：「我已經在協和號超音速客機投資了那麼多，因此我現在不能放棄它。」他應該會隨時問：未來是否能讓自己減少損失？能否就馬上放棄這個計畫？即使他已經投下大筆的資金。同樣的，雌性強迫雄性大量投資在她身上，好讓雄性打消逃走的念頭，是沒有用的。家庭幸福策略的解釋還必須仰賴一個更有決定性的假設，那就是要靠大多數的雌性來玩相同的遊戲。如果族群中有放蕩的雌性，隨時準備歡迎那些拋妻棄子的雄性，就有可能會讓某個雄性遺棄他的妻子，無論他已投資多少在孩子身上。

因此，主要得看多數的雌性怎麼做。如果我們用「雌性的共謀」來想的話，就不會有問題。但雌性的共謀，不會比我們在第五章提到的鴿子的共謀更能演化，所以我們只好改成寄望在演化上的穩定策略。讓我們將梅納史密斯的攻擊性比賽的分析方法，應用在性別上面。這會比鷹和鴿子的例子稍微複雜些，因為我們將會有兩個雌性策略和兩個雄性策略。

在梅納史密斯的研究中，「策略」這個詞暗示了一道盲目無意識的行為程序。我們的兩個雌性策略叫做「矜持」和「放蕩」，而雄性的兩個策略則叫「忠誠」和「拈花惹草」。四種形式的行為準則如下：矜持的雌性會等到某個雄性通過了持續幾個星期漫長而昂貴的追求之後，才和他交配；放蕩的雌性會立刻和任何雄性交配。忠誠的雄性準備不斷的追求一段時間，且在交配後留在雌性身邊，幫助她照顧孩子。拈花惹草的雄性則是當雌性不直接和他交配時，很快就失去耐性，而去尋找別的雌性；交配後他們也不會留下來扮演好爸爸，還會去

勾引沒經驗的雌性。如同鷹和鴿子的例子，這些都不是唯一可能的策略，但足以說明他們的命運。

我們給各種成本和利益一些隨意的假設值，因為數字比較容易懂。我們這樣假設：成功養活一個小孩時，每個父親或母親的遺傳上的成就是正十五個單位。養一個孩子的成本，包括它所需食物的成本、照顧它所花費的時間、以及為它所承擔的風險，是負二十個單位。成本用負號表示，因為是雙親所支付的。長期追求所浪費的時間代價也是負值，這個成本是負三個單位。

拈花惹草占上風？

想像有個族群裡所有的雌性都是矜持的，所有的雄性都是忠實可靠的，這是一個理想的一夫一妻社會。每一對夫妻中，雄性和雌性都得到相同的平均成就，他們養活一個孩子就得到正十五；他們平均分擔了養這孩子的成本（負二十），每人平均負十。他們都在長期交往所浪費的時間上得到了負三的懲罰。那麼，每一個的平均成就是：正十五減十再減三，等於正二。

現在假設，一個放蕩的雌性進入了這個族群。她會過得非常好，她不必付出延誤的代

價，因為她不熱中於長期的追求。由於族群中所有的雄性都是忠實的，她可以指望找到任何一個雄性與她交配後會成為她孩子的好父親。她從每個孩子所得的平均成就是：正十五減十，等於正五。

她比矜持的對手好三個單位，因此放蕩的基因將開始散播。

如果放蕩的雌性成功性這麼大，以致於成為族群中的優勢，那麼在雄性的陣營中，情況也會開始改變了。到目前為止，忠實的雄性仍是獨占的。但是假如現在有一個拈花惹草的雄性出現在族群中，他開始會過得比其他忠實的對手好。因為族群中所有的雌性都是放蕩的，所以拈花惹草的雄性所竊得的利益就真的很多了。如果一個孩子成功的活下來，他就得到正十五分，且兩種代價都不必付。對他而言，這個減少成本的主要意義是，他可自由離開而和新的雌性交配。他每一個不幸的妻子都得獨自與孩子奮鬥，負擔全部負二十分的成本。所以一個放蕩的雌性遇到一個拈花惹草的雄性，所得的淨成就是：正十五減二十，等於負五。

而拈花惹草的雄性所得成就是正十五。在所有雌性都是放蕩的族群裡，拈花惹草的基因將如野火般的蔓延開來。

如果拈花惹草者擴展得如此成功，因而在雄性族群中占了優勢，那放蕩的雌性就處於悽慘的困境中。任何矜持的雌性則會有一個強處：假使矜持的雌性遇到拈花惹草的雄性，就無交易結果。因為她堅持長期的追求；他拒絕且離去尋找其他的雌性。兩者都沒有付出浪費時間的代價，也都得不到什麼，因為沒有生下孩子。

在雄性都是拈花惹草的族群中，一個矜持的雌性得到的淨成就是零。零也許不怎麼多，但比一個放蕩的雌性的平均分數負五要好得多。就算放蕩的雌性在遭到拈花惹草的雄性遺棄後，決定離開小孩，她仍然付出了一個卵的代價。所以，矜持的基因開始再次在族群中散播。

我們來完成這個假設性的循環吧。當矜持的雌性增加到某個數量而成為優勢時，那些和放蕩雌性共度過輕鬆時光的拈花惹草雄性，就開始感到局促了。雌性共同堅持長而費力的追求方式，拈花惹草者則遊蕩在一個個雌性之間，而故事結局總是相同的。當所有雌性都是矜持者，拈花惹草者的淨成就是零。現在如果有一個忠誠的雄性出現，他會是矜持的雌性唯一會交配的對象，他的淨成就是正二，比拈花惹草的好。所以，忠實的基因又會開始增加，我們也完成了整個循環。

就像在攻擊性的例子中，我曾經提到的故事一樣，結局好像總是個無止盡的變動。但

是，如同那個例子，實際上也可以表現出沒有變動的樣子，整個系統也可以匯集成穩定的狀態。如果你計算總和，結果將是一個有六分之五的雌性是矜持的，而八分之五的雄性是忠實的族群，在演化上才是穩定的。當然，這只是依我們開始時的假設數字，所計算出來的結果。你也可以很容易算出，其他任意假設的穩定比例。

就像梅納史密斯的分析，這裡我們也不需要假定有兩種不同的雄性和雌性。如果每個雄性花費八分之五的時間在忠實上，而其餘的時間則去拈花惹草；而每個雌性花費六分之五的時間表現矜持，而六分之一的時間放蕩，那麼ＥＳＳ同樣也能完全的達到。

不管我們如何看待ＥＳＳ，它的意義就是這樣：每個性別的成員，有任何想脫離他們適當穩定比例的傾向時，都會被另一個性別策略在比例上的連鎖變化所懲罰，進而對原先的脫軌行為不利。因此ＥＳＳ將被保留下來。

我們可以下結論了：一個大部分是矜持的雌性和忠實的雄性所組成的族群，當然有可能演化出來。在這些情況下，雌性的家庭幸福策略似乎真的會成功。我們不必想到矜持的雌性共謀這個方向上，矜持實際上對雌性的自私基因是有用的。

想要妻子，先有房子

雌性有各種方法可以將這種策略付諸行動。我已建議了：雌性應該拒絕與那些還沒為她築好巢穴，或至少幫她築巢的雄性交配。在許多一夫一妻制的鳥類例子中，確實要等到巢建立之後，交配行為才會進行。這樣做是為了確定在受孕的時候，雄性在孩子身上的投資，會比只是提供廉價精子要多得多。

要求一個未來的配偶應該建立一個窩，是雌性拴住雄性的有效方法。理論上可以這樣想，幾乎任何讓雄性做了較多付出的事情都會有好結果的，即使那些付出對尚未出生的孩子沒有任何直接的好處。如果族群裡所有的雌性都同意，在交配前應強迫雄性做一些困難且昂貴的行為，像殺一條龍或爬一座山，理論上會減少雄性在交配後逃走的誘惑。任何雄性企圖遺棄他的伴侶，妄想和另一個雌性交配以散播更多他的基因時，就會想到必須殺另一條龍而作罷！

不過實際上，雌性不可能強迫他們的求婚者做像屠龍、或尋找聖杯這種霸道的工作。原因是，另一個雌性對手要求的工作不但不費力，而且對她和孩子都有用處——築一個窩也許不比殺一條龍或在愛河裡游泳浪漫，但卻有用得多。

我曾經提過，由雄性餵食的求愛行為，對雌性也是有用的。在鳥類，這樣通常被看作

是雌性的一種回歸年少的行為，她用與雛鳥相同的姿勢，向雄性乞食。這樣的姿勢是很容易吸引雄性的，就如同一個成年女人像小孩般撅著嘴巴、嗲嗲作聲，會吸引男人一樣。這個時候，雌鳥很需要所有額外的食物，因為她正在增加她營養的儲量，以製造大量的卵。雄性餵食的追求行為，或許就代表對卵本身直接的投資。所以，在他們對小孩最初的投資上，有減小雙親之間差距的效應。

有幾種昆蟲和蜘蛛也表現出餵食追求的現象。螳螂就是個有名的例子，雄性可能有被體型較大的雌性吃掉的危險，也許他所能做對自己有利的事，就是減少她的食慾。對不幸的雄螳螂而言，死亡舞蹈的意思被說成了對他孩子的投資，他被當作食物供給卵子；死後，那些卵才會與他貯存在雌螳螂體內的精子受孕。

魔高一尺，道高一丈

實施家庭幸福策略的雌性，若是只簡單的考驗雄性，草率的分辨忠誠的特質，這會使自己很容易受騙。任何雄性只要能以非常忠實顧家的典型敷衍過關，實際上卻隱藏著遺棄和不誠實的傾向，也可能會有很多好處。像拈花惹草者，只要他的每一任妻子都可能養大一些孩子，他就比忠誠的雄性對手多一些基因遺傳下去。這雄性有效的欺騙基因，在基因庫中將受

到偏愛。
另一方面，天擇也喜歡那些精於洞察欺騙行為的雌性們。她們的方法之一是，當新的雄性追求她時，要讓他不容易得手，但是在下一個繁殖季節來時，則傾向於很快的接受去年的求愛對象。如此一來，就自動懲罰了那些在第一個繁殖季就與異性交配的年輕雄性，不論他們是否是騙子。

沒經驗的雌性第一年所生的小孩，通常帶有較多不忠實雄性的基因。但是忠實的父親們會在一個母親的第二年，以及後來幾年的生活中獲得好處；因為後來那幾年，他們不需要再經過同樣耗力又費時的追求儀式。如果族群中的多數個體都是有經驗的，而非天真的母親所生的孩子，誠實的好父親基因將成為基因庫的優勢——這是對於任何長壽物種的合理假設。

為了簡單起見，我把雄性說成不是非常的誠實，就是完全的欺騙。事實上，所有的雄性，其實是所有的個體，很可能都有一點說謊的傾向；因為他們原本就被設計成善於利用有利的機會，去剝削配偶。天擇會加強每個配偶洞察對方欺騙的能力，以使大規模的欺騙行為降到相當低的程度。

雄性從不誠實的行為中所得到的比雌性還多，甚至於在一些雄性表現出頗有犧牲奉獻精神的物種中，他們還是經常做得比雌性少，而且較容易準備潛逃。在鳥類和哺乳動物中，這樣的例子的確很常見。

魚爸爸被老婆拴住了

然而，確實也有雄性比雌性更努力照顧孩子的物種。在鳥類和哺乳類中，這種父親的奉獻精神，例子非常的少，但是魚類卻非常普遍，為什麼呢？這對自私基因理論是個挑戰，我為此已困惑了許久。最近一位家庭教師卡莉素（T. R. Carlisle）小姐，給了我一個巧妙的解答，她引用的是崔弗斯「殘酷的束縛」（cruel bind）觀點。我解釋如下：

許多魚類不交配，而只是將牠們的性細胞排到水中。受精過程發生在開放的水裡，而不是在配偶的體內，這可能就是有性生殖的起源。另一方面，陸生動物像鳥類、哺乳類和爬蟲類，都無法行這種體外受精，因為牠們的性細胞太容易乾掉了。

現在來談談崔弗斯的觀點吧。在交配後，居住陸地的雌性身體就擁有了胚胎，就算她幾乎立刻生下受精卵，雄性還是有時間逃跑，因此迫使雌性成為崔弗斯所說「殘酷的束縛」的受害者。雄性必然有先決定遺棄的機會，並斷絕了雌性的選擇；而且還迫使她決定是否要離開孩子，任其自生自滅，或者留下來撫養他。因此，在陸生動物中，母親的照顧比父親的照顧還普遍。

但是對魚類和其他水生動物而言，情況就非常不同了。雄性不用將精子傳到雌性的身上，雌性也沒有必要留下來「抱孩子」，任何一方都可以很快的跑掉，而讓對方守著這批新的

受精卵。還有一個可能的原因說明了，為什麼雄性水生動物常是最容易遭遺棄的。

一場演化戰爭可能發生在誰先散播出牠們的性細胞；先散播的一方就有優勢，可以留下對方去保存新生的胚胎，自己先跑走。另一方面，大量產出性細胞的那一方，得冒著對方可能並不照著做的危險。在這種情況下，雄性是較吃虧的一方，只因為精子比較輕而且比卵容易散開。如果雌性在雄性還沒準備好之前就排卵，也沒什麼關係，因為又大又重的卵可能聚集成一個緊密接合的卵塊，並能保持一段時間。

因此一條雌魚能夠冒著提早釋放的風險，雄魚就不敢冒這個險了。你看吧，雄性如果在雌性準備好之前，過早釋放了精子，精子就會散播開來；如此一來，雌性將不會排卵，因為不值得她這麼做。由於擴散的問題，雄性必須等到雌性產卵後，才能將牠的精子釋放在卵子上面，結果使雌性搶得了先機逃之夭夭，把包袱留給雄性，且強迫牠面臨崔弗斯所說的困境。

這個學說簡單的解釋了為什麼父親的照顧在水中很普遍，但在陸地上卻很罕見。

談談男性氣概吧

現在，且不談魚類，我們轉到其他主要採用男性氣概策略的物種。

事實上，那些採用這個策略的物種，雌性們都放棄從孩子的父親身上得到幫助，都獨

自為好的基因單打獨鬥。她們再一次利用拒絕交配的武器，她們拒絕隨意與任何一個雄性交配，她們要經過仔細的觀察和挑選才決定。無疑的，有些雄性確實有比別人更多的好基因，使兒女更有生存機會的基因。如果雌性能以雄性外表可見的蛛絲馬跡，測出他身上的好基因，那她就能將自己的基因和好的父系基因結合在一起。

我們以划船隊伍的比喻來說，一個雌性可以降低使自己的基因因為編入不好的隊伍，而被拖累的機會；她也可以為自己的基因精心挑選好的搭擋。

冒險的是，大多數雌性對何者是好雄性，彼此的看法都一致，因為她們用同樣的訊息來判斷。因此少數幸運的雄性會參與大部分的交配行為，這對他們而言當然是容易的，因為他們只需要給每個雌性一些廉價的精子。可以想像這種情形在海象和天堂鳥的身上，是一直在進行的。雌性只准少數雄性參與這個所有雄性都渴望的「自私與利用」策略，但是她們要確定，只有好雄性才能享受這份優待。

從雌性想要挑選好基因和自己配對的觀點來看，她要尋找的是什麼呢？她所尋找的是求生的能力！顯然，任何追求她的雄性，都已向她證明能活到成年的能力，但是他未必能證明自己可以活得更久。對雌性而言，一個好辦法就是去找老的。不管他們有什麼缺點，至少已經證明了他們能活得長，她很可能因此使得自己的基因和長壽基因配對。然而，如果他們不能給她許多孫子，那保證她的孩子長命百歲，也沒什麼用。

長壽並不是性能力強的首要證據。事實上，長命的雄性，也許是因為沒有冒險生育後代才活了下來，選擇年老雄性的雌性比起她的雌性對手，未必會有更多的後代——尤其在後者選擇了一個表現出其他好基因證據的年輕雄性時。

施展男性魅力

還有其他的證據嗎？可能還有很多。也許強壯的肌肉顯示出捕捉食物的能力，也許長腿代表躲開獵食者的能力。雌性和這樣的性狀配對，應該對她的基因有利，因為這些性狀無論是對她的兒子還是女兒，都會是有用的特質。雌性是以好基因的完全純正標記或指標為基礎，來選擇雄性的。

現在有一個很有趣的重點，它曾被達爾文指出，且由費雪清楚的記載下來：在雄性彼此競爭，以顯出男性氣概博得雌性青睞的社會裡，母親能為她基因所做最好的一件事，就是培養兒子成為有男性氣概、引人注目的雄性。如果她能確保兒子成為社會中有最多交配機會的幸運者，她就會有許許多多的孫輩。因此，在雌性的眼中，最渴望雄性身上擁有的特質，其實就是性本身的吸引力。

和一個特別有吸引力的雄性交配的雌性，更有可能生出吸引下一代雌性的兒子，這些兒

子會為她生出許多的孫子。起先雌性可能是根據明顯有用的特質，像強壯的肌肉，來選擇雄性的；但是當這樣的特質魅力變得廣受雌性歡迎時，即使不再以稀為貴，天擇仍會繼續偏愛他們，只因為他自有吸引力。

像天堂鳥尾巴那樣沒道理的事物，可能是從不穩定、無法控制的過程中演化而來的：最初，雄性身上有比一般稍長的尾巴，可能成為雌性喜歡選擇的因素，也許那意味著健康和好身材。短尾也許表示缺乏維他命，也就是覓食能力較差。也可能短尾的雄性逃避獵食者的能力較差，因此尾巴被咬掉。注意！我們不用假設短尾本身是否由遺傳得來的，它只是遺傳上低劣的一個標記。

不論是什麼原因，就讓我們假設天堂鳥的始祖，雌性較喜歡尾巴比平均長的雄性吧。如果雄性尾巴長度的變化是受到某些基因的影響，便會造成鳥群中雄性的平均尾巴長度增加。母鳥們可循一個很簡單的規則：環視所有的公鳥，找出尾巴最長的那一隻，即使尾巴已經過長，妨礙了公鳥的行動。任何偏離這規則的母鳥都會遭受損失。這是因為不產生長尾巴兒子的雌性，沒什麼機會使她的兒子們具有吸引力。就像女士服裝流行的款式，或美國的汽車設計形式一樣，長尾巴的趨勢產生之後，會自行加速擴大。只有當尾巴長得過長，所造成的缺點大過性吸引力的優點時，這趨勢才會停止。

性感廣告不可造假

這是很難接受的觀念，自從達爾文第一次提出「性的選擇」這個名稱以來，已經有過很多懷疑者。其中一個不相信的人就是札哈維，他的「狐狸！狐狸！」理論我們已經看過了。札哈維為了反駁「性的選擇」，提出了他那令不悅的相反看法「累贅原理」（handicap principle），做為相較勁的解釋。

累贅原理指出：雌性在一群雄性中選擇好的基因，反而為雄性開了欺騙的方便之門。強壯的肌肉可能對雌性是真正好品質的選擇，但是這也使得無用肌肉停止成長，而以假肌肉墊肩取代。如果假肌肉的成長較不花成本，性的選擇就會傾向於假肌肉的成長。但是，不需要太久，演化上的反選擇就會使雌性看穿這詭計。札哈維的基本前提是，作偽的性感廣告最後將會被雌性看穿。

札哈維對此下了結論：真正成功的雄性是那些不做假廣告，而直截了當證明自己不是假貨的一群。如果我們探討的是肌肉強壯與否，則那些僅僅假裝成外觀有強壯肌肉的雄性，很快就會給測驗出來。但是，雄性若展示他的舉重能力，或是表現一些誇張的動作，以顯出他是肌肉強壯的，那麼他對女性就有說服力。換句話說，札哈維相信，一個有男子氣概的雄性，不只是看起來好像有好的品質而已，他必須要有實際上的好品質，否則就不會被時時置

疑的雌性所接受。所以只有真正男子氣概才能做出的展示，將會演化出來。

目前為止還算沒有問題。現在來到札哈維的理論中真正直指要害的部分。他認為天堂鳥和孔雀的尾巴、鹿的叉角，和其他的性的選擇特徵，看來都似是而非，因為它們對擁有者而言都是累贅；而演化成如此正因為它們是個累贅。一隻公鳥帶著這樣又長又累贅的尾巴，是在對雌性誇耀：就算有這樣的尾巴，我也能生存下來。想想看，如果有個女人看著兩個男人在賽跑，最後兩個人同時抵達終點，但其中一個人還背著一袋煤，這女人很自然會下結論：那個背著重擔的人，才是真正先跑到終點的人。

何必如此累贅！

我並不相信這理論，雖然剛聽到時不是很有把握質疑。但我接著指出，如果照這邏輯推論，應該會演化出只有一隻眼和一隻腳的雄性才對。而札哈維這個以色列人，立刻扭曲話題說：「我們國家最好的將軍中，有人是只有一隻眼睛。」不論如何，這個累贅理論看來似乎有個基本的矛盾：如果累贅是基因造成的，那麼累贅本身應使他們的子孫也是如此，好吸引雌性。但在任何情況下，很重要的是，累贅絕對不可傳給女兒！

如果我們從基因的角度把這累贅理論重述一次，會是這樣：一個使雄性發展出累贅的基

因，例如長尾巴，會在基因庫中大量增加，因為雌性都選擇有累贅的雄性。雌性會選擇有累贅的雄性，是因為使雌性作此選擇的基因在基因庫中也增加了。這是因為有這種選擇傾向的雌性認為：既然這些雄性在有累贅的情況下，還能生存到成年的階段，可見他的其他的基因是特別好的基因。

這些特別好的基因，有益於他們的孩子們。因此當孩子得以生存時，也會把這些累贅基因，及選擇累贅雄性的基因傳播開來。

假若這些累贅基因只作用在兒子身上，就如喜好累贅的基因只作用在女兒的身上，這理論也許可行。但目前為止，它只是字面上的推演，我們還不確定是否真行得通。當它能以數學模式來表示時，我們才能更清楚它是否可行。不過，到現在嘗試用這累贅理論的基因學家還沒有成功的，這也許是因為這理論行不通；也許是因為他們不夠聰明，數學不夠好。他們當中有一位是梅納史密斯，這使我懷疑不成功是前一個原因造成的。

如果有個雄性能以某一方式展示他比其他雄性優越，而不需要故意使自己多些累贅，甚至殘障；無疑的，他就會以那種方式成功的增加自己的基因。例如海象能夠贏得並占有成群的妻妾，不需以缺陷美來吸引母海象，只要簡單方便的打敗所有想要侵入的公海象即可。成群妻妾的擁有者，傾向於贏得與強奪者的對抗，只因這是牠所以能成為擁有者，顯然而唯一的理由。強奪者並不常贏得戰鬥，因為牠們若有能力早就辦到了。

任何母海象只要和一隻擁有者交配，她的基因就與一隻公海象連結了——牠的強壯足以擊敗所有過剩的單身海象中，陸續產生的挑戰者。很幸運的，她的兒子們也將遺傳了父親的能力，而擁有成群的妻妾。實際上，母海象沒有什麼選擇的餘地，因為在她想要叛離時，擁有者就會攻擊她。但是，這不影響原理的成立，只要母海象和勝利的公海象交配，對她們的基因總是有利的。正如許多我們已知的例子，雌性喜歡和擁有領域、或是在族群中具崇高統治地位的雄性交配。

愛情遊戲規則

我先總結一下本章的論點：在動物之中，各種不同的繁殖系統，像一夫一妻制、雜婚，或一夫多妻制等等，都可以用雄性和雌性之間的利益衝突來解釋。

兩性的個體都想要使自己一生中的總生產達到最大，因為精子和卵在尺寸和數量上的基本差異，使得雄性通常傾向於雜婚，且沒有父代母職的性狀。雌性則主要有兩種可用的對策——我稱為男性氣概策略和家庭幸福策略。物理的生態環境將決定雌性會傾向於哪一種，並決定雄性該如何回應。事實上，在兩種策略之間，可以發現各類的折衷情況。在許多例子中，我們也發現有父親比母親更關愛孩子的物種。

我這本書不想要細究特定的動物種類，所以我不打算討論是什麼原因，使某種動物傾向於特定一類的繁殖系統。我只想顧及一般觀察到的雄性和雌性間的差別，並闡明其中的原因。因此，我不會著墨於那些兩性之間差別輕微的物種；不過在這類動物中，雌性通常都喜愛家庭幸福策略。

首先，雄性傾向於具有性吸引力、華麗的顏色，而雌性傾向於單調的顏色。但兩性的個體都想避免被掠食者吃掉，因此演化上的壓力使兩性都顏色單調。明亮的色彩對掠食者的吸引，不下於對性伴侶的吸引；從基因的觀點來看，這意謂著明亮色彩的基因，比單調色彩的基因，更容易死在掠食者的肚子裡。另一方面，單調色彩的基因比明亮色彩的基因不容易傳到下一代，因為較不吸引異性。因此，這裡出現兩種相衝突的選擇壓力：掠食者傾向從基因庫中將明亮色彩的基因除去，而性伴侶則是將單調色彩去除。在許多例子裡，有效率的求生機器，可視為這兩種選擇壓力妥協下的結果。

現在讓我們感興趣的是：雄性的最佳妥協看來和雌性的並不相同。這當然和我們的看法完全符合，也就是：雄性是高冒險、高所得的賭徒。因為相對於雌性的每一個卵、雄性需要製造出數百萬個精子，在數量上精子遠超過卵，因此，任何一個卵都遠比精子更可能參與性融合。卵是相對上較有價值的資源，因此雌性不必為了使卵受精，而像雄性一般具有性吸引力。

雄性無疑的能使許多雌性生一堆孩子，即使因為牠那華麗的尾巴招徠了掠食者，或絆倒在灌木叢中而早夭，牠仍然可以在死前成為許多孩子的父親。一個不具吸引力或單調灰暗的雄性，即使能活得像雌性一樣久，卻只能有幾個孩子，也沒什麼基因好流傳下來。這樣的雄性就算能賺得全世界，但是損失了不朽的基因，又有什麼益處？

雌性當然眼光高

另一個性別上的差異是：雌性對於與誰在一起比雄性挑剔。

挑剔的原因之一是避免和其他品種的成員交配。雜交從各種角度來看，都很不好。如果一個人和一隻羊交配，不會形成胚胎，所以沒什麼損失。但是更相近的物種，例如馬和驢交配，至少對雌性而言，代價是可觀——很可能會有一個騾的胚胎在她的子宮內成形，並在那裡逗留十一個月之久。這會消耗她許多為人父母的總投資，不只是經由胎盤吸收食物，之後又吃奶的；而是浪費了那些本來可以用來培養其他孩子的時間，而且當這匹騾子長大後，卻不能生育。雖然馬的基因和驢的基因夠相近了，可以配合製造一隻強壯的騾子，但是牠們還沒相近到能搭配做好減數分裂。

不論真正的原因是什麼，培育一頭騾所消耗的可觀投資，對於母馬基因而言是純粹的

浪費。母馬應該要非常非常小心的確定，她所交配的對象是另一匹馬，而不是一隻驢子。從基因的觀點來看，那些說「身體啊！如果你是雌性，就可以跟任何老的雄性交配，不管牠是馬或驢子！」的基因，將會在騾子的身體上找到自己的墳墓。而這騾子的母親，因為撫養牠所做的投資，也將大大減少她撫養一匹真正馬的能力。另一方面，雄性在和不對的物種交配後，卻沒有損失什麼，雖然他也沒有得到什麼。所以我們可以說，雄性在選擇性伴侶上比較不挑剔。

即使是在同一物種之內，也有挑剔的理由。近親交配，就像雜交一樣，很可能對基因造成毀滅的結局，因為會致命或半致命的基因在這個時候就會暴露出來。我再一次強調，雌性會比雄性損失較多，因為她們在孩子的身上投資較多。若有近親交配的禁忌，雌性將比雄性更嚴格遵守這禁忌，是可以預料的。如果我們假設近親交配中，較老的一方是主動發起者，那我們可預期的是，雄性的發動者會比雌性的發動者多。例如父親和女兒間的亂倫，比母親和兒子間的亂倫普遍，而兄弟姊妹間的亂倫則介於兩者之間。

一般而言，雄性比雌性更傾向於雜交。既然雌性產生卵子的數量有限，且製造速度較慢，她和許多不同的雄性交配，所得就會很少。另一方面，雄性每天卻可以產生成千上萬的精子，所以盡其所能的雜交，對他有各種不同的好處。不過對雌性來說，過量的交配除了浪費一點時間和能量之外，也許不花雌性什麼代價，但是對她可沒有什麼正面的益處。但是對

雄性就不同了，雄性盡可能與不同的雌性交配，從來也沒有過量的時候；過量這個詞對雄性是沒有意義的。

想想我們自己

我並沒有明顯談到人類，但是當我們想到演化方面的議題時，就不能不思考到自己和自己的經驗了。

女性通常不會願意和男性性交，除非他顯出能長期忠誠的證據來感謝她，這也許表示人類的雌性，採取的是家庭幸福而不是男性氣概的策略。

事實上，許多人類社會也確實是一夫一妻制。在我們人的社會中，父母雙方在兒女身上的投資，不只是大量、而是平衡的。母親通常比父親更直接的為兒女做事，而父親則努力於工作，以較間接的方式提供物質上的資源給兒女。但還是有些人類的社會是雜交的，有些則是以一夫多妻制為基礎的。這個驚人的不同點表示：

人們的生活方式受文化的影響，遠過於基因。

不過，正如我們從演化基礎所預測的，男人一般仍傾向於雜交，而女人則傾向於一夫一妻制。在哪個社會中會採用哪一種方式，主要取決於文化環境的內容——正如在各種動物中，取決於生態環境一樣。

我們這個社會的特徵之一，就是性的廣告。如我們前面已經了解到的，根據演化的基礎，應該是雄性在做性的廣告而不是雌性；而現代的西方人，無疑是這觀點的例外。當然也有些男人穿得很華麗，而女人穿得很單調。不過，平均而言，在我們的社會中是女人而非男人，在展示相當於孔雀尾巴的事。是女人在畫她們的臉及黏假睫毛；除了特殊情況，例如演員，男人是不這樣的。

女人似乎很注意自己的外表，就連女性雜誌和期刊，也鼓勵她們這麼做。男性雜誌就比較不專注在性方面的吸引力。如果某個男人很不尋常的刻意穿著打扮，那麼他在男人和女人中間都會引起猜疑。在談話中提及女人時，不免提到她的性吸引力如何；當提及男人時，形容詞就較傾向和性別無關的。不論談話的是男人或女人，都如此。

面對這樣的事實，生物學家不得不覺得，人類是個雌性為雄性而較勁的社會。

在天堂鳥的例子中，我們認為雌性的顏色單調，是因她們不需為雄性而競爭；雄性的顏色明亮華麗，是因雌性處於被需求且有選擇的處境。而母的天堂鳥之所以如此，是因為卵子比精子寶貴得多。

那現代的西方人怎樣呢?是不是雄性已經成為被追求的目標,成為被雌性所需求和挑選的性別了?如果是,為什麼?

父母和孩子共同擁有彼此百分之五十的基因。如果這麼親密的關係,都會有利益上衝突,那麼彼此的基因沒有關係的配偶,衝突又會有多嚴重呢?

10

你幫我搔癢，我幫你抓背

到目前為止，我們已研究過同種求生機器間的互動情形，像親子間的互動、兩性間的互動，以及侵略的行為。可是，有一些非常驚人的動物互動行為，並不包括在這幾種情形之內。其中之一是動物群居的習性——鳥類群居、昆蟲群集、魚群跟著鯨魚成群結隊的游水、平原裡的哺乳動物群集覓食。通常聚集在一起的，大多是同一種的動物，不過也有例外。像是斑馬常與牛羚聚集在一起，不同種類的鳥有時候也群集在一起。

移居生活好處多

一隻自私的動物，可由群居生活中獲取相當多樣的利益。在此我不打算一一列舉，只提其中幾件。在這過程當中，我會回到第一章我未舉完的、明顯的利他主義例子，由此我們會討論到社會性昆蟲。沒有了社會性昆蟲這部分，動物間利他行為的記述就不算完整。最後在這一包羅萬象的章節裡，我要提出雙向利他這一重要的概念。也就是「你幫我搔癢，我也幫你抓背」的原則。

動物從群居生活中所獲的利益，應比牠們所投入的為多。一群土狼群力捕捉的獵物，應該比單獨一隻土狼所能捕獲的大多了。雖然一起捕食就要分食，但對這些自私的土狼來說，一起捕食還是比較划算的。還有，某些蜘蛛會合力結一個網，為的可能也是類似的原因。帝

王企鵝藉群集在一起保暖，每一隻企鵝只要挪出一點點空間，所獲得的利益就比獨力所能獲得的多些。

魚類跟在別的魚後頭游時，可由前頭的魚所造成的渦流而在水動力上占到便宜，這可能是魚喜歡成群結隊游的部分原因。另外一個與氣流有關的策略，可能跟鳥類之所以呈人字形飛行有關，而這正是自行車比賽的選手所熟悉的。鳥類為了不飛在前頭不利的位置，可能要經過某種競爭，也許牠們會輪流當個不情願的領隊。這是一種時間滯延的雙向利他行為，我們在本章末尾會討論。

求生幾何學

群居生活的益處，大部分人的看法是避免掠食者的捕食。漢彌敦在他名為〈自私群幾何學〉（Geometry for the selfish herd）的一篇論文裡，為此建立了一個極為優美的理論。為了不造成誤解，我要在此強調，漢彌敦所說的自私群體，意指「一群自私的個體」。

首先，我們用一個簡單但有點抽象的模型，來幫助我們了解實際的情形。假設有一種經常被掠食的動物，其掠食者通常從最靠近自己的地方下手。從掠食者的立場來看，這樣做比較省力，因此是合理的措施；從被捕食者的立場來看，這會造成一個有趣的效果——每一隻

被掠食者會不斷設法，避免去當最靠近捕食者的那一位。如果被掠食者遠遠就可察覺到掠食者的存在，那麼，牠們都會不假思索的跑掉。可是，如果掠食者習慣從高高的草叢中突然出現的話，每一隻被掠食的動物還是有辦法，可以避免當最靠近掠食者的一位。

我們可假想每一隻被掠食的動物，被一個「危險域」（domain of danger）所包圍。這危險域是指地上某個區域，在這一區域內的任何一點，距離掠食者的距離都比別的個體近。譬如說，如果被掠食一方的動物以通常的幾何隊形，每隻間隔著一段距離的形式前進。那麼（除非是處在群體邊緣），每一隻的危險域可能稍呈六角形。如果掠食者剛剛好在A的六角形危險域附近潛行的話，那麼A可能被吃掉。一般說來，在群體邊緣的動物總是特別危險的，因為牠們的危險域不只是一個六角形，還包括了外圍寬廣的空間。

很明顯的，任何一個聰明的個體，都會想辦法縮小自身的危險域，尤其會避免落到群體的邊緣去。如果某一隻個體不小心落到邊緣去了，牠會馬上採取行動轉移到中間去。不過，總會有某些個體會不幸落到群體邊緣去，但對任何個體來說，只要不是牠就行了。基於這個原因，群體中總是不斷有由邊緣往中心移動的現象。群體如果原本疏鬆、零落，經過這種內移的現象，很快就會擠成一團。由於自私的天性作祟，即使我們所採用的例子是一種沒有群集習慣的動物，而且掠食者也沒有在固定地方出沒的習慣，動物們還是會想辦法躲在其他動物的間隙裡，以縮小本身的危險域。結果是，愈來愈密集的群體迅速的產生了。

在實際生活中，很顯然，這種推擠會受到相對壓力的限制，否則的話，一群動物就會統統擠成一堆了。雖然如此，這種模式還是頗有意思的，因為我們由此可以看到，即使是個很簡單的假設，也可窺測出群集的行為。

另外，也已經有人提出一些比較複雜的模式來了。這些模式雖比較實際，但漢彌敦較為簡單的模式，並不會因此而減低幫助我們了解動物群集問題的價值。

鳥兒為何警叫

在自私群體的模式當中，合作性的互動是不存在的，個體與個體之間只有自私的剝削，並沒有利他的行為。不過在實際生活當中，這樣的集體間，還是可見到一些個體主動保護同伴免受吞食的情形。極為普遍的是鳥類的警叫，由於聽到叫聲的鳥可以馬上採取逃命的行動，因此這種聲音理所當然可以當成是警告信號。發出叫聲的鳥並沒有「想要引開掠食者的火力」以保護同伴的意思，牠不過是在告訴同伴掠食者的存在，警告牠們一下。雖然如此，這樣的行動至少乍看之下是有點利他的味道，畢竟這種叫聲會引起掠食者先注意到警告者的存在。

我們從馬勒（P. R. Marler）曾經注意過的事實，可以間接做出這樣的推論：鳥類發出警叫時

的聲音，似乎具有掠食者不易辨識出來源的特徵。假若某個音響工程師，要設計一種掠食者難以找出來源的聲音，他所設計出來的產品，可能會很接近許多小型鳴鳥真正的警叫聲。在自然界裡，這種特別的聲音一定是天擇的產物，而且我們也很了解當中的含義，那就是：很多鳥類因為所發出的警叫聲不夠完美而犧牲了。

由此可知，發出警叫聲是很危險的行為。因此，自私的基因理論在這裡必須找出能令人信服的好處，來說明為什麼鳥兒甘願冒著危險，發出示警的叫聲。

在達爾文理論裡，鳥的警叫聲常常被認為「難以理解」，因此很多人以找出原因為消遣。結果是我們現在有很多好的理由，卻差點忘了所為何事。很明顯的，如果在一群鳥當中有一些是近親的話，那麼這種發出警叫的基因，很可能因為也存在於一些倖存的鳥體內，而在基因庫內散播開來。即使發出警叫的鳥兒因為利他而引來掠食者的捕捉，以致於付出昂貴的代價，基因也會在親友體內存活。

如果你對這種近親選擇的說法不滿意，還有其他很多的說法可讓你選擇。鳥類從警告同伴當中可獲得很多不同的自私利益，崔弗斯列舉了五個不同的想法，我倒覺得我自己的兩個想法更具說服力。

報馬仔與群居者

第一個是我稱為「小心」的理論。這好比在班上同學正吵得不可開交時，有人忽然看見老師走來，會大喊一聲「老師來了」一般。這種理論適用於身帶保護色，遇到危險時一動也不動的躲在矮樹叢中的鳥類。

讓我們假設有一群這樣的鳥類在草地上覓食，遠處正好有一隻老鷹飛過。老鷹雖然沒有看到這群鳥，而且也不是朝這邊飛，可是牠那銳利的眼睛隨時都可能會看到牠們，馬上過來攻擊。假設這時鳥群中有一隻看到了老鷹，而牠的同伴還絲毫不察，這隻眼尖的鳥可能立即會停止不動，躲在草叢中。不過這樣做對牠無多大好處，因為其他的鳥還是在牠旁邊大搖大擺，吱吱喳喳的吃東西，隨便哪一隻都很可能引來老鷹的注意而過來攻擊。這樣整群鳥就危險了。從純粹自私的角度來說，最好的方法是由那隻眼尖的鳥趕緊去噓其他的鳥，讓牠們閉嘴安靜下來，以減少牠們不小心引來老鷹的機會。

我要提的另一個想法，也許可稱為「絕對不要離群」。這種想法適用於見到掠食者就一齊飛到樹上的鳥類。在此，我們也假設在攝食中的一隻鳥注意到掠食者的存在，牠該怎麼辦呢？牠當然可以不警告其他同伴，自己飛掉。不過這樣一來，牠就變成孤鳥一隻了，不再是一群鳥中不太顯眼的一隻，而成為一隻孤單的離群者。事實上，老鷹有專門攻擊落單者的習

慣。即使不是如此，理論上我們也有很多理由相信，離群可能是一種自殺的行為。因為即使牠的同伴後來也都跟在牠後頭飛跑了，可是總有那麼一段短暫的時間，最先飛跑的那隻增加了本身的危險域。

我們不管漢彌敦所提有關理論是對是錯，鳥類之所以會群居，一定是有些重要的好處，要不然牠們不會群居的。不管群居到底有什麼好處，首先獨自飛跑的那隻，至少會失去部分的好處。如果牠不能離群獨飛，那麼這隻機警的鳥該怎麼辦才好呢？也許牠應該佯裝無事繼續吃，希望自己能受到群體的庇護。不過這樣做也很危險，畢竟牠還是在目標醒目的野外，危險重重，樹上對牠來說要安全多了。最好的辦法確實是飛到樹上去，不過要確定其他的同伴也都一齊行動；這樣一來，牠就不會因落單而失去群體的庇護，相反的還會享受到群體飛逃的好處。

在這種情況下，發出警告也被認為是純粹自私自利的行為。克利伯斯及柴諾夫（E. L. Charnov）在他們提出的類似說法裡，甚至用「操縱」一詞，來形容鳥類向其他同伴發出警叫的行為。這跟純粹無私的利他說法，相差實在太遠了。

表面上看來，這兩種說法似乎對「發出警叫聲的鳥對自身生命造成危險」這一點上，看法互不相容；其實，這兩種說法並沒有什麼不相容的。不發出警叫聲的鳥，更易危害到自己的生命。有些鳥因為發出警叫聲而遭掠食（尤其是那些叫聲特別容易被發覺的），有些則因為

沒發出警叫聲而被掠食。

「小心」及「絕對不要離群」的理論，只是眾多有關鳥類警叫聲理論中的兩種。

我跳得很高，別吃我

在第一章裡，我提到瞪羚的跺腳行為。瞪羚及牠們那明顯的自殺性利他行為，究竟為什麼使亞得利斷言，只有族群選擇可以解釋這樣的行為？對於這點，自私基因論就面臨較嚴酷的挑戰了。鳥類的警叫聲的確有效果，不過很顯然的，是要做得愈不引人注意，愈慎重愈好。瞪羚的高跳跺腳行為卻不然，牠們的行為可說是誇張到極度挑撥的程度。瞪羚在跺腳時，看起來好像是故意在吸引掠食者的注意似的，甚至像是在捉弄牠。這種觀察導致一個很大膽有趣的理論，這個理論原先是由施麥思（N. Smythe）提出的，後來由札哈維完成邏輯結論，並掛上他響噹噹的名字。

札哈維的理論可以如此敘述：跺腳根本不是對其他瞪羚的信號，而確實是衝著掠食者的行為。接著，其他的瞪羚注意到這動作，而改變了牠們的行為，不過這只是附帶的結果，因為跺腳主要是給掠食者的信號。這種動作可大略翻譯成：「看我可以跳得多高！看我多健康！多結實！你是捉不到我的。你還是放聰明點，捉我旁邊那些跳不了我這麼高的鄰居吧。」

換一個比較具人性的說法，能跳得又高又誇張的瞪羚，不容易被吃掉，因為掠食者一般都捉看來比較容易捉到的吃，許多哺乳類掠食者尤其有專門找老或體弱的對象吃的習慣。一隻跳得高高的動物是在誇張的顯示，牠既不老也沒病痛。根據這種理論，這樣子的表現根本不是利他的，目的是在說服掠食者去捕捉牠的同伴，因此根本就是自私自利的行為。這好比是跳高比賽，跳輸的也將是被掠食者選中的那一隻。

神風特攻隊

另外一個例子是，前面我曾說過會再回去討論的神風蜜蜂，一種為攻擊盜蜜者而自殺身亡的蜜蜂。蜜蜂只不過是高度社會性昆蟲中的一種，黃蜂、螞蟻以及白蟻也都是。現在不光是自殺蜂，我還要討論一下一般的社會性昆蟲。

社會性昆蟲的功績，相當富傳奇色彩，尤其是牠們那令人咋舌的合作技術，及顯而易見的利他精神。自殺性的刺螫任務，就象徵了牠們自我犧牲的非凡特徵。還有，在蜜囊螞蟻（honeypot）中，有一個階層的工蟻，有著大得嚇人的肚子，裡面裝滿了食物。這些螞蟻一生唯一的任務，就是像一盞盞腫脹的燈泡，倒掛在天花板上，牠們的肚子就是其他同胞的糧倉。從人類的觀點來看，這些螞蟻根本不是為自己而生存的，牠們顯然都是為了社團而犧牲了自

身的福利，或許「公共肚子」正可用來形容這些工蟻分享食物的精神。

利用化學信號及有名的蜂「舞」（請參閱《伊甸園外的生命長河》一書）來傳播信息，效果是那麼的好，使整個團體就像是在同一個神經系統及感覺器官下運作的單位：外來的入侵者，會被彷彿是體內免疫系統的東西認出，並驅逐出去；另外，雖然蜜蜂並不是恆溫動物，蜂巢內相當高的溫度，卻會給調節到幾乎與人體體溫一樣精確的程度。

最後也是最重要的，在社會性昆蟲的群落裡，大部分個體都是無生殖能力的工人。「精子線」就是那條綿延不斷、永恆的基因線，只流在少數有生產能力的個體內。這些個體類似人類睪丸及卵巢內的繁殖細胞；而那些不育的工人，則類似我們的肝臟、肌肉及神經細胞。

大家一起勤做工

我們一旦了解到工蟲不孕的事實後，再來看牠們的神風自殺行為，以及其他形式的利他及合作行為，就覺得沒什麼好驚訝了。

一般說來，一隻正常動物的身體結構，已被巧妙的設計成為能夠生育後代，或是能藉著養育親戚的後代，好使得和自己相同的基因能夠存活下來。不過生育自己的後代，總是比為了養育親戚的後代而犧牲自己，要划算多了。因此自殺性的自我犧牲鮮少演化。不過工蜂本

身並沒有生育的能力，牠一生的精力都用來養育親戚而非自己的子女，並藉此維護自己的基因。一隻工蜂的死，不過像一棵樹在秋天掉了一片葉子，對樹的基因並沒什麼損害。

我們可能會想把社會性昆蟲的神祕性，再神祕化一點；其實並無此必要。自私的基因理論對社會性昆蟲是什麼看法，倒是值得仔細的看看；尤其是仔細瞧瞧，對工蟲那極其特殊的不育現象在演化上的起源，這種說法究竟能提供什麼樣的解釋？工蟲的不育現象似乎牽連到很多事情。

社會性昆蟲的群落是個龐大的大家族，成員通常來自同一個母親。很少或從來不生育的工蟲，通常分成幾個階級，包括小工蟲、大工蟲、工兵及專業工蟲，就像前面提到的蜜囊工蟻。有生育能力的雌蟲稱為女王，有生育能力的雄蟲則稱為公蟲或國王。

在比較進步的社會裡，生殖蟲除了生殖之外什麼也不做，不過對分內的工作倒是相當在行的。這些生殖蟲依賴工蟲供給牠們食物及保護牠們，工蟲還要負責照料幼蟲。有一些螞蟻及白蟻女王的身體，會脹成難以辨認的巨大蛋廠，幾乎一點也不像昆蟲，牠的體型比一般的工蟲大上好幾百倍，根本就無法移動。牠必須一直由工蟲照顧、餵食，並把那些牠不停生下的蛋，搬到公共育嬰室。這樣一個巨無霸女王，如果需要離開寢宮的話，牠就威風凜凜的由一隊隊辛苦的工蟲給抬到目的地。

第七章裡，我介紹過生育和養育的差別，我說生育和養育混合的策略通常會演進。第五章裡我們看到，在演化上穩定的混合策略可以分成兩大類：其一，團體中每一個體可以用混合的形式存在；其二，團體中可分成兩種不同類型的個體。我們最初想像的老鷹和鴿子間的平衡，就是屬於後者。

從理論上來說，生育和養育可以在第二種方式下取得演化上的穩定平衡——也就是將群體分成生育者和養育者兩個組合。不過，這也只能在養育者和被養育者有近親關係，或者要有牠與牠小孩那般的親近關係的條件下，才能在演化中穩定下來。理論上，演化應可以朝這樣的方向進行，但實際上似乎只發生在社會性昆蟲族群。

社會性昆蟲的個體分成兩大類：生育者和養育者。生育者是有生殖力的雄蟲和雌蟲，養育者就是工蟲——在白蟻中，是不育的雄蟲及雌蟲；在其他所有的社會性昆蟲中，則是不育的雌蟲。生育者和養育者因為能夠專心從事分內的工作，因此效率比較高。不過，是從誰的角度來說有效率呢？演化論者現在所面臨的問題，是這樣一個熟悉的吶喊：「工蟲究竟能得到什麼好處？」

有些人的回答是「什麼也沒有」。這些人認為女王總是隨心所欲，利用化學方法操縱工蟲

們為牠自身的利益而努力，為牠照顧那一大堆的幼蟲。這是第八章裡，我們所見到亞歷山大的「父母操縱」說的一種版本。

相反的說法是，工蟲們「耕作」生育者，操縱生育者使牠們多生產自己基因的副本。女王所製造出來的生存機器，當然不是工蟲們的後代，但畢竟還是近親。漢彌敦很聰明的理解到：至少在螞蟻、蜜蜂及黃蜂中，工蟲跟幼蟲間的關係，能比女王與這些幼蟲間的關係還近！這個想法使漢彌敦，以及後來的崔弗斯和海爾（H. Hare），完成自私基因理論上最引人注目的勝利之一。有關他們的想法，我將解釋於後。

寡人是吃蜂王乳長大的

包括螞蟻、蜜蜂及黃蜂在內的膜翅目昆蟲，決定性別的系統非常奇特（白蟻不屬於這一類，因此沒有這種奇特性）。

膜翅目昆蟲的巢裡只有一隻成熟的女王，女王年輕時進行過一次飛行交配，儲存下足夠牠十年或更漫長的一生所需的精子。牠每年把這些精子分配給卵，使卵在排出的過程中受精。但有些卵沒有受精成功，這些沒受精的卵就發育成雄蟲。雄蟲因此並沒有父親，牠體內所有的細胞只有來自母親的一套染色體。請利用第三章的類推：在雄性膜翅目昆蟲的每一個

細胞裡，只有每卷的一份拷貝，而不是通常的兩卷。

雌性膜翅目昆蟲則是正常的，因為牠有父親，而且在每一個細胞裡都有兩套染色體。一隻雌性膜翅目昆蟲，到底會變成工蟲或是女王，並不是看牠的基因如何，而是看牠是怎麼被撫養長大的。也就是說，每一隻雌性膜翅目昆蟲有一套變成女王的完整基因，及一整套成為工蟲或兵工等專門階級所需的基因。究竟哪一套基因會被啟用，用看牠是吃什麼東西長大的。

究竟如此超乎常理的系統是怎樣演化過來的，我們並不清楚；不過我們暫且只需將這當作是，膜翅目昆蟲中的一種奇特的現象。不管這種奇特現象的根源是什麼，第六章裡我提過的簡潔親戚關係計算規則，在這兒都給破壞了。每一隻雄蟲體內的細胞都只有一套基因，而不是兩套。由此可見，每一個精子所得到的必定是整套的基因，而不是只有百分之五十的樣品。也就是說，每一隻雄性昆蟲的精子都是完全一樣的。

姊妹情更深

現在讓我們來試著計算一下，膜翅目昆蟲母親與兒子的血緣關係是多少。假設我們知道某隻雄性昆蟲有一個基因A，那麼牠母親同樣擁有這個基因的機率有多少呢？因為雄性昆蟲並沒有父親，牠所有的基因都是得自母親。因此答案必定是百分之百。不過，假設我們知道

某隻女王有一個基因B，那麼牠兒子也有同樣基因的機率只有百分之五十，因為兒子只得到母親一半的基因。這看起來有點矛盾，其實不然。簡單的說，雄蟲的基因全部得自母親，可是母親只給牠一半她的基因。

這明顯矛盾的答案在於：雄蟲只有平常基因數的一半。在此我們沒有必要為到底真正的血緣關係指數，是二分之一或者是一而困惑。指數只是人為的測量單位，如果這個測量單位在特別的案例上，只會徒然使問題更複雜的話，那麼我們可能得捨棄它而回到萬物的根源。從女王體內的基因B的觀點來看，這個基因在兒子身上存在的機率是二分之一，與女兒一樣。因此，從女王的觀點來看，牠的後代不管是雄的還是雌的，與牠的關係都跟人類的小孩與他們母親的關係一樣。

談到姊妹的關係，整個情況就變得非常有趣了。親姊妹不但有同樣的父親，而且使牠們受精的兩個精子，基因是完完全全一樣的。因此，從父親的基因看來，這兩個姊妹等於是同卵雙生的姊妹。假如某雌蟲有一個基因A，那麼這個基因必定得自牠父親或母親。如果是得自母親，那麼姊妹同有這基因的機率是百分之五十；可是如果是得自牠父親，那麼這機率就變成百分之百了。由此看來，膜翅目昆蟲親姊妹間的血緣關係是四分之三，而不是像一般動物的二分之一。

照此推理，雌性膜翅目昆蟲與親姊妹間的關係，比起牠與自己的後代，不論雌雄都還要

親。這就如漢彌敦所理解到的（不過他所記述的卻與此稍有出入），這樣的關係很可能使雌蟲傾向於：將母親當作是高效率的姊妹製造機器。由母親代理製造姊妹的基因，比起自己直接製造後代的基因來得快，這也就演變成工蟲不孕的原因了。工蟲集體不孕的特性在膜翅目昆蟲中，已經獨立演化了不下十一次，想來這應不是什麼偶發事件。

不重生男重生女

話雖如此，但這邊還有一個小小的陷阱。

工蟲們若要成功的利用牠們的母親，以做為姊妹製造機器，就必須設法壓抑牠生出一樣多的弟弟和妹妹。從工蟲的觀點來看，不管是哪一個弟弟，牠擁有母親某一特定基因的機率只有四分之一。因此，如果任由女王去生產同等數目的雄蟲及雌蟲的話，對工蟲來講，這農場就沒什麼利潤可言了。在這種情形下，牠們可無法把自己寶貴的基因繁殖到最大的極限。

崔弗斯和海爾認識到，工蟲必須設法提高雌蟲的比率。他們採用費雪的最佳性別比率計算法，然後稍加調整，使之適用於膜翅目昆蟲的特例。結果是，母親的穩定投資比率如往常一樣是一比一。

不過，姊妹的比率則是穩定在三比一，雌蟲占較高比率。我這麼說好了，假設你是一隻

雌性膜翅目昆蟲，那麼繁殖你的基因最有效的方法就是：避免自己生小孩，而讓你母親以三比一的比率，提供給你會生育的妹妹及弟弟。如果你一定要有自己後代的話，對你的基因最有利的做法是：生相同比率能生育的兒子和女兒。

女王和工蟲的差別，如我們所看到的，並不在於基因。就基因而言，一個雌性的胚胎，可能已注定成為一隻「想要」三比一性別比率的工蟲，或是「想要」一比一比率的女王。在這裡「想要」的意思是說，如果這個基因存在於一隻女王體內，那麼對這基因來說，最有效的繁殖方式是：將身體平均的投資在能生育的兒子和女兒身上。另一方面，如果這個基因是存在於一隻工蟲體內的話，那麼這個基因繁殖的最好方式，則是使生牠的母親多生女兒，少生兒子。

誰是真正的女王？

任何基因都會盡可能的利用它所可支配的權力。如果情況允許它對一個注定要發展成女王的身體有影響，那麼它利用那權力的最好策略是這麼一回事……，如果情況允許它左右一隻工蟲身體的發展，那麼它利用權力的最好方法又是另外一回事……。

也就是說，在農場裡有一場利益之爭：女王想辦法均衡的投資在雄蟲及雌蟲身上，而工

蟲卻想辦法讓女王對雌蟲多投資三倍。否則的話，如果女王果真名副其實，而工蟲只不過是她的奴隸，是她皇家育幼院的忠實看護；那麼我們應該可以看到，結果會呈現女王所偏愛的一比一的比率。在這世代之爭的特例裡，誰是贏家呢？這個答案應可由試驗找出。事實上，崔弗斯和海爾已利用大量不同種類的螞蟻，做了這方面的試驗。

我們所感興趣的是，有生育能力的雄蟲與雌蟲的比率。在崔弗斯和海爾的實驗中，所觀察的對象是那些長有翅膀、定期從巢裡大量湧出來交配的螞蟻。這是新女王於交配完後，可能嘗試成立的新群落。我們要計算的，就是這些長了翅膀的螞蟻的性別比率。

有生育能力的雌蟲與雄蟲的體型，在許多昆蟲裡很不一樣，這一點會使我們的計算複雜些。因為如我們先前所見的，費雪提出的計算性別比率最適合的方法，純粹只適用於計算雌性與雄性的投資量，而不是計算雌性與雄性的數目。崔弗斯和海爾則利用量體重來折衷，他們取了二十種不同的螞蟻，然後利用對有生育能力的雄蟲及雌蟲的投資，進行雌雄比率的估計。他們的計算結果發現，雌雄的比率非常接近三比一，這跟工蟲為本身利益而掌握大權的說法所預期的一樣。

從對螞蟻的研究看來，利益之爭的贏家似乎是工蟲。這個結果是預料中的，因為工蟲既然是育幼院的監護，實質法人的權力就比女王還要大；換句括說，透過女王企圖去操縱世界的基因，敵不過工蟲群操縱世界的基因。

但是，某些女王的實質權力可能比工蟲的大，找出這特殊情形應該是頗有趣的。崔弗斯和海爾就知道確有某些特殊情形，可以測試這樣的說法。

外籍勞工

有些種類的螞蟻有收編奴隸的習慣。這些有收奴隸習慣的工蟻，要不就是不做平常的工作，要不就是不善於那些工作。牠們所擅長的是搜捕奴隸。就我們所知，大規模敵對部隊作戰至死的戰役，只有人類及社會性昆蟲才有。很多種類的螞蟻有一種叫做工兵的專業職工階層，這些工兵有強大具戰鬥能力的口部，牠們專門從事保護群落的作戰工作，搜捕奴隸只是一種特別的戰爭。

過程是這樣的：搜捕奴隸的一方，對一窩別種的螞蟻發起攻擊，極力殺死守衛的職工或工兵，然後搬走尚未孵化的蛋。這些蛋後來在搜捕者的螞蟻窩裡孵化。牠們孵化出來後，並不了解自己是奴隸，還是遵照天生的神經系統，努力的盡牠們在自己窩裡時盡的義務。如此，當捕捉奴隸的職工或工兵繼續捕捉的征途時，在家裡的奴隸則每天忙於經營螞蟻窩、打掃、找尋食物及照顧幼小等例行家務。

身為奴隸的那些螞蟻，對於自己與窩中的女王及幼蟻之間無絲毫關係一事，懵懵懂懂、

快快樂樂的一無所知，牠們在不知不覺中養育了一批又一批的奴役者。天擇對受奴役一方的基因的影響，自然是偏向於反奴隸的演化。不過，從奴隸情形的廣泛分布看來，效果顯然不怎麼好。

女蟻王還是贏了一回

從我們目前的觀點來看，奴隸制的後果十分有趣：奴役一方的女王，現在能夠把性別的比率，扭轉到牠偏愛的方向去了。原因是那些牠親生的工蟻，在育幼院裡已經沒有實質權力，這個權力現已落到受奴役的螞蟻手中。這些奴隸認為牠們是在照顧自己的幼小，因此牠們的所作所為想必如同在自己的窩裡一樣，盡力要達到三比一、雌性偏高的比率。不過，女王卻有辦法達成自己的目的。而且由於受奴役一方與奴役的一方完全沒有血緣關係，所以受奴役的一方在天擇上沒有抗衡的能力。

舉個例子來說。假設在任何一種螞蟻裡，女王企圖用味道使雄蛋聞起來像雌蛋，通常天擇的傾向會是有利於工蟲識破這個詭計。我們可將此想像成女王與工蟻間的演化之戰，女王不斷的「改變密碼」，工蟲則不斷的「解碼」。能夠透過生育者將較多的本身基因遺傳到下一代的一方，就是贏家。

前面我們已經看過，在這場戰爭裡贏家通常是工蟻；不過對奴役的女王來說，被奴役一方的工蟻是演化不出解碼能力的。原因在於被奴役的工蟻，其體內的解碼基因，並不存在於有生育能力者身上，因此沒被遺傳下去。有生育能力的都是屬於奴役的一方，也就是女王的親戚，而不是受奴役一方的近親。如果說，這些奴隸的基因會出現在有生育能力的螞蟻身上，那也只可能出現在那些同窩被擄獲的、具生育能力的螞蟻身上，這些奴隸工蟻頂多也只能徒勞於破解錯誤的密碼。

就這樣，奴役一方的女王可以自由自在的改變密碼，也不用擔心破解密碼的基因會流傳到下一代身上。

這個複雜爭論的結論是，奴役的一方在有生育能力的螞蟻身上所做的投資比率，我們可以預期應該是接近一比一，而不是三比一了。就這麼一次，女王可以完全如願行事。崔弗斯和海爾在這方面，雖然只研究了兩種有奴役習性的螞蟻，但他們的發現與此結論吻合。

蜜蜂似乎不對勁

在此必須強調一下，剛才的故事是被我理想化了。實際生活裡，事情並不是都這麼井然有序的。譬如說，我們最熟悉的社會性昆蟲——蜜蜂，似乎就盡做「錯」事：雄蜂所得到的

投資遠比女王為多，這不管對工蜂或生牠們的女王來說，似乎都不太說得過去。

漢彌敦對這個疑點提出了一個可能的答案。他指出，當女王蜂離巢另起爐灶時，身邊帶了一大批服侍牠的工蜂。對原來的蜂巢來說，這些離開的工蜂是一種損失；而製造牠們的成本，就必須當作繁殖的部分成本。因為每離開一隻女王蜂，就要再製造許多的工蜂；製造這些工蜂的額外投資，應該算在雌性生殖蜂的投資裡。在計算性別比率時，這些額外的工蜂應算在雌性那一方。

在這美好的說法裡，比較講不通的是有一些種類的女王，在牠的飛行交配中，不是只跟一隻雄蜂交配而已，而是跟好幾隻。這麼說來，牠的女兒之間的平均血緣關係還不到四分之三，甚至在極端的特例裡，還只接近四分之一。對於這一點，我們會看成是女王對工蜂們狡詐的攻擊，不過，這種想法並不怎麼合乎邏輯。順便一提，這種說法似乎在暗示，工蜂應伴隨女王蜂一起來趟交配之旅，好預防牠進行多次交配。不過，這樣做只對下一代的工蜂有好處而已，對工蜂本身的基因並無任何好處。

工蜂之間並無階級的工會意識，牠們每一隻所「關心」的，只是本身的基因而已。工蜂可能會「想」伴隨自己的母親去進行飛行交配，不過牠並不是受精卵發育成的，根本就沒這機會。因為當年輕的女王外出從事牠的飛行交配時，牠只是這一代工蜂的姊妹，而不是母親。理所當然的，這些工蜂是站在女王的一邊，而不是站在下一代工蜂的一邊，下一代工蜂

只不過是這一代工蜂的姪女而已。談到這裡，我的頭開始昏了，我想這話題就此打住吧。

螞蟻農耕隊

我也用「耕作」，來比喻膜翅目昆蟲的工蟲對母親的行為，而牠們所耕作的就是基因農場。工蟲將牠的母親，當作比自己好的高效率基因製造機，以複製牠們的基因。從生產線上下來的基因，是一包一包叫做生殖個體的東西。

不過，在這兒我們所用的耕作比喻，不可與另外一種意思頗為不同的耕作搞混了。在後者的情況裡，我們是指社會性昆蟲的另一種行為：社會性昆蟲比人類更早發現，在固定地方耕作食物的效果，會比打獵及採集食物的效果好。

例如，有幾種螞蟻和非洲的白蟻都會耕種「菌類園」（fungus garden），非洲白蟻更是獨立經營的。最為人熟知的是南美洲的陽傘蟻（parasol ant），這些螞蟻的耕作極為成功。曾經有人發現在單一部落裡，有超過兩百萬隻的陽傘蟻存在。牠們的巢是在挖出相當於四十公噸的土後，所形成的地下通道及迴廊，所占地方相當的寬廣，深度至少有十英尺。設在地下的巢裡有菌類園，牠們特別利用嚼碎的葉子做成堆肥，種植一種特別的菌類，牠們蒐集葉子不是直接當作食物，而是為了做堆肥。

陽傘蟻整個部落，對葉子的「胃口」非常龐大，也因此，陽傘蟻成為一種主要的經濟害蟲。不過，葉子並不是牠們的食物，而是菌類的食物；等到菌類收成以後，陽傘蟻就以此為本身及餵哺幼小的食物。由於菌類分解葉子的能力比陽傘蟻的肚子還行，因此牠們才能受益於這樣子的安排。在這樣的安排下，雖然菌類被收成了，但是它們本身也受到好處，因為它們的孢子散布法不比螞蟻幫它們散布來得有效。還有，螞蟻還幫它們「除草」，使它們不受其他種菌類的干擾。沒有了競爭，對螞蟻的家菌可能有益。可以說，螞蟻和菌類間，有一種變向的利他關係存在。

跟螞蟻沒什關係的白蟻，也獨力演化出一種類似的菌類種植方法，這不能不說是相當引人注意的。

螞蟻也養家畜

螞蟻不但有自己的經濟作物，還有自己的家畜。

蚜蟲、綠蠅以及一些善於吸取植物汁液的其他昆蟲，牠們從植物葉脈吸取汁液的效率非常高，可是卻不太會消化這些汁液。結果是牠們會分泌出一種營養只被部分吸收了的液體，一滴滴含糖量極高的「蜜汁」，會從牠們的尾端以相當快的速度排出。有時在一個鐘頭內，一

隻蚜蟲所排出的蜜汁，比牠本身的體重還重。通常這些蜜汁會如同下雨般掉到地上，這或許就像舊約聖經裡所稱「嗎哪」的神賜食物吧。

不過這些蜜汁在離開蚜蟲身體後，馬上就被幾種螞蟻半路截取了。螞蟻會利用牠們的觸角及腳撫摸蚜蟲的後半部，對蚜蟲進行「擠奶」。而蚜蟲也會回應螞蟻的動作，被擠出「奶」來。有些蚜蟲還很顯然的等螞蟻撫摸牠們時，才將蜜汁排出，甚至有時螞蟻如還沒來得及接應，牠們竟會把蜜汁吸回。有人認為，某些蚜蟲的背面還演化成像螞蟻面部的樣子，藉以吸引螞蟻。

在這種關係中，蚜蟲的收穫很明顯的是免受牠們的天敵威脅。這些蚜蟲就像人類飼養的乳牛，在保護中過日子。有些被螞蟻細心栽培的蚜蟲，已經失去了原有的自衛機能。有些螞蟻甚至在牠們自己的地下窩裡照顧蚜蟲的蛋，餵養小蚜蟲，等牠們長大以後，才小心翼翼的帶牠們到沒有危險的地方去吃草。

不同種動物之間的互惠關係，叫互利共生（mutualism）或共生（symbiosis）。不同種的動物有不同的技能，因此通常對彼此非常有幫助。這種根本上的不同，能導向演化上穩定的互助策略：蚜蟲雖有吸取植物汁液效率極高的口部，但這樣的口部卻對自衛絲毫無益；螞蟻雖不善於吸取植物的汁液，但卻非常善戰。因此，螞蟻體內主掌栽培及保護蚜蟲的基因，在基因庫裡受到照顧。蚜蟲體內主掌與螞蟻合作的基因，則在蚜蟲基因庫裡受到愛護。

互利才能共生

互利共生關係在動物及植物間非常普遍。地衣表面上看來跟其他植物沒什麼兩樣，但事實上，地衣是菌類和綠藻兩種植物間很親密的共生結合體，任何一方都不可能獨立生存。這種結合體如果稍微再親密一點，我們就無法鑑別出地衣其實是兩種生物的結合體了。不過，可能有些其他的雙生體生物或三生體生物，我們沒鑑別出來，也許人類就是如此也說不定。

人體的每一個細胞裡，包含著無數個叫做粒線體（mitochondria）的細小物質，這些粒線體是負責供應我們身體所需大部分能源的化學工廠。沒有了這些粒線體，人在幾秒鐘之內就會斃命。

最近有人提出一個似乎可能的說法，認為粒線體原本是共生菌，在演化極早期就與人體的細胞合而為一了。對於人體細胞內的其他微小物質，也有人提出類似的說法。這些都是需要一段時間才能讓人適應的演化理論之一（請參閱《演化之舞》一書）。不過，這種概念已經到了出頭的時候了，我的推想是，我們總有一天會接受諸如「我們體內每一個基因都是一個共生單位」，這種比較激進的觀念；也就是說，人體是由無數個龐大的共生基因部落組成的。對這一觀點，我們實在沒辦法提出證據。但是就如我前幾章裡曾試著暗示，這樣的說法其實跟我們對兩性動物的基因如何運作的看法，是很有關的。

從另一方面來看，病毒可能是從人體「部落」之類的東西脫離出來的基因。病毒是由純粹的DNA（或者相關的自我複製分子）所組成，包在一層蛋白質下面，病毒毫無例外都是寄生的。最新的說法是：病毒是由脫逃的「叛徒」基因演化而成的，目前直接透過空氣在人體間自由來去，而不需再透過傳統的交通工具——精子及卵。果真如此的話，我們乾脆就當我們自己是病毒的部落好了：這些病毒有的互利共生，藉著精子及卵在人體間擴散，也就是傳統的「基因」；另外一些靠寄生生活，有什麼交通工具就利用什麼。如果這樣一個寄生的DNA，會利用精子及卵旅行的話，可能就會形成我在第三章裡提過的多餘的DNA。如果是經由空氣或其他直接途徑的話，那麼這樣的DNA，就是一般所認識的「病毒」了。

這些只不過是對未來的推測。目前我們所關心的是：多細胞生物間較高層次的共生關係，而不是在生物體內的共生關係。共生一詞，傳統上是用來表示不同物種成員之間的結合。現在，我們既已迴避演化上「對物種有利」的觀點，邏輯上似乎沒有理由再去區分不同種間的結合，及同種間的結合。

大體上說來，如果每一方所能收穫的比投下的還多，就會演化出共生互利的關係。不管我們所談的是一群非洲土狼，或是極不相同的生物如螞蟻和蚜蟲，或蜜蜂和花，情況都一樣。事實上，要區別真正的雙向互利關係及單向的剝削，可能並不容易。

理論上，如果付出與接受，是如同構成地衣的兩種生物那樣同時發生的話，那麼互利結合的演化應不難想像。不過，如果利益的回收稍有延緩的話，問題就來了。因為首先接受利益的一方可能會想欺騙，輪到牠該回報的時候想賴帳。這個問題的解決方法很有趣，值得在這兒詳細討論，我想最好的辦法是利用假設的例子。

假設有一種鳥被一種扁蝨所困擾，這種扁蝨不但帶有極其危險的疾病，而且極為難纏。因此去除這些難纏的東西，對這些鳥來說實為燃眉之急。通常鳥在給自己梳理羽毛的時候，可以把這些蝨子自行去除，唯獨扁蝨跑到頭頂，就沒辦法了。這要發生在人類的話，問題就很好解決：雖然不容易抓到自己頭頂上的蝨子，但找個朋友幫你抓，很容易就解決了。日後，如果這個朋友頭上也長了蝨子，你也可以回報一下，幫忙抓抓。在鳥類及哺乳類當中，這樣子的相互梳理情形其實非常普遍。

這件事情直覺上看來很有道理。每一個有意識、有先見之明的人，都可以看出這樣相互梳理的安排很聰明。不過，我們也學過要注意什麼叫直覺上很聰明，因為基因是沒有先見之明的。在付出與回報之間稍有延遲的情況下，自私的基因論怎麼解釋互相梳理和「雙向互利」的情形呢？威廉士在他一九六六年出版的書裡，曾經討論過這個問題。此書我在前面已

經提過，他的結論與達爾文的一樣。也就是在彼此有認知、有互記能力的物種當中，時間滯延的雙向互利是會演化出來的。

一九七一年，崔弗斯曾對這問題作更進一步的討論。當他寫報告時，梅納史密斯的演化穩定策略概念還沒有問世，否則的話，我猜測崔弗斯一定會引用，因為這個概念對他的想法提供了很自然的解釋。不過從他引用了遊戲理論中最受人歡迎的難題：「囚犯的困境」（Prisoner's Dilemma）來看，他已經在往這方面想了。

傻瓜與騙子

這難題是這樣的：假設B的頭上有一隻寄生蟲，A幫B把蟲抓掉了。而後有一次A的頭上也長了隻寄生蟲，A很自然的會去找B，好給B一個回報的機會，可是B卻甩頭走開了。這樣看來，B是一個只願接受他人好處卻不願回報，或回報得不夠的騙子。比起那些對誰都博愛的個體來，騙子不付出而光坐收利益是划算多了。當然，幫別人抓頭所需付出的代價，比去掉自己身上一隻危險的蝨子，代價要小得多。但這代價還是不可忽視的，因為這是要花費一些寶貴的精力及時間的。

再假設某個族群中的個體都採取這兩者之一的策略，讓我們分別稱這兩個策略為「傻

瓜」及「騙子」。傻瓜是誰需要抓頭就幫誰抓；騙子則接受傻瓜的服務，但卻從不替人抓，即使是曾替他抓過頭的也不例外。現在如同老鷹及鴿子的情形一樣，我們也要隨意定一個成就點，確切的價值多少我們不必費心，只要被抓頭的好處超過幫人抓頭的成本即可。在寄生蟲非常多的情況下，一群傻瓜群體中的每一個傻瓜，大概幫別人抓幾次就有希望被抓幾次，因此在一群傻瓜中每一個傻瓜的平均收入應呈正數。實際上，每一個傻瓜的情況都滿不錯的，因此傻瓜一詞其實並不甚恰當。

現在假設一個騙子在牠們當中出現了。由於是獨一無二的騙子，因此牠可指望每一個人都會來幫牠抓頭，而牠卻不用回報，牠的平均收穫必定比傻瓜要好。因此，騙子的基因會開始在傻瓜當中散播開來，不久之後，傻瓜的基因就會逼近滅絕。原因是不管群體中騙子與傻瓜的比率為何，騙子總是比傻瓜占上風。譬如說，某一群體中騙子與傻瓜的比率各占一半，在這種情形下，傻瓜與騙子的平均收穫會比一個由百分之百傻瓜組成的群體為少。雖然如此，騙子因為只受惠而不施惠，因此牠們的情形還是比傻瓜好。

當騙子的比率達到百分之九十時，全部個體的平均成就會空前的低。事實上，騙子與傻瓜雙方，很多可能已因扁蝨引起的疾病而瀕臨死亡。不過即使到了這個地步，騙子的情況還是會比傻瓜好。事實上，即使整個族群面臨了滅絕，傻瓜的景況還是從來不比騙子好。由此只要我們考慮到這兩種策略的話，傻瓜的滅絕是無可避免的，甚至整個族群都很可能滅絕。

小氣鬼登場

現在我們假設有第三種策略叫「小氣鬼」，小氣鬼只幫替牠抓過頭的人抓頭。不過，如果有人騙牠們的話，牠們會記恨在心，以後再不會替騙過牠的人抓頭。在一群小氣鬼和傻瓜當中，不太容易分辨誰是誰，兩種類型都對別人有利他的精神，而且兩者所得的平均成就都一樣很高。

在一群主要由騙子組成的群體中，一個單一的小氣鬼不會怎麼成功。牠得耗費很多精力去幫牠遇見的大部分騙子抓頭，畢竟要讓牠恨所有的騙子也需要一段時間。另一方面呢，卻沒有一個騙子願意反過來幫牠抓頭。小氣鬼的數目如果比騙子少得太多的話，牠們可能仍會絕跡。不過如果小氣鬼能夠達到一個關鍵性的比率的話，那麼小氣鬼碰到小氣鬼的機率會增加到——可以平衡牠們浪費在幫騙子抓頭的精力上的地步。一旦達到這關鍵的比率，小氣鬼的平均收穫率會比騙子高；而騙子會以極高的速度走向滅絕之路。

在即將滅絕時，騙子數目減少的速度會減緩下來，然後牠們可能以少數者的姿態，生存相當長的時間。這背後的原因是，身為少數者的騙子，要碰到同一個小氣鬼兩次的機會是微乎其微的。也因此在族群中，會對某一特定的騙子含恨在心的小氣鬼，比例也不會太高。

上述幾個策略的故事，我雖說得好似後果都非常理所當然、顯而易見的樣子。其實，結

果並不是那麼明顯。而且我也小心翼翼的利用電腦模擬實際的情況，以檢查這樣的直覺是否正確。模擬的結果證明：小氣鬼策略在演化上，確實是對抗傻瓜與騙子的演化穩定策略。理由是，在一個以小氣鬼為主要成員的群體中，不管是騙子或傻瓜都沒法侵入。不過，騙子也是一種ＥＳＳ，因為在一群絕大多數為騙子的群體中，小氣鬼或傻瓜也沒法侵入。

一個群體可能呈現出這兩種ＥＳＳ中的一種，時間一久，占多數的成員可能會變成少數。但究竟是少數或是多數，依賴的是成就的確切價值，兩者之中有一個的「吸引域」會比較高，也因此比較容易成為多數。在我的模擬當中，所假設的價值當然都是主觀的。在此順便提一下，雖然騙子的群體比小氣鬼的群體容易滅絕，但這絕不會影響到騙子在ＥＳＳ的地位。族群如果達到某種趨向絕滅的ＥＳＳ，那牠們就只好絕跡，這也是無可奈何的事。

小氣鬼大獲全勝

現在讓我們來看一個很有意思的電腦模擬。開始時，我們有占絕大多數的傻瓜，及超過關鍵數目一點點的小氣鬼，還有與小氣鬼數目相當的騙子。當騙子開始無情的剝削傻瓜時，傻瓜的數目會戲劇般下降，騙子的數目則急劇上升，直到最後一個傻瓜死時就達到最高點。現在，騙子還可以動小氣鬼的腦筋，在傻瓜的數目急轉直下時，小氣鬼的數目也因受到急速

成長中的騙子的損害，而慢慢下降，不過勉強沒有滅絕。

當最後一個傻瓜死了以後，騙子不再能像以前一樣任意剝削了。此時小氣鬼不理騙子的情形開始慢慢增加，穩穩的、慢慢的增加，最後聚集了足夠的動力，開始急速上升。此時騙子的數目會急速下降，直到面臨滅絕的邊緣，然後就保持在一個水平。這時候，牠們開始享受當少數者的特權，因牠們為數極少，不太會被記恨。不過，騙子最終還是慢慢的、無情的逼向滅絕之路，只剩下小氣鬼掌管天下。有一點矛盾的是，在整個過程開始時，因為傻瓜導致騙子的數目暫時增加，小氣鬼的存活也因而受到威脅。

在此順便提一下，我所提的因為沒抓頭而導致危險的假設，是非常合理的。被單獨關著的老鼠，通常在頭上抓不到的地方，會出現非常難受的潰爛的情形。在一項研究裡，成堆被關在一起的老鼠，因為彼此可以互舔頭部，所以沒有出現這樣的問題。如果我們可用實驗來測驗一下雙向利他理論，應該很有意思。我想老鼠似乎是很合適的研究對象。

掃除魚開理髮廳

崔弗斯還討論過頗引人注目的掃除魚（cleaner fish）的共生情形。據我們所知，魚類中大約有五十種，包括小魚及蝦，靠去除大魚身體表面的寄生蟲維生。大魚所受的好處很明顯是少

了寄生蟲，而掃除魚則是得了一頓豐盛的食物，這種關係是共生的。有很多大魚將牠們的大嘴張得開開的，讓掃除魚游進游出幫牠們挑淨牙齒上的東西，然後讓牠們從鰓部出去，順便把那兒也清掃一下。一般人會想，大魚可能會狡猾的等到小魚幫牠清理乾淨以後，再一口吃掉牠們。不過，大魚通常讓小魚毫髮無損的游出去。這可是個不可小看的、很明顯的利他表現，甚至有很多掃除魚長得跟大魚常吃的魚大小相當。

掃除魚以牠們身上特有的條紋，及一種特別的舞蹈來標示身分。大魚看到身上帶有那種特殊條紋，而且又跳著那種特別舞蹈的魚向自己接近時，通常會節制著不吃牠們。相反的，大魚會進入昏睡狀態，讓掃除魚自由自在的在牠身體內外進進出出。

基於自私的基因的特質，一些無情的、善於剝削利用的騙子，就逮到可乘之機了。有一些長得像掃除魚的小魚，藉著跳同樣的舞來確保牠們在大魚附近的安全。當大魚進入預期的昏睡狀態時，這些騙子非但沒有幫大魚清除寄生蟲，反而咬了牠的鰭一大口，然後迅速逃之夭夭。不過，儘管如此，掃除魚和牠們的顧客還是維持相當友好、穩定的關係。

在珊瑚礁群落的日常生活裡，掃除魚扮演著相當重要的角色。在這裡，每一隻掃除魚都有牠的領域，有人曾看到大魚排隊等待小魚幫牠們清理，情況就像我們在理髮店裡排隊等待理髮師一樣。也許就是這種地點的執著性，使得時間滯延的雙向利他行為可能演化。

對一隻大魚來說，能夠這樣周而復始的回到同樣一個「理容院」，而不用不斷的尋找新

的理髮師，一定比節制著不吃那些小魚划算。由於掃除魚的體型很小，因此這種說法並不難相信。冒牌掃除魚的存在，雖然製造了大魚吃有條紋魚的壓力，而可能間接為害到貨真價實的掃除魚。不過貨真價實的掃除魚對地點的執著性，可使顧客比較容易找到牠們，而免去受騙之苦。

人類會雙向利他嗎？

人類有很好的長期記憶力及認人的能力，因此我們可能會認為雙向利他主義在人類的演化上，扮演著極重要的角色。崔弗斯甚至暗示我們，人類的許多心理特徵如嫉妒、犯罪感、感激、同情等都是經過天擇的塑造，來改進我們騙人的能力、洞察他人製造騙局的能力、以及避免被當作騙子的能力。

特別有趣的是狡猾的騙子，這種騙子看起來似乎是在回報他人給他的利益，但是卻自始至終都在打折扣。甚至，人類脹大的腦袋以及對數學思考的偏向，可能都是為了能更狡猾的騙人，以及能更精明的識破別人的欺騙，而演化出來的技巧。金錢就是一種時間滯延的雙向利他主義的正式表徵。

談到人類本身的雙向利他主義，可激起無窮無盡有趣的思考。不過儘管我很想嘗試，但我自認對這方面的思考，也不過與別人一般。所以還是留給讀者諸君去自我享受吧！

11 自私的「濔」

我一直沒有特別談人類的問題，並不是刻意不提。我使用「求生機器」這個詞的部分原因，是因為用了「動物」這詞會忽略掉植物；在有些人的心裡，動物甚至於也不包括人類。但是我所強調過的論點，應該可適用於任何已經演化出來的生物，若有一種生物是例外，那必定有些特別好的理由。

是否有任何好理由能假設我們人類是獨特的呢？我相信答案是肯定的。

文化使人不尋常

有關人類之所以不尋常的因素，大體可以歸結於一個詞——文化。我用這詞並非從字面庸俗的意義，而是以科學家的身分在用它。

文化的傳遞十分類似基因上的傳遞，雖然基本上它是保守的，但它也能引發形式上的演化。你看，喬叟（Geoffrey Chaucer, 1340-1400，英詩之父）如果還活著，居然已無法用他當時的話，與現代英國人交談，雖然他們之間是一脈相承約隔二十代的英國人。語言似乎以非遺傳的方法在演化，而且速率比基因的演化快上好幾個等比級數；除非是緊臨的兩代，否則他們無法如同父親與兒子般對談。

文化的傳遞並非人類所專有。據我所知，最好的例子是堅肯斯（P. F. Jenkins）所描述的鞍背

鳥（saddle back，產於紐西蘭外的海島上）的叫聲。在堅肯斯所研究的那個島上，有大約九種不同的鳥叫聲。任何一隻公鳥都會一種或幾種叫聲。這些公鳥可分為不同的方言族群，例如一群棲息在鄰近領域的八隻公鳥，都叫同一種特別的聲音，稱為「噓噓聲」。其他的方言族群則有不同的聲音。有時同一個方言族群的成員，會共有一種以上的不同鳴叫聲。堅肯斯比較這些鳥父子之間的鳴叫聲，發現叫聲的類型並不是遺傳來的，每一隻年輕公鳥都可能模仿牠領域中的鄰居，而採用新的叫聲。這講起來有點像人類的語言。

在堅肯斯留在島上的大部分時間中，島上鳥聲的種類是固定的，它等於是一座「叫聲庫」，每一隻年輕的公鳥都會從中學得自己的曲目。但是堅肯斯偶然會有機會聽到新叫聲的發明，這是在模仿老歌的過程中出錯所造成的。他寫道：「新叫聲是由其他現有的叫聲改變而來，有的是某個音階的改變，有的是某個音符的重複，還有的是省略幾個音符，有的則是什錦歌……。」

新叫聲的出現，是很突然的事件，而新調子卻穩定的持續了一段時期。此外，許多例子顯示這種改變會很精確的傳遞到更年輕的鳥身上，因此形成一個個有相似鳴叫法的新群。堅肯斯稱新聲調的起源為「文化的突變」。

鞍背鳥的鳴叫聲確實是由非遺傳方式演化出來的，鳥類和猴子也有其他文化演化的例子，但都只是很有趣的怪事。我們人類才真正證明了文化是可以演化的，語言只是許多例子中的一個。服裝的樣式和飲食、儀式和風格、藝術和建築、工程和技術，都在歷史上以很快的速度演化著——比基因演化的速率更快，但是跟基因演化一點關係都沒有。然而它們倒是跟基因演化一樣，改變是漸進的。

我們可以感覺到，現代科學比古代的好：經過幾個世紀之後，我們對於宇宙的了解不只是改變了，也進步了。眾所周知，現今科技的突飛猛進可追溯到文藝復興時代，在此之前有很長時間的停滯，當時歐洲的科學文明只停留在希臘人所建立的成就上。但是，正如我們在第五章所看到的，基因的演化在兩大穩定的高原之間，總會有一連串陡急的改變。

常有人談到文化發展與基因演化之間的共通性，有時甚至說得有點故弄玄虛。關於科學發展與透過天擇的基因演化之間的共通性，已經由社會哲學家卡爾巴柏（Karl Popper）解釋得非常清楚。在此我要進一步探討基因學家卡伐琳史佛札（L. L. Cavalli-Sforza）、人類學家克勞克（F. T. Cloak）、動物行為學家庫忍（J. M. Cullen）等人已經研究過的課題。

身為達爾文主義的狂熱者，我並不滿意那些同樣狂熱的同僚對人類行為所提的解釋。他

們嘗試在人類文明的各種特性中找到「生物上的優勢」，例如，部落的信仰被視為鞏固族群認同的機制。他們說，對於游獵維生、個體間靠合作來捕得大而敏捷的獵物的部落，信仰是很有價值的。通常，會將這樣的理論，建立在先入為主的演化觀念上的人，都是群體選擇論者，但是也有人用正統的基因天擇來表達。譬如他們說，人類很可能在過去幾百萬年中的大部分時間裡，都只是以小的親屬族群形態生活。近親選擇和有利於相互利他主義的天擇，可能已經在人類的基因上運作，而產生我們很多的心理特性和傾向。

這些觀念言之成理，但是我發現，一旦要面對解釋文化、文化發展、以及地球上不同人類文化之間的龐大差異，例如：騰布爾（Colin Turnbull）所描述的烏干達艾卡族人的極端自私，與米德（Margaret Mead）所觀察到的愛拉普旭人（Arapeph）高貴的利他主義等，當面對這些重大的挑戰時，就完全禁不起考驗。

我想我們必須從頭開始，回到萬物的根源。我以《自私的基因》作者的身分，提出下面的論點，或許會令人覺得詫異；但我認為，為了明白現代人類的演化過程，我們必須捐棄「把基因當作認識演化的唯一途徑」的成見。我是個狂熱的達爾文主義者，但是我認為達爾文理論是個太大的理論，無法放在狹窄的基因框框裡。在我以下的理論裡，基因是以對照的角度進來的，除此之外沒有別的。

生命的本質是什麼？

究竟基因怎麼特別呢？答案是，它們是複製者。物理法則必須是放諸宇宙各處都成立的；而任何生物上的原理，是否也可能有相似的有效性呢？當太空人到遙遠的星球去探險並尋找生命跡象時，他們預期會遇到太奇怪、太不像地球上的生物。但是，是否有任何事物在所有的生命現象中都成立，不論在何處，或以何種化學反應為基礎呢？

假設有某種生命形式，它的化學反應是以矽為基礎而不是碳、是以氨而不是水；又假設我們發現某生物被煮到攝氏一百度會死去；假設我們找到某種生命現象，完全不是以化學反應做基礎，而是以電子反射線路做基礎的，是否仍然有些通用的原則對所有的生命體都成立呢？

我不是很清楚的知道，但是，如果一定要在這事下賭注的話，我會賭一項基礎的原理。這原理就是：所有的生命都是由「複製」這本質繁衍演化出來的。基因、DNA分子，正是我們這個星球上盛行的複製本質。也許還有別種，在符合其他條件之下，它們將無可避免的成為演化過程的基礎。

但是，我們是否必須到遙遠的外星世界去尋找他種複製者（及它所造成的其他類型演

化）呢？我認為已經有一種新的複製者在我們這星球上出現了。證據俯拾皆是，它正在嬰孩時期，仍然緩緩漂流在渾湯初創的狀態之中，但是已經開始在演化速率上有所進展，並將最古老的基因遠遠丟在後面了。

新的複製者——瀰

這種新的渾湯初創，正是人類文化的渾湯。我們需要為這個新的複製者命名——也許是一個能傳達「文化傳遞單位」的概念的名詞，或是能描述「模仿」的單位。「謎覓彌」（Mimeme）源自於希臘字根，它的意義很合適，但我希望讀起來有點像「gene」這個單音節的字。但願我的同業朋友原諒我把「謎覓彌」改成「瀰」（meme）。這字也可以聯想到跟英文的記憶（memory）有關，或是聯想到法文的「同樣」或「自己」（même）。

瀰的例子太多了，旋律、觀念、宣傳語、服裝的流行，製罐或建房子的方式都是。正如同在基因庫中繁衍的基因，藉著精子或卵，由一個身體跳到另一個身體以傳播；瀰庫中的瀰，繁衍方式是經由所謂模仿的過程，將自己從一個頭腦傳到另一個頭腦。例如，科學家如果聽到或讀到某個好的想法，他就將這想法傳給同事或學生，他會在文章裡或演講中提到它。如果這想法行得通，它就是在傳播自己，從一個頭腦傳到另一個頭腦。

正如我的同事韓佛瑞（N. K. Humphrey）對本章初稿所下的簡要結論：瀰應該被看作有生命的結構——不只是比喻性的，而是技術上的。你在我腦子裡種下一個有繁殖力的瀰，等於把觀念生在我的腦子裡，把我的腦變成散播瀰的工具，跟濾過性病毒寄生在寄主細胞的基因機制裡，並無不同。

這並非憑空說說而已，可以舉個具體的例子：「相信有來生」的瀰，在全世界人類個體的神經系統裡，千真萬確的瀰漫了不下數百萬倍。

神如何複製自己？

談到神的觀念，我不知道它是如何在瀰庫中生成的，也許它起源於許多次獨立的「突變」。事實上，神是很古老的觀念，但它是如何複製自己的呢？它是經由口述和手稿，並有偉大的音樂和藝術的幫助。但為什麼它有這麼高的存活價值呢？請記得這裡所說的「存活價值」，並非是基因在基因庫中的價值，而是瀰在瀰庫中的價值。我的問題的真正意思是：什麼使得神的觀念得以穩定存在，而且能深入文化環境之中？

在瀰庫中，神的瀰存活價值來自大量的心理訴求。它對於人心深處難以處理的問題，提供了表面上令人鼓舞的答案。它暗示在這世界上的不公義，可以在另一個世界裡改正。「永恆

的臂膀」這個想法成為很好的倚靠，以對抗我們的不滿足；就像醫生的寬慰，對病人有相同的效果。這也就是神的觀念所以能這麼快，被一代接一代的人所吸收複製的一些原因吧！只有以高存活價值的瀰形態，或在高感染力之下，神才會存在於人類文化所提供的環境中。

我的某些同僚暗示我，這書有關神的瀰存活價值的說明，有點問題。他們最後總是把分析推回「生物上的利益」，對他們而言，神有「心理訴求」的觀念是不夠好的。他們要知道為什麼會有這麼大的心理上的訴願。心理需求意味著訴諸於腦，而腦則是由基因庫裡的基因，經由天擇塑造成的。他們要找到一些方法證明腦可以改善基因的存活。

我對於這樣的態度很同情，我不懷疑我們現有的頭腦有遺傳上的利益。但我認為這些好同僚，如果他們小心思考自己的基本假設，就會發現自己已經引來和我一樣多的問題。基本上，我們以基因的利益來解釋生物現象策略的好理由，在於基因是複製者。一旦提供了分子可以自行複製的環境，複製者就接管了一切。

永不回頭的模仿

至少有三十億年的時間，ＤＮＡ一直是這世上唯一值得談論的複製者，但它沒有理由一直享有這個特權。任何時候，若有某些條件導致新的複製者興起，它就能複製自己；總有一

天這種新的複製者將會接管世界，並開始它自身嶄新的演化。這嶄新的演化一旦開始，它就不再屈於舊複製者之下。以基因為天擇基礎的舊演化，產生了頭腦，由此提供了第一個孕育產生瀰的「太古渾湯」。既然自我複製的瀰已經產生，比基因快得多的演化就開始了。

我們生物學家已經深陷於基因演化的觀念，以致於忘了它只是許多種可能的演化種類之一。

廣義的說，模仿是瀰複製的方式。但是正如基因庫裡的基因，並不是每一個都能複製成功，有許多瀰也比瀰庫中的其他瀰來得更成功。這是天擇上的比擬，我已經提過在性質上使某些瀰具有更高存活價值的特例。但它們通常必須像第二章所討論的複製者一樣：具有長存性、生產力和拷貝忠實度。任何一個瀰的壽命，在相較之下可能不那麼重要，就像基因一樣。例如存在我腦中〈不了情〉的旋律，最多只能留到我的一生之久，但我預期該旋律的許多複本，會在紙上或人們的腦中流傳數個世紀。就像基因一樣，多產比長壽重要得多。

但是，你怎麼評估瀰的長存性和生產能力呢？若有一個瀰是「某種科學觀念」，它的散播力則在於各個科學家對它的接受程度；它的存活價值可由往後幾年這想法在科學期刊中被引用的次數，做個大略的估計。又如果瀰是「很受歡迎的旋律」，它在瀰庫中的散播，可由人們在街上哼它的次數估算出來。如果瀰是「女鞋的流行款式」，流行的程度可由鞋店的銷售統計得到。

有些瀰就像某些基因一樣，能在短期內很耀眼的成功散播，但是無法在瀰庫內存留很久，流行歌曲和酒杯鞋跟都是很好的例子。其他如猶太人的宗教律法，則可能繼續流傳數千年，這是文字紀錄的永久性造成的。

瀰可以混合嗎？

這使我們了解到成功複製者的第三項性質：拷貝忠實度。在此我必須承認，我並不是站在很穩固的立場。

乍看之下，瀰一點也不像是有高拷貝忠實度的複製者。就以科學觀念的傳播來說吧，當科學家每每聽到一個想法再傳給另一個人時，他多少會改變它一點點。我在本書中的許多觀念，無疑是從崔弗斯來的，但是我並沒有完整重複他的話。所以，我可能為了自己的目的已扭曲了它們，改變了重點，將他的、我的、和其他人的想法混合了，這些瀰是以改變後的形式傳給你的。這看起來很不像基因在傳播上所具有的微粒的、全有或全無的特性；似乎，在瀰的傳播過程中會有連續性的變化，而且會產生混合。

但這種非微粒子性質的現象可能是種錯覺，而且用基因做為類比也不恰當。不論如何，當我們觀察許多基因特徵之傳承時（如身高、膚色等），也看不出基因是不可分割或不可混合

的。例如一個黑人和一個白人結合，他們的孩子可能不是黑的，也不是白的，而是中間色。這不表示這些基因不是微粒子性質的。因為有許多基因與膚色有關，每一個都有一點小小的影響，以致於它們整個看起來像是混合的。

目前為止我所提到的瀰，好像它們都是單一的位元，事實上它們當然不是這麼明顯的。我說過一個旋律就是一個瀰，但是交響曲含有多少個瀰呢？瀰的單位是一個動作、一段旋律，還是一個小節或一個和弦呢？

瀰的傳播單位

這裡的語法技巧就像我在第三章所用的一樣。在那裡我把「基因複合體」分成大大小小的基因單元，單元裡又有小單元。基因並不是以僵硬的有或無來定義的，而是定義成一個方便的單位，一段染色體，其長度有足夠的拷貝忠實度，能夠做為天擇的獨立單位。

再來看瀰的單位。如果貝多芬第九號交響曲中的一段樂句，足以代表整個曲目又容易記憶，同時又被某個受迎的歐洲廣播電台，選作節目片段的旋律，那麼它就算是一個瀰。只不過，它也同時大大的減少了我對原曲的欣賞力。

相同的，當我們說所有的生物學家如今都相信達爾文的理論時，我們並非指在每一個生

物學家的腦子裡，都有達爾文所說過的話的複本。而是指：每一個人都有自我解說達爾文思想的方式；也許不是來自達爾文的原著，而是從其他近代的著作獲得的。達爾文所說的，在許多細節上是有錯誤的，達爾文如果讀到本書，將會差點認不出他自己原來的理論；不過我期望他會喜歡我表達的方式。儘管如此，達爾文理論的精要，還是存在於每一個了解這理論的人腦中。如果不是這樣，所謂兩人彼此同意的說法，就完全沒意義了。

我這麼說吧，一個「思想瀰」或許可以定義為：可從某個頭腦傳到另一個頭腦的事物。因此，「達爾文理論」瀰，是許多了解這思想的人，共同持有此思想的最主要根基。人們解說這理論的不同之處，在於定義而不在於瀰。如果達爾文的理論可以分解為許多部分，使得有些人相信A部分、不相信B部分，另有些人相信B部分、不相信A部分，則A、B可視為不同的兩個瀰。如果幾乎每個相信A的人也相信B，那麼套用遺傳學的術語，這些瀰就好像是緊密的連鎖著；那麼還是把它們算在一起，成為一個瀰比較方便些。

瀰也自私無情？

讓我們進一步探求瀰和基因之間的相似性。這整本書中，我一直在強調，我們不可以把基因想成一個有意識、有目的的媒介。但是，盲目的天擇使它們好像有目的一般，例如，當

我說：「基因正試圖增加它們未來在基因庫中的數目」，我真正的意思是「它們所表現的方式，從我們的世界看起來是這個樣子的。」

就像我們將基因想成主動的媒介，會懷有目的，為自己的存活而工作，我們也這樣看待瀰會比較方便。我們不應該把它們處理得很神祕，有目的的想法都只是隱喻而已；但我們已經從基因那方面，看到這樣的處理是很有收穫了。我們甚至將「自私」、「無情」等詞用於基因，無非是用來表達一個意象而已。現在問題來了，是否我們能以同樣的精神，找到自私的或無情的瀰呢？

有個牽涉到競爭本質的問題，必須先提出來：有性生殖只要存在，每一基因就必須與它的對偶基因競爭，為同一個染色體位子而競爭。而瀰似乎沒有什麼性質等同於染色體，也沒有等同於對偶基因的競爭。我當然可以假設有一個虛擬的意識，其中許多的想法可視為互相對立的；但一般而言，瀰類似早期的複製分子，自由流轉於太古渾湯之中，它不像現代的基因，是很清楚的配對成染色體的聯隊。

好啦，現在該從什麼樣的觀點來看，瀰才是互相競爭的呢？如果它們沒有對偶基因，我們是否仍該期待它們是「自私的」或「無情的」？

答案是可能的，因為在某種意義上，它們必須陷入某種相互競爭中。

在瀰庫中存留、瀰漫

任何一位大型電腦的使用者都知道，電腦的上機時間和記憶空間是很寶貴的。在大型電腦中心，它們事實上是以錢來衡量的：每一使用者只分配到一定量的使用時間，和一定量的記憶容量；使用時間以秒來計算，記憶容量以位元計算。

瀰如果以類似的情形存在人的腦中，時間可能比容量這個因素更重要，而且是劇烈競爭的主因。人腦和它所控制的身體不能同時做超過一件以上的事。如果一個瀰要主宰人腦的注意力，它必須競爭，而且得勝過其他瀰的日用商品，如收音機和電視機時間、廣告牌空間、報紙的版面大小，及圖書館書架的放置空間等。

在基因的例子中，我們在第三章提到，共同適應的基因複合體也會出現在基因庫裡。例如，有關蝴蝶擬態的一大組基因，就在染色體中緊密的連結，以致於我們可以將它們看成一個基因。又在第五章中，我們遇到更複雜的演化上穩定的基因組，相互合適的牙齒、爪、內臟和感覺器官，都與肉食動物的基因庫有關，而另一組不同形態的特徵，則源於草食性動物的基因庫。

是否在瀰庫中也有任何可以相提並論的東西呢？假設神的觀念這個瀰會與特定的瀰結合，是否這結合能使其中的每一個瀰都存留下來呢？也許我們可以考慮一個有組織的教會，

和它的建築、崇拜、法規、音樂、藝術和文字上的傳統，做為一組互相調整及輔助存留下來的瀰。

舉個例子，我們可以提出一個教義，它在教人遵守宗教要求上非常有效，那就是地獄之火的威脅。許多孩童、甚至某些成年人都相信，假如他們沒有好好遵行那些聖潔的規定，死後定會受到可怕的折磨。這是非常險惡的說服技巧，從中古世紀到今天，在很多人心理都造成極大的憂慮壓迫。但是它很有效，你可以把它想成，是由一位在心理、教義技巧上深受訓練，而且很有權謀的宗教領袖所精心設計的。但是，我很懷疑誰能這麼聰明。更可能的是無意識的瀰，正藉著像基因一般虛擬的無情性質，以確保自身的存留。

地獄之火的想法因為有很深的心理衝擊，很簡單就能長久留存。更由於地獄之火與神存在的觀念結合，因為會彼此鞏固，於是更能幫助彼此在瀰庫中存留下來。

另一個宗教瀰複合體的成員就叫做「信心」。它意味著盲目的信賴——即使在缺乏證據下，甚至於當證據是反面時也信賴。「多疑的湯馬思」（Doubting Thomas）的故事告訴我們，不是湯馬思該受尊敬，而是其他相對照的使徒該受尊敬。湯馬思要求證據；對於某些瀰而言，沒有什麼比尋找證據更致命了。而其他那些信心堅固以至不需證據的人，就被視為值得我們效法的對象。

盲目信仰的瀰，藉著在意識上減弱理性探討的便利，保護自己得以長存。

盲目的信仰可以為任何事辯護。如果某個人相信另一個神，或只是用不同的儀式敬拜同一位神，盲目的信仰就可以假借神意說他是該死的，該死在十字架上、死在火刑柱上、刺穿在十字軍的劍下、刺死在貝魯特的街上，或炸死在貝爾發斯特的監獄裡。盲目信仰的瀰，有它們自己的無情方式以擴散自己。而且不只是宗教上的迷信，政治上的愛國思想也是如此。

瀰和基因常常互相支持，但它們有時也會對立。例如，單身生活的傾向與基因的遺傳是不相符合的。獨身生活的基因在基因庫中注定是要失敗的，除非在某些特別的環境中，如我們在群居的昆蟲身上看到的；但是獨身生活的瀰卻可以在瀰庫中存活。例如，假設一個瀰的成功與否，可由人們主動把它傳播給別人的時間多寡來決定，那麼任何花在從事別的活動的時間，從這個瀰的觀點都被視為是浪費的。

在我們周遭，有沒有這樣的例子呢？有的，這獨身的瀰便是由宗教領袖們，傳給那些還沒決定一生要如何開始的年輕人。

婚姻減弱了宗教領袖對群眾的影響力，因為家庭會霸占大部分的時間和注意力；事實上，這也已經成為某些宗教領袖強制獨身的理由。瀰的傳播媒介是人與人之間的各種影響力，包括口講的、手寫的、個人的榜樣等等。如果宗教領袖教這些媒介徹底發揮威力，那不

結婚的瀰就變成比結婚的瀰有更高的存活價值了；對基因而言，這情形當然是相反的。

再假如說，宗教領袖是瀰的求生機器的話，那麼獨身生活會是建立在他體內很有用的一個屬性。但是，獨身只是互相支持的宗教瀰複合體中的一小部分而已。我推測互相搭配的瀰複合體，跟互相搭配的基因複合體，都用同樣的方式演化：天擇只對那些能利用文化環境的瀰有利，而這文化環境當然也包含其他天擇後的瀰。這整個瀰庫因此擁有了一組穩定演化的瀰，新的瀰很難進入其中。

瀰才是不朽者

關於瀰，到現在為止，我所說的都有一點負面；但它們也有令人激賞的一面。

當我們離開這世界以後，能留下來的事有兩種：瀰和基因。我們是個基因機器，被創造來傳遞基因，從這個角度看，我們會在三個世代之後就給遺忘了。你的孩子，甚至於孫子，可能有你的重現，也許是臉形、音樂的天賦，或是在頭髮的顏色上顯出來。但是每一代過去之後，你的基因都只剩前一代的一半能留給下一代。這樣下去，不用多久，就會達到可忽略的地步了。

我們的基因也許是不朽的，但是所有基因重組與結合的現象，會使我們每一個人都必然

零零碎碎的消失。伊利莎白二世是征服者威廉的後代，但是她很可能只有這古老國王的幾個基因而已。我們無法在複製之中找到不朽的特性。

但是如果你對這世界的文化有貢獻，例如你有個好想法、寫出一首旋律、發明一只火星塞、寫一首小詩，這些貢獻可能會在你所有的基因都消失於浩大的基因庫之後，還能存留很久。你看吧，蘇格拉底也許還有一、兩個基因存留在世上，但是誰在乎呢？而蘇格拉底、達文西、哥白尼和馬可尼（Guglielmo Marconi, 1874-1937，發明無線電裝置，一九〇九年諾貝爾物理獎得主）的瀰複合體，卻依然茂盛發達。

不論我推演的瀰理論有多麼空泛，有一點我想再強調一次：當我們觀察文化的演化和它們的存留價值時，必須很清楚知道，我們在談誰的存留？如我們所知的，生物學家習慣於尋找基因層次（或是個別的或是群體的，根據品味而定）的優勢。而關於瀰，我們一直沒有去考慮的是，文化特色可能是以自己的方式演化的，只因為這是它的便利之方。

雖然宗教、音樂、儀式裡的舞蹈等等的文化產物，都可能有像生物般的傳統存留價值，但是我們並不需要特意去尋求。因為一旦提供了大腦求生機器，使模仿能力在求生機器裡植根之後，瀰就自動接管了一切。我們甚至不用假定「模仿」有遺傳上的好處（當然，有所好處是可以預期的），你只要確定大腦已經有了模仿的能力，就夠了，因為瀰自然會充分利用這能力去演化！

我們可以突破現狀

我現在要結束瀰這個新複製者的話題，並且以一個能帶給大家希望的注腳作結束。人類獨特的特性之一，就是有預期的意識。自私的基因是不會預期的（從本章的推斷，瀰也不會），它們是無意識、盲目的複製者。它們會複製的事實以及其他的條件，意味著它們會傾向品質上的演化。從本書的觀點而言，這就是自私的性質了。但是，任何一個簡單的複製者，不管是基因或瀰，都無法在短期內被預期有自私的傾向（即便長期來說有自私傾向，也因而占便宜）。還有，即使對每一個人而言，「軟弱的叛變」好過ＥＳＳ，自然的天擇還是愛好ＥＳＳ的。

然而，人類獨具的另一個特質，可能就是容許純真而不令人感興趣的利他主義了。我並不願在這話題上爭辯，也不推論這方面的瀰演化。我現在的重點是，即使我們只看黑暗面，並假定每一個人基本上都是自私的；但我們意識上的預見，也就是在想像中模擬未來的能力，也能把我們從盲目的複製者濫用自私的最糟景況中拯救出來。我們至少有心智上的裝備，以培養長期的自私而不是短期的。我們既然可以看出參加「鴿子的同謀」會有長期的利益，我們自然還可以一起坐下來，討論使共謀行得通的方式。

我們有能力抗拒與生俱來的自私基因，必要的話，也能抗拒由教導而來的自私瀰。我們

甚至可以討論用心栽培純真的、不那麼令人感興趣的利他主義——這是在自然界所沒有的，在歷史上也不曾有過的事。

固然，我們生而為基因機器並且被陶冶成瀰的機器；但是我們還是有能力反抗我們的創造者，地球上只有我們可以反叛自私的複製者施給我們的暴虐！

12

好人還是會出頭！

「好人殿後」（nice guys finish last）這句話似乎起源於棒球界，不過有些權威人士聲稱這有其他的含義。美國生物學家哈丁（Garrett Hardin）用這句話來總括所謂的「社會生物學」或「自私的基因」的內涵。如果我們將「好人」的俗語意義，轉化為達爾文學說的相等語，好人就等於是：付出代價幫助同物種的其他成員，讓他們的基因傳給下一代的個體。如此一來，好人似乎會愈來愈少，善良也終會滅絕。

但是，俗語上的「好」還有另一個專業說法，如果我們採用這個專業說法，那和俗語就相差不遠了。「好人也可能會得第一」（nice guys can finish first）！本章所講的就是這個較樂觀的結論。

讓我們回憶一下第十章的小氣鬼。那些小氣的鳥以利他的方式互相幫助，但是懷著怨恨，拒絕幫助曾經拒絕過牠們的鳥。小氣鬼會在族群裡成為多數，因為牠們能比那些不分青紅皂白的幫助別的鳥、且被利用的傻瓜，和那些無情的利用且打垮每一隻鳥的騙子，傳遞更多的基因給下一代。小氣鬼的故事闡明了一個很重要的通則，就是崔弗斯所說的「互惠利他主義」。如同我們在掃除魚的例子所中了解的，互惠利他主義並不限於同一物種的成員。這原則在共生關係上也成立，例如螞蟻和牠的奶牛蚜蟲。

在第十章脫稿之後，美國的政治社會學家愛梭羅德（Rober Axelrod，與本書常提到的漢彌敦有一些合作經歷），已經把互惠利他的思想，運用到一些有趣的新研究方向。愛梭羅德將我在

開始時所要說的「好」字的特別意義表達出來了。

囚犯的困境

愛梭羅德和許多政治學家、經濟學家、數學家和心理學家一樣，當時正著迷於一種簡單的賭博遊戲「囚犯的困境」之中。據我所知，這種賭博很簡單，以致於許多聰明人完全誤解了它，以為其中應有更深的道理。但它的簡單是虛假的，在圖書館中有整書架的書，百家爭鳴的探討這遊戲，許多有影響力的人認為它含有戰略防衛計畫的關鍵思想，大家應該研究它以防止第三次世界大戰。

而身為生物學家，我同意愛梭羅德和漢彌敦所說的，在演化的時序中，許多野生動物和植物都參與過沒完沒了的囚犯的困境遊戲。

在它最早的版本「人類版」中，遊戲是這樣玩的：有一位莊家要負責給兩個玩的人賞金。假如我和你相對來玩（不過，我們會發現相對這個措辭是不必要的），我們手中各有兩張卡片，記得「合作」及「背叛」。玩的時候你我都各選一張擺在桌上，將牌的正面朝下，所以我們不會互相影響對方。事實上，我們應是同時出牌的。現在我們等著莊家把牌翻開。兩人的輸贏不只是決定在自己所出的牌（自己知道），而且決定在對方所出的牌（等莊家把牌翻開

才知道）。

既然雙方各有兩張牌，就有四種可能的結果。對於每一種結果，我們的賞罰如下（用＄的符號是基於這遊戲發源於北美）：

結果一：我們都出「合作」，莊家就各給我們＄三百，這總數稱為互相合作的報償。

結果二：我們都出「背叛」，莊家就罰我們各＄十，這稱作互相背叛的懲罰。

結果三：你出「合作」而我出「背叛」，莊家就給我＄五百（背叛的誘惑），並罰你＄一百（笨蛋）。

結果四：你出「背叛」而我出「合作」，莊家就給你＄五百並罰我這笨蛋＄一百。

結果三和四很顯然是互為鏡像，一個玩得很好，另一個很慘。在一和二中，我們玩得差不多好，但是結果一比結果二好。錢的數量並無所謂，也無所謂收入多少或付出多少。對於真正合格的囚犯的困境，最重要的，是它們的分級層次：背叛的誘惑應該比互相合作的報酬好，互相合作的報酬應該比互相背叛的懲罰好，而互相背叛又比當笨蛋好。（嚴格來講，真正的囚犯的困境還有一項條件，就是背叛得逞的所得和笨蛋的損失平均之後，不應超過互相合作的報酬，這條件的理由以後會凸顯出來。）這四種結果可總括在圖A的表中。

我的行為	你的行為：合作（C）	你的行為：背叛（D）
合作（C）	相當好 **報　償** （互相合作；CC） 例：$300 獎金	糟透了 **笨蛋的代價** （CD） 例：$100 罰款
背叛（D）	好極了 **試　探** （背叛：DC） 例：$500 獎金	相當糟 **懲　罰** （互相背叛；DD） 例：$10 罰款

圖 A　我在各種囚犯的困境遊戲結果中的輸贏

那麼，什麼叫困境呢？要了解這點，讓我們先看圖A這個輸贏的表格。假設我正和你玩這遊戲，我知道你只有兩張牌可出，不是合作就是背叛。我們照順序來考慮它們，如果你出背叛（也就是我們需要看右邊這一行），我所能出最好的也是背叛，無可否認的我會遭到互相背叛的懲罰；不過，如果我出合作，我就會付出笨蛋的代價，這是更糟的結局。

我們換到另一種你可能做的（請看左邊那一行），就是出合作牌。再一次，背叛是我所能做的最有利的事。如果我出合作，我們都會得到相當高分：即$三百；但是，假如我出背叛，我會得到更多：$五百。結論是，不論你出什麼，我的最佳選擇總是背叛。

所以，我已經算出一個無懈可擊的推理了，就是不論你做什麼，我一定背叛！而你也會和我一樣心照不宣。當兩個理性的遊戲參與者相遇時，他們都會背叛，而且結果就是被罰或得到低分。然而，兩人都完全明白，只有當他們都出合作時，雙方才會得到相當高分的報償。

這就是為什麼這遊戲會兩難的原因了，這也是為什麼它那麼令人不痛快又矛盾了，而且為什麼有人提議應該會有一種法則可以對付它。

合作才是良方

再來看較新的「囚犯版」。囚犯本是個特別的假想例子，在這例子中，籌碼並不是錢，而是坐監的刑期。

假想有兩個人在監牢裡，我們叫他們彼得森和摩里阿提，有合夥犯案的嫌疑。他們被關在分開的牢房，而且被勸誘出賣他的同夥（背叛）。結果如何，得看兩個囚犯所做的而定，而他們彼此都不知道對方做了什麼。

如果彼得森完全歸罪於摩里阿提，而摩里阿提保持沉默，使得這故事好像是真的（與他那位過去的，已經靠不住的朋友合作）；結果摩里阿提被判了極重的徒刑，而彼得森則屈服於背叛的試探，得以脫罪。又如果他們都背叛對方，結果都被判有罪，這是互相背叛的懲罰；但是因為提供證據，都得到減刑。如果他們互相合作，則因為證據不足，官方無法判他們重罪，他們都只因小的罪行而得較少的徒刑，這是互相合作的報酬。

雖然稱較少的徒刑為報酬，似乎是有點古怪，但是對於可能在鐵窗內待更久的人來說，他是能體會的。你會發現，雖然所付的不是錢而是監獄裡的刑期，這遊戲的基本特徵仍然保存著（仍然有四種結果所期望的等級）。如果你假想自己是囚犯，也假設兩人的動機都是追求自身的利益，並且記得他們無法彼此串供，那麼你會發現每個人都只能出賣對方，因此注定

都要判重刑。

有沒有辦法解決這個兩難的困境呢？兩個玩遊戲的人都知道，不論對手做什麼，他們自己所能做最好的就是背叛；還有，他們也知道，只要兩個人合作，每個人就會表現得更好的。只要……只要……只要能有辦法達成協議，只要能讓每個人確定別人是可靠的，而不貪得賭注，這樣就可以了。問題是怎麼去確定？

也可以玩玩反覆遊戲

在這簡單的囚犯的困境遊戲中，並沒有辦法確保對方是否可靠；除非至少其中一人是聖徒般的笨蛋。對這個世界而言，聖徒是太善良了，所以這遊戲注定要以互相背叛收場，兩位參與遊戲的人都得到似是而非的可憐結果。但是這個遊戲還有另外一種版本，稱為「反覆的」或「重複的」的囚犯的困境。這種反覆的遊戲較為複雜，但在複雜中卻含有希望。

反覆遊戲，簡單而言，就是同一對參賽的人，把平常的遊戲重複不定次數。你我仍然彼此相對，莊家坐在中間。我們手中仍然只有兩張牌，標明合作與背叛，我們仍然每次出其中一張牌，莊家則根據規則罰錢或給賞金。現在，遊戲並非到此為止，而是我們拿起卡片來，準備再玩下一回合。在接下來的幾回合中，我們有機會建立信賴或不信賴、報復或和解、原

諒或報仇的關係。在不定次數的長程遊戲中，最重要的一點是我們能一起使莊家出錢，而不是使對方出錢。

經過十回合之後，我理論上有可能贏得＄五千，但這只有在你極其笨（或神聖），每次都出合作，而我每次都出背叛的情況下才會發生。更實際的，我們很容易在十回合遊戲中，都出合作而從莊家那裡各得到＄三千。因此我們不必特別神聖，因為我們都可以從對方上次的舉動，看出對方是否值得信賴。事實上，我們可以監督對方的表現。另外一個可能發生的情況：是我們都不信賴對方，我們十回都出背叛，而莊家則每次從我們每人拿＄一百的罰金。最有可能的情況是：我們不全然的信賴對方，我們各出一系列合作與背叛的混合，最後得到某一中等數額的錢。

在第十章所提到的鳥，互相幫對方把羽毛的扁蝨除去，正是在表演一種反覆的囚犯的困境遊戲。怎麼說呢？我們記得，對每隻鳥而言，啄出自己身上的扁蝨是很重要的，但是牠無法處理自己的頭頂，所以需要一個同伴來替牠處理。看起來唯有牠在以後回報這份恩情才顯得公平。雖然這項服務耗費的時間和精力不多，但是假如有一隻鳥作弊，請別的鳥除蝨卻拒絕回報，那麼牠不必付代價就得了所有的好處。你列出各種結果，就會發現這正是一個囚犯的困境；互相合作（啄出對方的扁蝨）是非常好的狀況，但是還有另一種試探會更好，就是拒絕回報對方。互相背叛（拒絕啄出對方的扁蝨）是相當糟的狀況，但還有更不好的就是費

我的行為 ＼ 你的行為	合作（C）	背叛（D）
合作（C）	相當好 **報　償** 雖然我付出了代價幫你除蝨，但我的蝨子你也幫我除去。	糟透了 **笨蛋的代價** 我付出了代價幫你除蝨，但我的蝨子並未除去。
背叛（D）	好極了 **試　探** 我不必付代價替你除蝨，而我的蝨子仍會被去除。	相當糟 **懲　罰** 我仍有蝨子，但值得安慰的是，我也沒幫你除蝨。

圖 B　鳥的除蝨遊戲：我在各種遊戲結果中的輸贏

力替別的鳥啄出蝨子，而自己身上仍有蝨子。輸贏圖表請看圖B。

但是，這只是個例子而已。你愈想它，就愈覺得人生滿是反覆的囚犯困境遊戲；不只是人的生活，動物和植物的生活也是如此。植物？有何不可？請記得，我們不是在討論有意識的策略（雖然有時是如此），而是談論梅納史密斯觀點的策略，這是預先被基因設定的那種策略。以後，我們將會發現植物、各種動物、甚至於細菌，都在反覆進行囚犯的困境遊戲。同時，我們將更完整的探討有關重複困境很重要的事。

反覆遊戲策略多

反覆遊戲提供足夠的策略領域，不像簡單的遊戲，很容易就可預期背叛是唯一合理的策略。在簡單遊戲中，只有兩種可能的策略：合作及背叛。然而，反覆遊戲允許一切的策略，並且沒有哪一個顯然是最好的。例如，以下是幾千個中的一個：大部分回合中都出合作，但隨機的在百分之十的回合中出背叛。我的「小氣鬼」也是個例子；它對於局勢有很好的記憶，雖然它基本上是合作的，但是如果對方曾經背叛，它也會背叛。

很顯然的，在反覆遊戲中，各種我們才智所及的策略都可使用，我們能否找出一個最好的來呢？這是愛梭羅德給自己設定的工作。他有個娛樂性的想法，就是辦個競賽，向遊戲理

論專家發出廣告，邀請他們投件。每個專家的策略，就是預先用程式定下的行動規則，因此競賽的人可以用電腦語言來投件。愛梭羅德總共收到十四件稿件，為了方便評等，他加了第十五件，所謂的隨機策略（沒有策略的策略），就是簡單的隨機出合作或背叛，並且以此為底線——如果有哪一個策略不比隨機策略好，那它一定是很差的策略。

愛梭羅德把十五種策略都轉換成同一種語言，並且在同一部大電腦內讓它們一一對壘，每一種策略都和其他各種策略對陣過（包括它自己）。既然有十五種策略，總共就有十五乘十五，也就是兩百二十五個不同的比賽在電腦上進行。每場比賽有兩百回合，當每對玩過兩百回合後，就把輸贏總合結算，公布勝利者。

我們不在乎哪一種策略勝過哪一種特定對手，重要的是，哪一種策略在十五次遊戲的總合中，能累積最多「錢」。「錢」意指分數，是根據以下規則計算的：互相合作，三分；背叛，五分；互相背叛的懲罰，一分（相當於我們先前所說的輕微罰款）：被騙，零分（相當於先前所說的重罰）。

代理人戰爭

任何策略能達到的最高分是一萬五千分（每回得五分，共兩百回，十五場比賽）。最低分

		你的行為	
		合作（C）	背叛（D）
我的行為	合作（C）	相當好 **報　償** 互相合作（CC） 3 分	糟透了 **笨蛋的代價** （CD） 0 分
	背叛（D）	好極了 **試　探** 背叛（DC） 5 分	相當糟 **懲　罰** 互相背叛（DD） 1 分

圖 C　愛梭羅德電腦競賽：我從遊戲結果中所得的輸贏

為零分。不用說，任何一種極端都不可能發生。實際上，一種策略平均每場比賽所得不會超過六百分。這是兩個參與遊戲者在兩百回合的遊戲中持續合作時，每人所能得的分數。如果他們其中一人背叛過，很可能會得到少於六百分的分數，因為另一個人將會報復（大部分參與的策略都設有某種程度的報復）。

我們可以用六百分做為比賽的基準，而且將所有的成績表達成這分數的百分率。以這規模，理論上可能得到百分之一百六十六的得分率（一千分），但實際上沒有任何策略得分超過六百。

要記得在比賽中的參賽者不是人，而是電腦程式：事先設定策略的程式。它們的作者扮演如基因操控身體般的角色（想想第四章的電腦下棋）。你可以把策略想成是它們作者的代理人。事實上，一個作者可能送來不止一種策略，不過這算是作弊，愛梭羅德應該是不允許有人這樣做的。因為作者可能套好程式，使其中某一個程式因其他程式的犧牲，而獲勝利。

有些策略是非常聰明的（當然遠不及它的主人），但令人訝異的是，贏得比賽的那個策略，是所有策略中最簡單、表面上看來最不聰明的。它名叫「一報還一報」（Tit for Tat），是拉普波特（Anatol Rapoport）教授所提供的，他是多倫多大學的著名心理學家的遊戲理論家。「一報還一報」以第一回合的合作為起始，然後每一回合都重複對手上一回合的動作。

一報還一報的遊戲有怎樣的過程呢？就如我們所說的，會發生什麼事，要視對方的反應

而定。首先，假設對手也是個「一報還一報」的人（請記得每種策略除了和另外十四種對玩之外，也和自己的複製版對玩），每一個「一報還一報」策略都由合作開始。在下一步動作中，每一個遊戲者也都重複對方上一回合的動作，也就是合作。雙方都繼續合作直到遊戲終了，得分當然都可以達到六百分的水準點。

「一報還一報」出線

現在假設「一報還一報」的遊戲者，和一種稱作「天真的試探者」的策略對玩。天真的試探者並沒有真正參與競賽，但無論如何，這是一種教育性的策略。它基本上和「一報還一報」是一樣的，除了在幾次當中（假設每十次中隨機有一次），它會無緣無故的出一張背叛，並且獲得試探高分。

一直到天真的試探者嘗試背叛之前，雙方都是「一報還一報」的。一長系列的合作過程似乎早設定好在既定的軌道運行，雙方都可很快樂的得到百分之百的基準分。但是，忽然在沒有預警之下（假設為第八回），天真的試探者背叛了。「一報還一報」當然在這一次出合作，所以就得了笨蛋的代價，零分。天真的試探者似乎做得很好，因為它已經從中得了五分。但是在下一回合裡，「一報還一報」就報復了，它也出背叛，很簡單的效法對手上一回的

動作。同時，天真的試探者卻很盲目的依循它已被設定的規則，重複它的對手的合作行為。所以，它得了笨蛋的代價，零分，而「一報還一報」得到五分的高分。下一回合，「天真的試探者」則會報復對方的背叛，如此反反覆覆的持續下去。

在這種反覆的背叛中，兩個遊戲者都得到每回平均二點五分（五和零的平均）的分數。這分數比雙方在互相合作時，每回合所能穩定得到的三分為低（順便提一下，這就是前面提過的「背叛得逞的所得和笨蛋的損失平均之後，不應超過互相合作的報酬」這條件的理由），所以，當天真的試探者卯上「一報還一報」時，兩人會玩得比兩個「一報還一報」對玩還差。當天真的試探者對上天真的試探者時，由於背叛的反彈回合發生得更早，所以兩者都會表現得更差。

現在我們來考慮另一種策略，稱作「自責的試探者」。自責的試探者和天真的試探者一樣，所不同的是它會採取主動，以中止反覆互責的過程。要這樣做，它需要比「一報還一報」和天真的試探者有稍久一些的記憶力。自責的試探者會記得這是自發性的背叛或立刻報復的結果。如果是因報復而背叛，它會自動的允許對手有一次免遭報復的背叛，這意味著防患持續的互相責怪於未然。

如果現在玩一場假想的自責的試探者和「一報還一報」遊戲，你會發現可能產生互相報復的那幾回合，會即時被除去。遊戲的大部分都在互相合作中進行，兩方都享受高分的結

局。自責的試探者和「一報還一報」相對時，表現得比天真的試探者更好，雖然不如「一報還一報」自己對玩時好。

在愛梭羅德的聯賽中，有些策略遠比自責的試探者天真的試探者複雜，但平均而言他們都不如簡單的「一報還一報」得分高。事實上，所有的策略當中（除了隨機以外），最失敗的就是最複雜的那一個。那是一個隱姓埋名的人寄來的，用意可能在刺激思考，看能不能得到什麼點子。作者也許是五角大廈的某一後台老大？或是中央情報局的頭子？是季辛吉（Henry Kissinger）嗎？還是愛梭羅德自己呢？我想我們無從知道。

善良寬恕是贏家

我們的興趣不在測試被提出的策略細節上，這也不是一本關於電腦程式員的書。我們感興趣的是，根據某種類別將策略分級，並且測試各級的成敗。最重要的一類策略，愛梭羅德稱之為「好」策略，它的定義是永遠不先背叛。「一報還一報」就是個例子，它有能力背叛，但它只有在報復時才如此。天真的試探者和自責的試探者都被列為差勁的策略，因為它們有時候會在毫無誘因的狀態下背叛。

十五個進入比賽的策略中，有八個是好的。很重要的，這八個就是得分前八名的策略，

而那七個差勁的，分數遠在它們之後。「一報還一報」的得分是五百零四點五。也就是我們基準分六百的百分之八十四。其他的好策略，得分率稍微少一點，介於百分之七十八點六到百分之八十三點四之間。這得分率和差勁策略中的最高得分率：百分之六十六點八，之間有很大的間隔。這似乎很令人確信，「好人」在這遊戲中表現得很好。

愛梭羅德還有另一個術語，就是「寬恕」。一個有寬恕性質的策略，雖然它可能會報復，但它的記憶是短暫的，會很快的複習一下舊的錯誤行為。「一報還一報」是一個肯寬恕的策略，它對於別人的背叛會立即輕輕的反擊一下，但是，之後它就讓事情過去了。第十章裡的小氣鬼則是完全無法寬恕的，它的記憶會維持到遊戲終了，小氣鬼絕對不會忘記另一位遊戲者曾有的背叛行為，即使只有一次。

愛梭羅德的競賽擂台上，也有一個以「炸人」為名的策略，完全符合小氣鬼的情形，但它表現得並不好。在所有好的策略中（這是只就技術而言的好，即使它完全沒有寬恕的性質），小氣鬼和炸人是倒數第二名。不含寬恕性質的策略表現不是非常好的原因，在於它們不肯中斷相互的責怪，即使對手已經自責了。

比「一報還一報」更肯寬恕有可能贏嗎？「兩報還一報」允許對手背叛兩次才報復。這看起來似乎太神聖、太寬宏大量了，然而愛梭羅德發現，只要有人以「兩報還一報」加入比賽，這策略就會贏得這項比賽。這是因為它實在夠好，足以避免相互責怪報復的過程。

至此，我們已經定出了贏的策略具有的兩種特徵：善良與寬恕。這個聽起來幾乎是烏托邦的結論，使許多專家跌破眼鏡——這些專家過於狡猾，送來勾心鬥角的策略；而那些送來善良策略的人，又不敢大膽寬恕到兩報還一報。

善良再次獲勝

愛梭羅德又宣布了第二屆的比賽。這次他收到六十二件參賽作品，他也同樣的加上隨機策略，湊成六十三件。這一次，每局比賽不再是兩百回合，而是比兩百回合更高。為什麼這麼做的理由，我在後面會提到。現在，我們仍然可以將分數表達成基準分數的百分比，或者是「合作到底」的分數，即使這基準需要更複雜的計算，而且也不再是六百分。

第二屆比賽的程式作者們都收到第一屆的成績，並且附有愛梭羅德的分析，說明為什麼善良及寬恕的策略會表現得如此優秀，這樣做是預期參賽者會把這份資料放在心裡。但事實上，他們的想法分成兩派，有些人推論善良及寬恕很顯然是贏的策略，他們也根據這思想送來善良及寬恕的策略，梅納史密斯甚至好到送來超級寬恕的「兩報還一報」。另一派人的想法是，大部分的同仁在讀了愛梭羅德的資料後，會提出善良和寬恕的策略，因此他們採用了狡猾的策略，想要整整這些來參賽的笨人。

然而，狡詐的手法再度失敗。由拉普波特的「一報還一報」再次獲勝，並且得到基準分數的九十六個百分比。而且，善良的策略再次普遍表現得比狡猾的好，前十五名中只有一個不是善良的策略，最後十五名中則只有一個不是狡猾的。不過，神聖的「兩報還一報」並沒有贏得這一屆比賽；雖然如果它有參賽第一屆的話，應會贏得那次的比賽。這是因為這次入圍的有更多細膩而詭詐的策略，能夠無情的捕殺那些極度善良（到幾近蠢笨）的人。

這顯示這些比賽裡有個重要關鍵：一個策略的成功取決於其他送來的策略。唯一能說明兩次比賽的差別是，「兩報還一報」在第二屆比賽中殿後，而在第一屆比賽應會是贏家。那麼，是否有什麼客觀的方法，讓我們可以從更普遍、更不隨機的角度來判斷，哪一個才是真正最好的策略呢？讀過前幾章的讀者，可能已經準備從演化穩定策略（ＥＳＳ）的理論中去找答案了！

強韌的ＥＳＳ

我是接到愛梭羅德傳來第一屆的結果，而且被邀請去參與第二屆比賽的人之一。但我沒有去參賽，只是提出了另一個建議。愛梭羅德當時已經開始想到ＥＳＳ了，但我覺得這個方向十分重要，所以我寫信建議他和漢彌敦聯繫。漢彌敦那時與愛梭羅德在同一個學校（密

西根大學）的不同系裡。愛梭羅德立刻和漢彌敦聯繫，結果是他們共同在一九八一年的《科學》（*Science*）期刊上，發表了一篇耀眼的文章，那篇文章贏得了美國科學促進協會的克利夫蘭新冠獎（Newcomb Cleveland Prize）。文章中除了討論一些生物界裡，很有趣的、極端反覆的囚犯困境例子外，愛梭羅德和漢彌敦也表達了我認為源於ＥＳＳ所採用的方法。

相對於ＥＳＳ方法，愛梭羅德的兩次比賽都照循環賽的制度。循環賽就像足球聯賽，每一種策略都和其他各種策略對玩相同的次數。一個策略的最後分數，是它與每一種策略對玩過之後得分的總和，因此，想要在循環賽中成功，就必須對所有投來的策略，都能夠競爭。愛梭羅德形容，在各種不同種類的策略中比賽都表現很好的策略為「強韌的」。「一報還一報」顯然是強韌的策略。但是大家投來的策略，如果是很偏頗的呢？這正是我們在前面所擔憂的。

在愛梭羅德最初的比賽中，剛好有大約一半的策略是善良的，「一報還一報」在這種「氣氛」中贏了。而如果「兩報還一報」也在當中，它應會贏得這項比賽。但是假設所有的策略恰巧都是詭詐的呢？這是很容易發生的。假如十三個策略都是詭詐的，那「一報還一報」就不可能贏了，整個狀況對它是不利的。

包括錢的輸贏和策略間成功的等級排名，都和送來的策略有關；換句話說，參賽策略的整體特質是偏向詭詐？是偏向善良？還是分布均勻呢？這有點像我們心血來潮般那樣的隨

與。我們要怎樣才能減低這種隨機性呢？答案是「想想ＥＳＳ」。

你記得前幾章曾提過的，演化穩定策略的重要特徵嗎？就是當這個策略在族群中有多數個體採用時，它就會一直很成功。譬如說，「一報還一報」是一個ＥＳＳ，意味著它在由「一報還一報」主控的狀況中會很行得通，這可以看作是一種特別的強韌性。身為演化學者，我們將它看作唯一算得上數的強韌性。為什麼它會如此重要？因為，在達爾文主義的世界裡，贏不是得到賞錢，而是有後代；對於達爾文學說的信徒而言，成功的策略就是在族群中多數人所使用的策略。

策略要保持成功，它必須行得通，特別是在多數的局面下——也就是在它的複份占有數量優勢的局面下。

騙子不長命！

事實上，愛梭羅德曾經辦了第三屆的比賽，他希望找出一種ＥＳＳ，如同自然界裡會有的情形。但他並沒有叫它做第三屆，因為他沒有徵求新的程式，而是把第二屆的六十三種策略再跑一遍。我覺得把這次看作第三屆是很順理成章的事，因為它與前兩屆循環賽的差異，比前兩屆彼此間的差異更大。

愛梭羅德將這六十三份程式丟入電腦中，產生進化演替的第一世代。因此，在第一世代中的環境，包含了六十三種策略的代表。在第一世代的末了，每一種策略的贏，不是得到錢或分數，而是後代（無性的），與它們的父母相同的後代！當一個世代過去之後有些策略變得較稀少，有些甚至於消失了，其他的策略則變多了。數目比例改變的結果，就是遊戲下一步的環境也改變了。

最後，經過一千個世代，比例和環境都不再改變而達到穩定。在此之前，各種策略的財富起起落落，就如我電腦模擬中的騙子、傻瓜和小氣鬼。有些策略一開始就消失了，其餘大部分都在兩百個世代之內消失掉。在詭詐的策略當中，有一、兩個在開始時增加，但它們的繁盛，如同我的模擬中的騙子一樣，是很短命的。唯一活過兩百代的詭詐策略，是一個叫「赫靈頓」（Harrington）的策略。

赫靈頓的數目在前一百五十代中增加得非常迅速，之後它就逐漸衰減，在第一千代左右將近消失。赫靈頓的暫時成功，理由正如我原先的騙子成功一樣：它專門捕殺那些在它周圍的「兩報還一報」（太寬恕）傻瓜，當這些傻瓜絕跡之後，由於再也沒有容易捕食的對象，赫靈頓也跟著絕跡了。這地盤就空出來給善良但不懦弱的、像「一報還一報」的策略。

有永遠太平的天下嗎？

「一報還一報」在第三屆比賽中，每六局有五局是名列前茅的，正如在第一屆及第二屆的表現一樣好。其他五種善良而不懦弱的策略，也和「一報還一報」同樣成功（數量很眾多）。當所有詭詐的策略都絕跡之後，我們就無法區別善良的策略和「一報還一報」，也無法區別出任何兩種策略之間的差異了，因為它們全都是善良的，只會向對方遞出合作牌而已。

這種無法區別的結果是，雖然「一報還一報」看起來像是ＥＳＳ，嚴格來講，它卻不是真正的ＥＳＳ。請記得，做為ＥＳＳ策略，必須普遍無法被某種稀少而突變的策略所侵害。現在，「一報還一報」不會被詭詐的策略所侵害是成立了，但是面對其他善良的策略就不一樣了。就如我們已經看到的，在完全善良的群體中，它們都一直採取合作，彼此不分。所以，其他的善良策略也以完全神聖而永遠的合作，混入「一報還一報」的族群中而不被察覺，雖然它們在物競天擇上不會優於「一報還一報」。所以，從技術上看，「一報還一報」並不是ＥＳＳ。

你也許認為既然這世界會維持善良，我們就可以將「一報還一報」視為ＥＳＳ。但是天曉得，讓我們看看接下來要發生的。不同於「一報還一報」，「永遠合作」可是一種被「永遠背叛」侵害時，會發生不穩定的策略。永遠背叛面對永遠合作時很亨通，因為它每次都得高

分，像永遠背叛這樣詭詐的策略，將會進來遏止永遠合作那一類太善良的策略。

共同的穩定策略

雖然「一報還一報」嚴格講並不是真正的ＥＳＳ，但將某些基本上善良、但具報復性的「類似一報還一報」混合策略，當作大略等於ＥＳＳ，是合理的。這種混合策略可能含有一點點詭詐。

博伊德（Robert Boyd）和羅波保（Jeffrey Lorberbaum），繼愛梭羅德之後，做了更有趣的後續工作。其中之一是觀察「兩報還一報」和一種叫做「多疑的一報還一報」的混合策略。「多疑的一報還一報」技術上是詭詐的，但不是非常詭詐，它在第一步之後的表現都像「一報還一報」一樣——這就是它技術上詭詐的地方，因為它在遊戲的最初一步就背叛了。

在一個完全由「一報還一報」所主控的環境中，「多疑的一報還一報」不會繁盛，因為它的第一步背叛啟動了互相責怪、無法中斷的循環。另一方面，當它遇到「兩報還一報」時，後者那更大的寬恕反而把互相責怪的芽給掐去了。兩個對玩的人最後至少都得了基準分，而「多疑的一報還一報」則因為起初的背叛占了一點便宜。

博伊德和羅波保證明：「兩報還一報」及「多疑的一報還一報」的混合，就演化而言，

可以侵入「一報還一報」的族群，兩者都會在其中繁盛起來。幾乎可以確定，這樣的組合不是唯一可以侵入的組合，可能還有許多有點詭詐、又兼具善良又極寬恕的策略組合，能侵入「一報還一報」。有些人或許已看出，這好像活生生映照出我們的生活情形。

愛梭羅德承認，「一報還一報」嚴格講並不是一個ＥＳＳ，所以他使用了一個措辭「共同的穩定策略」，來描述這情形。正如在真正的ＥＳＳ景況裡，可能會有不只一種策略同時達成穩定。

主控的刀鋒

再強調一次，ＥＳＳ是個誰主控族群的運氣問題。永遠背叛和「一報還一報」一樣，也是穩定的；已經由永遠背叛所主控的族群，沒有其他策略能有更好的表現。我們可以將這系統當成兩種穩定：永遠背叛是其中一種穩定點，「一報還一報」（或是一些很善良，但是有報復性的混合策略）是另一個。任何一種先達到主控族群的地位，就會一直握有主控權。

主控的意義究竟怎樣呢？要有多少個「一報還一報」，才能夠表現得比永遠背叛更好呢？這得看在特定的遊戲中，莊家願意給付的詳細內容而定。一般而言，有一個關鍵頻率，就像刀鋒。在刀鋒這一側，「一報還一報」超過天擇，因此會對「一報還一報」愈來愈有利；在刀

鋒的另一側，永遠背叛的數量超過關鍵量，天擇會愈來愈偏愛永遠背叛。我們在第十章的小氣鬼和騙子的故事中所面對的，也相當於這裡的刀鋒。

因此，從一開始時族群在刀鋒的哪一側，顯然是很重要的。我們也需要知道，族群從刀鋒的一側跨到另一側，會有多大的可能。假設從一開始族群就已在永遠背叛的一邊，少數的「一報還一報」個體因沒有夠多的機會相遇而互利，於是天擇就把族群更推向永遠背叛的極端；只有當族群自己決定跨過刀鋒，它才能一直滑到「一報還一報」的極端。當然群體本身沒有群體的意願或目的，它們無法奮力去跨過刀鋒，僅僅在無方向性的自然力剛好引導它們跨過時，它們才能跨過。

怎麼會這樣呢？答案之一是機會。但是機會只是一個表達不知情的措辭，它的意思是「由一些未知或無從確定的方法來決定」。我們希望可以表現得比機會更好一點，我們可以想想一些實際的方式，比如說少數的「一報還一報」的個體剛好增加到關鍵的數目。這等於是探求可能的方法，看能不能使「一報還一報」的個體剛好集成夠多的個數，讓它們都從莊家那裡得到利益。

黏性製造機會

這種想法看來很有指望，但是相當模糊。在小區域中，相似的個體究竟有多大可能找到彼此而聚集呢？

在自然界中，最明顯的方法是藉由基因關係，意即近親。大部分的動物都傾向於住在靠近姊妹、兄弟和表兄弟的地方，而非群體中的任意成員處，這是因循群體中的「黏性」。黏性意指任何個體會持續生活在靠近出生地的傾向，例如，就過去的歷史和世界上的大部分地方（至少在現代的世界），人們很少遷離他們出生地幾英里以外，這導致形成了有基因關係的地區性族群。我曾經造訪過愛爾蘭西岸一個偏遠的小島，很震驚的發現島上幾乎每一個人都有「壺把型」的耳朵。那裡的海風很大，所以不太可能是因為那裡的氣候適合大耳朵，而是因為那裡的人，大部分彼此是近親。

有遺傳關聯的親戚，不只表現在臉上的特徵相似，也表現在所有其他各點上。例如，他們彼此的基因相近，使他們都採用或都不採用「一報還一報」的原則。所以即使「一報還一報」可能在整個群體中很稀少，但它可能在局部區域裡很普遍。在某個局部區域中，也許「一報還一報」彼此相遇頻繁，因而互利繁盛起來。即使從全群體的頻率來算，他們還是少於刀鋒所需的，不過數目仍然會增加。

在這情況下，「一報還一報」的個體在安適的小群中，彼此合作可以非常繁盛，然後從小的區域性群體漸次集成較大的族群。這個大族群可能大到分散至其他區域，那些區域到目前為止，在數目上仍是由永遠背叛所主控。

在考量這些區域性的族群時，請原諒，我提到的愛爾蘭小島是個誤導的例子，因為那是獨立的實體。換個立場吧，想想看在一個沒有太多遷移活動的大族群裡，即使在整個範圍中，血統的混合不受阻隔，個體仍將只會與鄰近的個體相似，而不是與遠處的個體相似。

再回到我們的刀鋒，「一報還一報」是可以克服的。所需要的就是一個小區域的群集，而且是在自然的群體中會自然形成的。「一報還一報」有一種先天的特長，就是即使當數目稀少的時候，也能夠跨越刀鋒到利於自己的一側。彷彿有一條祕密的通道在刀鋒之下，但這通道有一個單向閥：是不對稱的。永遠背叛雖然是個真正的ESS，卻不像「一報還一報」能以區域性的集結來跨越刀鋒；相反的，永遠背叛的個體在區域性的集結中，不但不因彼此的出現而繁盛，反而特別糟，不但不會悄悄的互相幫助，從莊家那裡得利，反而對彼此不利。因此，永遠背叛不像「一報還一報」，它們沒有從族群的近親關係和黏性中得到任何幫助。

所以，「一報還一報」可能只是個不明確的ESS，但卻有高度的穩定性。這意味著什麼呢？當然，穩定就是穩定，我們從長遠的角度來看時，自有它的意義。永遠背叛能抵擋侵害很長久的時間。但如果我們等得夠久，也許數千年，「一報還一報」至終會湊到翻過刀鋒所需

要的數量，族群就會突然改變了。但逆向的情形卻不會發生。永遠背叛因為不會從集結得到益處，所以不能享有這種高度的穩定性。

不嫉妒者超越零和

如同我們已知的，「一報還一報」是善良的，意味著從不主動背叛；是寬恕的，意味著很容易忘卻對方過去的錯誤。現在我還要介紹愛梭羅德的另一個專業術語：「一報還一報」也是不嫉妒的。亞瑞爾賴的嫉妒的意思，是努力要比別的參賽者賺更多的錢，而不只是從莊家得到大量金錢。不嫉妒的意思就是，別的參賽者賺得和你一樣多時，你仍然很高興，而且樂於同時從莊家那裡贏錢。

「一報還一報」從來沒有真正贏過一場遊戲，你想想看就會發現，它從來沒有在任何一場遊戲中比對手得更高分，因為它從不背叛，除非報復時才如此。它最常做的是和對方平手，它傾向於與人分享高分。對於「一報還一報」或其他的善良策略而言，「敵對」這個詞不是很貼切的。

遺憾的是，當心理學家在真正的人與人之間，設定反覆的囚犯困境時，幾乎所有的參賽者都懷著嫉妒的心態，以致表現得很差。許多人看起來似乎，也許連想都沒有想過，就寧可

對另一個參賽者不好，也不願與他合作一同對付莊家。而愛梭羅德的研究，已經證明這是非常錯誤的行為。

不過，這只是在某些遊戲中的錯誤。遊戲理論將遊戲分類為「零和」和「非零和」。在零和的遊戲中，一方的收穫就是另一方的損失。下棋就是一種零和遊戲，因為參賽者的目標是要贏，這意味是要另一個人輸。但是，囚犯的困境不是零和遊戲，這裡面有一位莊家在付錢，兩個玩的人是可能聯手對付莊家，而皆大歡喜的。

離婚的零和情結

在所謂文明的「衝突」中，其實常有相當的合作空間。那些看起來是零和的抗爭，可以在一點善意中，被轉化為互利的非零和遊戲。

離婚這件事，就是這樣。一樁好的婚姻很顯然是個非零和遊戲，充滿了相互間的合作。即使當婚姻破裂時，夫妻也有理由互相合作以蒙受利益，把離婚處理成非零和的遊戲。因為即使沒有孩子的贍養費問題，光是兩個律師的費用，就足以使這個家庭的財政虧損慘重。所以顯然的，一對理性又文明的夫妻，應該在一開始就一起去找同一位律師，不是嗎？

事實不然，至少在英國就不是如此。而且直到最近，美國所有的州法律都規定，律師只

能接受一對夫妻中的一位做為委託人。另一個人只能另找一個律師，或沒有法律上的諮詢。這就是事情開始有意思的地方了，在不同陣營中，有一個相同的聲音：「我們」和「他們」。我們，如你所知道的，不是指我和我太太，而是指我和我的律師；他們，則是她和她的律師。當案子送到法庭時，實際上是叫做「史密斯對史密斯（妻子仍冠夫姓）」！它被假設為敵對的，不管這一對夫妻是不是感覺如此，也不管他們是不是願意理性的和解。誰能從這種「我贏你輸」的爭鬥中獲利呢？只有律師。

這使我想起莎士比亞那句有趣的話：

首先，讓我們一起把所有的律師給殺了。

——《亨利六世》第二幕

這一對倒楣的夫妻，已經被捲入一場零和的遊戲中。但是，對律師而言，史密斯夫妻的案子，是個又好又滿帶油水的非零和遊戲。律師們盡心根據規範，一起合作榨取史密斯聯合帳戶裡的血汗錢。他們合作的方式之一就是，提出對方不會答應的建議，於是，每一封信、每一次的電話溝通，都使這對合作的「敵對者」帳單上的數字節節升高。

很幸運的，這過程可能拖延數個月、甚至數年才解決，費用也相對上升。律師不需要一

起解決掉問題，相反的，得小心謹慎的彼此避免解決問題。這正是他們合作從客戶身上榨錢的手段。我這樣講也許過分了些。當然，律師們也許並沒有意識到他們在做什麼，正如我們將要提到的吸血蝙蝠；他們只是照著非常儀式化的規則，在玩遊戲。這遊戲並沒有意識，也沒有特意的安排，它只是被環環相扣的設定好，就可以把我們推入零和的遊戲中——對委託人而言是零和的，對律師卻不是零和的。

那該怎麼辦呢？莎士比亞的說法是傷感情的，改變法律才是可行的方法。但是大部分的議員都不具備法律素養，更要命的是，他們也有零和的想法。很難想像會有一個地方，比英國的下議院更充滿敵意的氣氛！就算在法庭上，至少還保留了些許禮貌上的辯論，他們（律師）也嘗試著很善意的合作，而從莊家（委託人）那裡獲利。也許真正有心的立法者和悔悟的律師，應該學習一點遊戲理論。而對於那些矢志要為零和遊戲戰鬥的夫婦，也許該有些站在反對立場的律師，勸服他們在庭外達成非零和的和解，遊戲才算公平吧。

人生裡哪些是零和或非零和遊戲呢？哪些人生的觀點會培養出嫉妒，哪些又會培養出合作，來一起面對莊家呢？想看看，例如薪水。當我們要求加薪時，我們動機是出於嫉妒同事，或是合作提高我們真正的收入呢？在真實生活裡（心理實驗裡也一樣），我們是否都把非零和的狀態，假設成一場零和的遊戲呢？

我只是列出這些難題而已。要回答這些問題，已經超出本書的範圍了。

放水的足球賽

足球也是零和遊戲——至少它通常是的，但偶爾也可以不是。其他的比賽，如橄欖球、澳洲足球、美式足球、愛爾蘭足球等，也是零和遊戲。

英國足球聯盟分為四個等級，每一級內的各支球隊在整個球季裡互相對抗，每一次贏球都可累積分數。在第一級裡的球隊都是很有名氣的，而且既然會吸引大批球迷，就保證會有好的票房。但在每一季的末了，第一級的最後三名會在下一季被貶到第二級去。被貶看來是一件極可怕的事，需要盡力去避免。

一九七七年的五月十八日，是那年足球季的最後一天。三支會被貶的球隊中，有兩隊已經確定了，第三個名額還在拚鬥中。這個名額將從桑德蘭（Sunderland）、布里斯托（Bristol）及科芬特里（Coventry）三隊中淘汰出來。那個週末將是這三隊決定性的一戰。桑德蘭要和第四名的隊伍比賽，而這第四名的隊伍，無疑將留在第一級。布里斯托和科芬特里，剛好要彼此對抗。

眾所周知，如果桑德蘭輸掉比賽，則布里斯托和科芬特里只需平手，就都可以留在第一級裡。但是如果桑德蘭贏了，布里斯托和科芬特里勢必有一隊要降級，這就視他們兩隊比賽的結果而定。這兩場關鍵性比賽，理論上應該同時進行。但事實不然，布里斯托對科芬特里那場比賽晚了五分鐘。因此當這場比賽結束前，桑德蘭那場比賽的結果已經出來了。整個複

雜的故事，就從這裡開始。

在布里斯托和科芬特里的比賽中，大部分的過程都如新聞報導中常用的措辭，「快速而火爆」，這是一場緊張刺激（如果你喜歡的話）的拉鋸戰。在彼此都射過幾次漂亮的球之後，眼看就要以二比二結束了。就在結束前兩分鐘，從另一個球場傳來桑德蘭輸球的消息，科芬特里的經理立刻在球場的巨大電子看板上，把消息打出來。很顯然，二十二個在場中的球員都很快看到，並且都明白，他們不需要再辛苦比賽了；他們只要平手，就都不用降級了。於是兩邊都開始小心的保持平手。

我們引述新聞報導如下：「那些在數秒鐘前還兇暴異常的球迷，在比賽結束、雙方平手的訊號打出之後，立刻投入聯歡之中。裁判查理斯看起來無可奈何，因為球員只是把球盤來盤去，對持球的人也幾乎不去攔截。」本來是一場零和的遊戲，只因外面世界的一則新聞，就變成了非零和遊戲。套上我們剛才討論過的用語，這就好像有一個外來的「莊家」很神奇的出現，使布里斯托和科芬特里都能夠因同樣的結果：平手，而獲利。

也能寬恕，也能詭詐

像足球這類觀眾非常多的運動，照常理應是零和遊戲的。對球迷而言，看到球員奮力拚

鬥，總比看到他們友善的互相放水，刺激多了。但是在實際生活中，包括人類和動植物的生活，都不是設定來滿足觀眾的，在真實生活中的許多處境，其實相當於非零和的遊戲。

大自然時常扮演莊家的角色，因此個體們可以因彼此的成就而互蒙其利，他們不需要靠打倒對手而獲益。還有在自私的基因這基本定律之下，我們仍然可以看到，互助合作如何使這自私的世界欣欣向榮。根據愛梭羅德的字義，我們也可以了解，好人是怎麼出頭的。

但是除非遊戲是反覆式的，否則這些都不成立。參賽者必須知道，現在這一回合並非他們之間的最後一回。在愛梭羅德文中，常出現的措辭是「未來的影子」，而這個影子存在的時間必須很久。但是要多久呢？它不可能無限久。理論上來看，遊戲有多久是無所謂的，重點是，參賽者都無法獲知比賽何時要結束。

假設你和我正在對玩，並且假設我們都知道比賽剛剛好一百回合了，現在我們都知道第一百回是最後一回合，而且就相當於囚犯的困境的不重複遊戲。因此對我們兩人而言，在第一百回時，理性的策略應該是背叛，並且，我們可以假設對方也會這麼做，因此最後一回變得可以預測了。但是這樣一來，第九十九回也會是一次不重複的比賽，並且在這一回上，理性的選擇應該也是背叛。依此往回推，第九十八回、九十七回、九十六回……也會因同樣的理由而受影響。兩個極理性的人，既然知道有多少回合要交手，而且也互相假設對方是在極理性的情況下，結果是兩人將只會不斷的出背叛。所以，當遊戲理論家提到反覆式囚犯的困

境遊戲時，他們總是假設遊戲的末了是不可預測的，或者只有莊家心知肚明。

然而，即使遊戲確實的回合數無法知道，在真實的生活中，常常還是可以經由統計，來猜測遊戲可能還有多久。這個估計有可能成為策略中最重要的部分，例如，如果我注意到莊家有點坐立難安、頻頻看著手錶，我會推測遊戲快結束了，而且會想要背叛。如果我假設你也注意到莊家的動作了，我會怕你也有意要背叛，我可能會急著先你而背叛；特別是我擔心你也會對我害怕……。

數學家只把囚犯的困境遊戲分為一次或反覆式的，這分法是太簡單了！我們可預測每一個參賽的人，都會表現出好像他對遊戲何時結束，不斷有新的估計。他估計得愈長，他就愈會依照數學家所說的反覆式遊戲的策略來比賽，換句話說，他會更好、更寬恕、較沒嫉妒心。相反的，如果他估計得愈短，就會照一次式的策略：會更詭詐，而且更不寬恕別人。

自己活也讓別人活

愛梭羅德對未來的影子的重要性，做了個生動的解說。他的資料來源是歷史學家暨社會學家艾許華茲（Tony Ashworth）的研究，那是第一次世界大戰中的一個現象，也就是所謂「自己活也讓別人活」的系統。

許多人都知道，大戰期間在耶誕節時，英國和德國的軍隊於無人地帶，一起喝酒暫時往來的事情。

但是我更感興趣的，也是較少人知道的，就是非正式又不說出口的互不侵犯協定：一個「自己活也讓別人活」的系統，從一九一四年起，就在前線起起落落的發展了至少兩年。一位英國的資深軍官，據說在巡視戰壕時，很驚訝的發現，德國兵在他們來福槍的射程裡走動。「我們的人表現得很不在意，我私下決定要除掉這樣的事情。這些人很顯然不知道現在是戰爭期間，雙方都明顯的相信『自己活也讓別人活』的策略。」

那時囚犯的困境遊戲理論還沒發明，但是這些事情是很明顯的符合這個理論的，而且愛梭羅德也提出了有趣的分析：對軍隊而言，在那長期戰亂的時代，未來的影子很長。也就是說，每一群長期駐守的英國兵，都會相對的遇見一群長期固守的德國兵，達數個月之久。況且，一般的士兵並不知道他們什麼時候要調動，調動的命令是出了名的任意和令人費解。未來的影子既然又長又不明確，就足以培養出一報還一報式的合作了。而這種情況就相當於囚犯的困境遊戲。

我們記得，囚犯的困境還有一個成立的條件，就是付出的錢數必須合乎一定的關係：兩方必須喜歡互相合作（CC）勝於互相背叛，如果你能在對方合作時背叛則更好（DC）；你合作而對方背叛（CD），則是最差的結果。互相背叛（DD）是將領們最想看到的，不論有任何機會來到，他們都希望看到自己的子弟兵，像芥末一樣辛辣的消滅敵人。

從將軍的觀點，他並不希望互相合作，因為這不能幫助他們贏得戰爭；但是對個別戰士而言，他們是極度渴望互相合作的，他們不願意被打死。他們也同意將軍所說的，贏得戰爭比輸掉更好，因此就更符合囚犯的困境條件了。這不是單單一個戰士所面對的選擇；整個戰爭的結果，並不因為他一個人所做的而受影響。在無人地帶跟敵軍互相合作，肯定會影響你個人的前途，因此互相殘殺較能被接受；還有，因為愛國或軍人天職的理由，你至少也會希望對方合作，而自己能背叛。這看起來是真正囚犯的困境的景況了，類似「一報還一報」的事情會繁複起來，也是可以預料的了，而事實也是如此。

在戰線上任何一個特定區域，其局部穩定策略不一定是「一報還一報」。「一報還一報」只是一系列善良、有報復性、但是寬容的策略之一。這些策略即使技術上不算為穩定，至少在它們繁盛起來之後，不易被侵入。例如，根據當時的記載，「三報還一報」的確在某個區域

內流行起來。

「晚上我們走出戰壕外面……。德國的工作隊也在外面，所以在此時開火是不禮貌的。真正糟糕的事情是那些槍榴彈……，如果槍榴彈掉到壕溝裡的話，會殺死我們八、九個人。但是我們從未還手，除非德國人實在太囂張了，那時我們才會在三次後報復他們一次。」

對於「一報還一報」之類的寬宏策略，有一件很重要的事就是，每一個參賽的人都會因背叛而被懲罰。報復的威脅一直都存在，報復能力的展現，是「自己活也讓別人活」系統的顯著表徵。雙方的相互射擊可以展示殺死對方的能力，但常常是藉著射擊敵軍身旁的目標，而不是敵軍身體來展現能力。這技巧也被用在西部片裡，例如打掉蠟燭的火焰。

至於為何在第二次世界大戰中使用原子彈，似乎永遠沒有令人滿意的答案。當初負責發展原子彈的一流物理學家，只是希望部署來嚇阻的（相當於打掉蠟燭），而不是要毀滅兩個城市。

像「一報還一報」這樣的策略，有一個很重要的特徵，就是寬恕。如我們所見，這樣子，定會削減原來可能發展成長期的互相怪罪的情況。降低報復的重要性，可以由以下英國軍官的回憶錄，很戲劇化的顯現出來：

我正在和A連的人喝茶時，突然聽到一陣陣喊叫聲。我們趕緊過去察看，發現我們的人和德國人正站在各自的欄杆旁。忽然間發出一陣轟響但無大礙，很自然的兩邊的人都冷靜下來了，但我方卻破口大罵德軍。說時遲那時快，有一個勇敢的德國人走近他的欄杆旁大聲說：「我們很抱歉，希望沒有任何人受傷。這不是我們的錯，而是那該死的普魯士槍走火了。」

愛梭羅德評論這件事說：「這不僅是努力避免報復而已。這反映出因破壞了互相信賴的處境，而有的道德懊悔，而且還對某些人可能受傷，表現了關懷。」無疑的，這是一個可敬而勇敢的德國人。

愛梭羅德同時也強調，在維持互信的穩定形態上，可預測和儀式是很重要的。有一個可

愛的例子，就是在陣線上的英國砲兵，每天傍晚定時開砲。有一名德國軍人這樣記載：

七點鐘時它就響了，規律得你可以靠它來調準你的錶……它有固定的目標，射程很準確，從來不偏差，既不超過也不落在靶標之後……甚至於，有些好奇的傢伙在七點前就爬出去，為了要看炸彈開花。

從英國這邊所記載的，可以發現德國的砲兵也做同樣的事情：

他們選擇的射擊目標，時間和次數是那麼規律……以致於瓊斯團長知道下一發砲彈要落在哪裡。他的計算非常精確，他能夠知道哪個時候走到哪個地方，爆炸會剛好停止。這對於新到的軍官是太冒險了。

愛梭羅德解釋說，這樣的儀式和定時開火，傳達了一個雙重的訊息：對於高層指揮官，它傳達了進攻；對於敵人，則傳達了和平。

這樣的「自己活也讓別人活」系統，應該是可以藉著有智慧的決策人員，在談判桌旁磋商而奏效的。事實上卻不然。它是經由一系列地區性的代表大會，彼此行為的回應而成長

的；個別的軍人可能很難明白這樣的系統正在擴大。這並不令人驚訝，在愛梭羅德的電腦裡面，那些程式是沒有意識的，它們的善良或詭詐、寬恕或不寬恕、嫉妒或不嫉妒，都是由行為來決定的。寫它們的程式員本身，或許是有其中的某種特質，但那是不相干的。一套善良、寬恕、不嫉妒的程式，很可能是很詭詐的人寫出來的；反過來說也是一樣。策略的善良與否，是由它的行為來認定的，而不是由它的動機（它也沒有動機）。電腦程式也是同樣，它可以表現得很有策略，但事實上並沒意識到任何事。

植物也會報復

無意識的策略家，在書中已出現很多次了。在整本書中對於我們所思考過的動物、植物、甚至於基因，愛梭羅德的程式的確是個很好的模式。所以很自然，我們要問，他的樂觀結論（不嫉妒、寬恕又善良的成功策略），是否也可以應用在自然界？

答案是肯定的。條件是自然界有時也要處於囚犯的困境狀態，未來的影子很長，並且必須是一個非零和的遊戲。在整個生物界中，這些條件比比皆是。

沒有人會認為細菌是有意識的策略家，但細菌既然是寄生生物，就可能和它的寄主捲入囚犯的困境遊戲之中。並且，我們沒有理由不把愛梭羅德的形容詞：寬恕、不嫉妒等等，運

用在它們的策略裡。

愛梭羅德和漢彌敦指出，正常情況下無害或有益的細菌，在一個人受傷時，有可能變得詭詐起來，造成致命的敗血症。醫生可能說，這個人「天然的抵抗力」因受傷而減低了，但是也許真正的理由是跟囚犯的困境有關的？會不會原先只是因為細菌有什麼利益可圖，所以拚命壓抑著自己呢？

在細菌和人之間的遊戲，通常有相當長的未來的影子，因為一個正常人從細菌入侵的那一刻開始，應該還可活好幾年。但是一個受傷嚴重的人，對寄生在他裡面的細菌而言，則會顯得未來的影子短少了很多。

所以，人與細菌之間的拉鋸戰，也等於是「背叛的試探」，比起互相合作的報酬更吸引人。不用說，這不是細菌小小的壞腦袋裡算得出來的，而是細菌的天擇早已經把無意識的法則，藉著生化方式建立在它們裡面了。

根據愛梭羅德和漢彌敦的說法，植物也會報復，同樣也是在明顯無意識的狀態下。

無花果樹和無花果小蜂，彼此有很親密的合作關係。你所吃的無花果其實並非果子。無花果是一座黑暗的室內暖房，一個室內的授粉室，在尾端有個很小的洞。如果你進入洞裡面（你必須像小蜂一樣小），會發現數以百計的花長在果皮內壁，唯一的授粉媒介就是小蜂了。樹本身可以因小蜂的停留而受益，但小蜂的益處是什麼呢？牠們把卵產在某些小花上，產卵

的同時也替別的花授粉，而這些卵孵成的幼蟲就靠這花為食。

對於小蜂而言，背叛的意思，就是在一個無花果內的太多花上產卵，太少的花上授粉。但是無花果如何報復呢？根據愛梭羅德和漢彌敦的觀察：「在許多例子中發現，如果小蜂進入一個新的無花果之後，沒有為夠多的花授粉，反而在幾乎所有的花上面都產卵；這棵樹會在這粒無花果的生長早期，就把它切去，所有的卵都會因而毀滅。」

海鱸懂得一報還一報

在自然界中有一個奇特的「一報還一報」的例子，是費修（Eric Fischer）在雌雄同體的海鱸身上發現的。這種魚不像我們，牠們的性別不是由染色體決定的，而是每隻都可以表現出雌性或雄性的功能。在產卵的時期，牠們可以排出卵或精子；牠們如形成一夫一妻的配偶，然後在這一對中輪流扮演雌雄的角色。

現在我們可以推測，每一隻魚如果可能的話，會「寧願」一直扮演雄魚，因為代價比較低。從另一個角度講，一隻魚若能說服牠的伴侶在大部分時間裡扮演雌魚，使「她」投資許多心力在魚卵上，而「他」自己得的好處就是，有能力從事別的活動，例如再去找別的魚配對。

但事實上，費修發現這些魚有很嚴格的輪流順序，我們可以猜到這是「一報還一報」的情況。這雖然有點複雜，但它確實是個囚犯的困境遊戲：輪到你做雌魚的時候，你願意去做雌魚，代表出合作的牌；若你卻要做雄魚，就代表出背叛的牌。背叛的，就自願受罰（受報復）：同伴可以在下次拒絕做雌魚，或者乾脆斷絕彼此的關係。費修確實觀察到那些角色分配不均的配對，比較容易分開。

社會學家和心理學家有時會問：為什麼捐血的人（在某些國家，如英國，他們是不收費的）要捐血？我發現令人難以置信的是，答案在於互惠或偽裝的自私心態。這好像並非定期捐血的人的心理吧？他們該不會期望在自己必須輸血時，會有比較好的待遇吧？他們甚至於連個小小的表揚徽章都沒得戴呢！

也許我太天真了，但我想探個究竟，看看這是不是一個純粹、無私心的利他主義的真例子。無論如何，吸血蝙蝠的彼此分血，是很合乎愛梭羅德的模型的。從威爾金森（G. S. Wilkinson）的研究，我們得知了這事。

吸血蝙蝠也會捐血

就我們所知，吸血蝙蝠在夜間進食。對牠們而言，要找一餐並不容易，但如果找到了，

必是很大一餐。當黎明來到時，有些不幸的蝙蝠帶著空肚子回巢，而那些找到犧牲者的蝙蝠則吸過多的血。到了下一個晚上，也許風水輪流轉，幸與不幸會互換。所以這似乎是個有一點互惠利他的例子。威爾金森發現那些幸運的蝙蝠，確實有時候會藉著反芻，捐血給那些較不幸的同伴。

威爾金森觀察到，在一百一十件反芻的例子中，有七十七件很明顯是母親餵孩子的，其他有許多例子則是彼此有基因上的近緣關係。但是，還有一些是非親屬之間的，這些事實顯示「血濃於水」是不成立的。有意義的是，這類個體常常是共棲的鄰友，牠們有各種機會彼此反覆互動，正如反覆式囚犯的困境所必備的條件。但牠們是否也符合囚犯的困境的其他條件呢？如果是的話，我們預期會有圖D的關係。

吸血蝙蝠的經濟算盤是不是符合這表格呢？威爾金森觀察了那些挨餓的蝙蝠體重減少的速率。從這速率，他計算一隻蝙蝠從吃飽到餓死的時間，和一隻蝙蝠從空肚子到餓死的時間，這樣他就可以計算，捐血能延長多少個小時的生命。

不算太出人意外的，他發現換算率並不固定，得視蝙蝠饑餓的程度而定。一定量的血對很饑餓的蝙蝠，比對較不餓的蝙蝠延長生命的時數多。換句話說，雖然捐血的行為使捐血的蝙蝠死掉的機會增加，但這種死亡的增加率比起受血蝙蝠的活命機會，還要來得小。

從經濟效益來說，吸血蝙蝠的經濟學似乎滿合乎囚犯的困境。同量的血對於施捨的她

我的行為 \ 你的行為	合作（C）	背叛（D）
合作（C）	相當好 **報　償** 在不幸的晚上我得到血，使我免於挨餓。我必須在幸運的晚上給別人血，這對我而言不是太大的代價。	糟透了 **笨蛋的代價** 我在幸運的晚上付代價救了你。但在我不幸的晚上，你並不餵我，使我有餓死的危險。
背叛（D）	好極了 **試　探** 在我可憐的晚上，你救了我。但我幸運時不必給你，因此我得了一點好處。	相當糟 **懲　罰** 我在幸運的晚上不願付一點代價餵你。所以我也要在不幸的日子挨餓。

圖 D　吸血蝙蝠捐血表：各種情況下我的輸贏

（吸血蝙蝠是母系社會）而言，並不如對於接受者那麼寶貴。在她不幸的晚上，她確實可以從血的供應上獲益良多；但是在她幸運的晚上，如果她背叛，拒絕捐血的話，這多出的血對她只有輕微的好處。當然，這意謂著蝙蝠正在採用某一種「一報還一報」的策略，所以，是不是牠們也符合「一報還一報」的其他演化條件呢？

特別是，這些蝙蝠是否能互相認得對方呢？威爾金森抓了一些蝙蝠做實驗，證實了這事。他先把一隻蝙蝠抓出來，餓牠一晚，而讓其他的都吃飽，然後再把這隻不幸挨餓的蝙蝠放回族群中，觀察是哪一隻（如果有的話）給牠食物。這實驗重複了很多次，每隻蝙蝠都輪流做挨餓者。這實驗的關鍵在於，這個蝙蝠群是由兩組蝙蝠混在一起的，彼此間的巢穴相隔數英里。如果吸血蝙蝠認得牠們的朋友，那實驗中的蝙蝠應該都是由牠們原始同一穴中的蝙蝠餵食的。

這結果很符合事實。威爾金森總共觀察到十三次捐血行為，其中有十二次是由挨餓蝙蝠同一巢穴來的「老朋友」捐的；剩下的一次是由另一個巢穴來的「新朋友」捐的。當然這也許是巧合。但巧合的機率少於五百分之一。所以我們可以很安全的下結論說，吸血蝙蝠寧願餵老朋友，而不是餵食從別巢穴來的陌生蝙蝠。

美好的傳奇

吸血蝙蝠本是杜撰傳說的好題材——牠們對維多利亞時代的修道人，是夜間恐怖的黑暗力量；牠們吸吮活物的鮮血，犧牲無辜的生命，只為滿足饑渴。如果我們把這事和其他維多利亞時代的傳說聯想，再加上血紅的牙齒和尖爪，那麼，吸血蝙蝠豈不就是自私的基因世界裡，最可怕、最令人驚懼的化身嗎？

不過，我是對所有傳說都懷疑的人。

如果我們想知道每一件特殊事情的真相，就必須親自去查查看。達爾文思想的主體所給與我們的，並不是對特別的生物做詳細的預測；它是給我們更微妙、更有價值的事：對原理的了解。

如果，我們還是想要有傳奇，吸血蝙蝠的真相現在可以給我們一個不同的道德故事了：吸血蝙蝠不只是血濃於水，牠們還超越了近親的凝聚力，結成歃血為盟的持久兄弟情義關係。吸血蝙蝠可能成為全新美好的傳奇，一個分享和互助合作的傳奇。

吸血蝙蝠可以傳達的仁愛思想是：即使有自私的基因在操縱，好人還是會出頭！

13

基因無遠弗屆

基因和身體之間的對立，關係是頗緊張的；這種對立也深深干擾著自私基因的理論核心。基因要的是生命，而身體才是生命的根本代理者。

一方面，獨立的ＤＮＡ複製者給我們的印象是詭詐的，它們暫時聚在用過即丟棄的求生機器裡，然後像羚羊般無拘無束的跳躍至下一代。這些不朽的雙螺旋在創造自己的永恆時，是拋棄了無限個世代的、勢必朽壞的身體所換來的。另一方面，當我們察看各個身體時，顯然每一個都是既精密、整合又深奧的機器，都帶著明顯的目的。

身體看起來可不像敵對的基因們，是個鬆散又短暫的聯盟——基因在搭上精子或卵子航向下一個居住的身體前，幾乎沒有時間互相熟識。身體則具有單一意志的大腦，能協調四肢和感官相互合作，以達成同一目標。這使身體的表現，看起來像是個出色的基因當然代理者。

在本書的一些章節中，我們確實是把生物想成基因的代理者，奮力要使自己身上所有的基因在散播上獲得最大的成功。我們假想這些各別的動物身體，都能從事複雜的經濟打算，彷彿一直在盤算著各種行動對基因的益處。不過，在另一些章節中，基本的推論仍然是從基因的觀點表達的。若是沒有從基因的角度看生命，那生物就沒有特別的理由，要在乎自己和親屬在生殖方面的成功了，當然就更不必要去在乎自己的壽命。

我們該怎麼解決這種對生命雙向看法的矛盾呢？我所要講的都已經在《延伸的表現型》一書中闡明了，寫那本書是我專業生涯裡，最引以為傲和喜樂的一件事。現在，我就把那本

書一些主題的概要精粹寫在這裡；不過，我還是很希望讀者去讀讀《延伸的表現型》。

表現型彰顯基因

達爾文所說的天擇，無論從任何意識的觀點來看，似乎都不會直接作用在基因上；因為基因是被蛋白質所遮蓋，纏繞在薄膜內的，它們與外界隔離，無法被天擇看到。如果天擇要直接挑選DNA分子，會很難發現任何可以依循的標準，因為所有的基因看起來都大同小異，正如所有的錄音帶看來都一樣。

基因之間最重要的不同是它們的作用，一般指的是影響胚胎發育的過程，及最終導致的身體外形和身體的行為。任何一個基因，如果在所有基因都競相影響同一個胚胎發育的景況中，仍然能對胚胎做有利的影響，那麼它就是成功的基因。有利，指的是使胚胎發育為成功的成人，這個成人可以生殖，並傳遞相同的基因到下一代身上。

「表現型」這個術語，是用以表達基因在身體上的彰顯，也就是基因與它的對偶基因競爭之後，經由發育，在身體上所表現出的作用。譬如，某些基因的表現型作用是綠眼睛。實際上，多數的基因有一種以上的表現型作用，例如綠眼睛又捲頭髮。

天擇會特別偏愛某些基因，並非因為基因的本性，而是因為它們的結果，也就是它們的

表現型作用。

傳統的達爾文主義者，通常只討論基因的表現型作用，探討它對整個身體的生存和生殖有益或有害。他們不習慣於從基因自身的利益來考量，這也就是自私的基因理論核心的矛盾，為什麼無法令人察覺的部分原因。例如，一個基因可能因改善掠食者的速度而成功，而且整個掠食者的身體，包含他所有的基因，也因此而更成功了。他的速度幫助他存活下來，並且有了孩子；因此他所有的基因都被複製得更多，而且傳衍下去，包括使他跑得更快的基因在內。在這裡，矛盾很容易就消失了，因為這個基因的改變，不只對自己好，也對所有基因都好。

減數驅動

但是，如果有某個基因表現出某種表現型的作用，只對自己好，卻對身體中其他的基因不好呢？這並非無憑據的想法。有許多這樣的例子我們已知道了，例如被稱為減數驅動（meiotic drive）的有趣現象。

你記得減數分裂，是一種特殊的細胞分裂吧，它使染色體的數目減半，而形成精子或卵子細胞。正常的減數分裂是個完全公平的抽獎過程，每一對對偶基因中，只有一個會進入精

子或卵子。至於哪一個會進入，機會是均等的。如果你把很多精子或卵子平均，你會發現他們一半含有對偶基因之一，另一半則含有另一對偶基因。減數分裂是公平的，就像丟銅板一樣——雖然我們認為這是隨機的，但其實它是個物理過程，會受許多環境因素所影響，例如風、銅板翻面的難易程度等等。

減數分裂也是個物理過程，它會受基因的影響。假設有一個突變基因發生了，它的影響不是像眼睛顏色或頭髮捲曲之類，有明顯的表現型，而是在減數分裂本身，那會怎樣呢？再假設它恰好使減數分裂不均，而使自身比對偶基因更可能進入卵子中。確實是有這種基因的，它們叫做分離扭曲子（segregation distorter）。當突變產生一個分離扭曲子時，它會將對偶基因犧牲掉，讓自己傳遍整個族群，這就是所謂的減數驅動。即使這種影響對身體及身體內的其他基因是個災難，仍然會發生。

打擊體制的基因

貫穿本書，我一直在提醒大家，生物個體可能會以很微妙的方式，「欺騙」社群中的其他同伴。在這裡我們也要提醒，基因也會欺騙同一個身體內的其他基因。遺傳學家克勞（James Crow, 1916-2012）就稱這類基因為「打擊體制的基因」。

最為人知的分離扭曲子是老鼠身上的 t 基因。當一隻老鼠有兩個 t 基因時，牠不是死得很早就是不生育，因此當 t 基因在同質結合的（homozygous，同源染色體相對的座位上，攜帶了完全相同的對偶基因）狀態時是致死的。如果一隻雄老鼠只有一個 t 基因，那麼牠是正常、健康的老鼠。但有一點值得特別注意，如果你檢查這隻老鼠的精子，你會發現其中百分之九十五都含 t 基因，只有百分之五是正常的對偶基因，這和我們所預期的百分之五十相差很多。在野生老鼠的族群中，任何時候基因發生了突變而產生了 t 基因，它都會像山林火災一般，立即傳遍整個地區。

既然 t 基因在減數分裂的抽獎過程中占這麼大的上風，怎麼可能不發生星火燎原的事呢？相當迅速的傳播速度，很快的導致族群中大部分的身體都承受了雙重 t 基因的劑量（從父母雙方得來），這些個體都會死掉或是不生育，不用多久整個族群就可能會消滅。有證據顯示野生老鼠的族群，過去曾因 t 基因的流行而滅絕過。

不過，並非所有的分離扭曲子，都像 t 基因一樣有毀滅性的副作用，但是它們多少會造成負面的結果。我想提醒一下，幾乎所有遺傳上的副作用都是壞的，當突變的壞影響遠低於好的影響時，突變才會散播開來。如果好壞兩種影響都發生在身體上，其淨影響可能還是好的。但是，如果壞的影響是在身體上，而好的影響只在基因上，這突變仍會傳播開；只是從身體的觀點來看，淨影響是完全不好的。

所以，如果突變產生了一個分離扭曲子，儘管它的副作用是有害的，肯定仍會向整個族群傳遍開來。天擇終究是在基因的層次上起作用的。它還是偏愛分離扭曲子；雖然後者在生物個體這個層次上的影響很可能是不好的。

雖然基因庫裡存在著分離扭曲子，但它們並不很普遍。我們可以進一步問為什麼它們並不普遍？這等於是問，為什麼減數分裂的過程是公平的，就像擲銅板一樣的不偏向任何一面？我想，一旦我們了解到為什麼生物會存在時，答案就水落石出了。

生物為什麼這樣複雜？

大部分的生物學家認為，生物個體的存在是理所當然的；關於生命的問題，傳統上也就是關於生物的問題。這可能是因為生物個體的零件組合方式，是如此的協調和完整。

生物學家會問為什麼生物這樣做，為什麼生物那樣做？他們也時常問，生物為什麼組成社會？然而他們應該問卻沒有問的是：為什麼有生命的物質首先把自己組織成生物呢？為什麼海洋已不再是自由、獨立的複製者的太古戰場？為什麼古老的複製者要協力造出這麼笨重的機器人，並住在裡面？為什麼那些機器人——個別的身體，也就是你和我——這麼龐大、這麼複雜呢？

對許多生物學家而言，要了解到有這些個問題存在，是很不容易的。這是因為他們已習慣提出生物個體方面的問題；有些生物學家甚至以為，ＤＮＡ是生物用來繁殖自己的設計，就像眼睛是生物用來觀看的設計。本書的讀者會同意，這種態度根本就大錯特錯，跟真理完全相反。

不過，讀者也會發現另一個態度，也就是以自私的基因觀點看生命，也有個很深的問題必須解答。這問題是為什麼生物個體要存在？這幾乎是和其他生物學者完全相反的問題，特別是生物體以如此巨大又有一致目的的形式存在，以致於誤導了生物學家去顛倒事實。

要解決我們的問題，必須先把「生物個體是理所當然」的舊態度去除乾淨，否則我們就規避了真正的問題。我所謂的「延伸的表現型」觀念，就是我們要用來清除舊思想的辦法。我現在就要把討論的焦點換到這個主題上。

基因影響身體以外

基因的表現型作用通常被看作是，它在所處的身體表現出來全部作用。這是傳統的定義。但現在我們明白，基因的表現型作用應該是它對這世上的全部作用。

或許經過世世代代下來，基因的作用正被它所處的身體所限了。果真如此的話，這部分

就不必我們再去定義了。總之，請記住基因的表現型作用，是它賴以將自己傳播到下一代的工具。我所要再加說明的是，這工具也許會達到身體之外。實際上，這不就是說，基因對它所處的身體以外的世界，仍有延伸的表現型作用嗎？有些例子馬上浮現在我們的心中，如水獺的壩、鳥的巢、石蠶蛾的房子等佳作。

石蠶蛾（caddis fly）是一種非常不起眼的暗褐色昆蟲，當牠們笨拙的飛過河川時，我們多半都沒注意到牠們的存在。這時牠們已是成蟲，不過在變成成蟲以前，有一段相當長的時間是以幼蟲的姿態，在河床底下活動的。石蠶蛾的幼蟲可是一點都不平凡，可以說是世界上最奇特的生物之一。牠們利用從河底下取來的原料自製成類似水泥的東西，然後用這東西巧妙的蓋成管狀的房子。房子是移動式的，走到哪裡就搬到哪裡，就跟蝸牛或寄居蟹的殼一樣。不同的是，石蠶蛾幼蟲的房子是牠們自己蓋的，而不是長出來的或找來的。

有些種類的石蠶蛾也利用樹枝當作蓋房子的材料，有些則利用樹葉的碎片，另外有些利用小蝸牛的殼當材料，不過最叫人感動的石蠶蛾房子，大概是利用就地取材的石頭所蓋成的。石蠶蛾對石頭挑選得非常仔細，不適合填補牆上現有縫隙的石頭（不論太大或是太小），都一律丟棄，牠們甚至會轉動石頭，直到填補了最合適的位置為止。

莫名的感動

順便提一下，為什麼我們對石蠶蛾的房子覺得如此感動？如果強迫自己去做個公正的思考，我們應會覺得，石蠶蛾眼睛和肘關節的構造更令人感動，而不是牠們那結構相當樸素的石造房子。畢竟，石蠶蛾的眼睛及肘關節的結構，比牠們的房子複雜得多，而且「有設計」多了。不過，大概是因為牠們的眼睛與肘關節的形成，和我們的眼睛與肘關節的發育類似，因此我們反而會對房子的構造感到不合邏輯的感動。

離開了主題這麼遠，我忍不住想再離遠一點。雖然我們對石蠶蛾的房子相當感動，但矛盾的是，若與其他哺乳類的相似成就比較起來，牠們的成就似乎就不那麼令人感動了。

假設有一位海洋生物學家發現某種海豚，牠會織直徑有二十隻海豚身長總和、線條交叉複雜的大型魚網，你可以想像報紙上將會出現什麼樣橫跨全頁的大標題！不過我們卻將蜘蛛網視為當然，只當它們是家裡一種討厭的東西，而不是世上的奇事。

再想一想，假如珍古德（Jane Goodall，著名的動物行為學家）從非洲尼日的貢貝（Gombe）河回來，帶回野生黑猩猩所蓋的房子照片。房子有完備的屋頂，又有很好的絕緣設備，加上經過精挑細選的石頭都黏得好好的，還抹上灰泥……想像這會帶來多大的騷動。這時候，石蠶蛾雖也有同樣的成就，卻只能博得我們一點的興趣。

有時候，我們大概是為了維護這種雙重標準，所以說，蜘蛛和石蠶蛾的建築才藝只是「本能」。對呀，是本能又怎麼樣呢？這不是應讓人更覺得感動不已？

基因也會影響建材

讓我們回到主要的議題上去。石蠶蛾的房子，毋庸置疑的，是經過達爾文天擇演化出的一種適應；就好比龍蝦的厚殼是天擇偏愛的結果，石蠶蛾的房子必定也是如此。那是一層有保護身體作用的覆蓋物，對生物個體和牠全部的基因都有好處。不過這樣一來，我們好像教自己認為，天擇對生物體的益處只是偶然的，實際上，真正有益的是那些賦予殼有保護性質的基因。對龍蝦來說這是常理，因為龍蝦的殼很顯然是身體的一部分，可是石蠶蛾的房子呢？

天擇偏愛那些擁有建造好房子基因的石蠶蛾祖先。基因如何對行為作用呢？據推測是在胚胎發育期間，透過對神經系統發育的影響來預鑄的。不過，遺傳學家實際看到的是，基因對房子的形狀及其他性質的影響。遺傳學家其實應秉照他們認定有專責腿形的基因的道理，來承認有「專責」房子形狀的基因。

無可否認的，到目前為止，還沒有人實際研究過石蠶蛾房子的遺傳學。要從事這項研究

的話，我們必須捕捉到石蠶蛾的詳細家譜，但飼養石蠶蛾不是一件容易的事。不過，我們不必研究遺傳學也可以確信，這世界上有（或至少曾經有）影響石蠶蛾房子形狀的基因。我們所需要的只是個好理由，去相信石蠶蛾房子是一種達爾文主義的適應。如此一來，控制石蠶蛾房子變化的基因必定存在，因為除非遺傳上有可供篩選的差異，否則天擇是無法造成這種適應的。

雖然，遺傳學家也許會認為這是很奇怪的想法，不過承認有專責石頭的形狀、大小、硬度等的基因，對我們而言是明智的。反對這種說法的遺傳學家，照道理，應該也會反對有專責眼睛顏色、豌豆皮皺紋的基因……等等的說法。石頭聽起來有點奇怪，原因之一是石頭是沒有生命的東西；還有，基因影響石頭的特性，似乎是特別的間接。遺傳學家可能會主張，基因的直接影響是在左右「石頭的選擇行為」的神經系統上，而不是在石頭本身。不過，我要請這樣認為的遺傳學家仔細想想，所謂基因影響神經系統究竟是什麼意思？

實際上，基因能夠真正直接影響到的是蛋白質的合成而已。基因對神經系統，或者就我們方才所講的，對眼睛顏色或豌豆皮皺紋的影響都是間接的。基因決定蛋白質的序列，經由此而影響到X，X再影響到Y，Y再影響到Z，最後影響到豌豆皮的皺紋，或神經系統之細胞的串聯。石蠶蛾的房子只是這種順序的進一步延伸，石頭的硬度是石蠶蛾基因的一種延伸的表現效應。如果我們可以說，基因影響豌豆皮的皺紋或動物的神經系統（所有的遺傳學家

都如此認為），那麼應該也可以說，基因影響了石蠶蛾房子上的石頭硬度。

這是頗叫人吃驚的想法，不是嗎？不過這樣的推理卻是無法避免的。

己立立人，己達達人

現在我們已經準備好進入議題的下一步：一個生物體內的基因，也可以對另一個生物的身體有延伸的表現型效應。

石蠶蛾房子在上一步裡，已幫助了我們，蝸牛的殼則要幫我們走這一步。蝸牛的殼在蝸牛身上所扮演的角色，與石造房子在石蠶蛾幼蟲所扮演的角色是一樣的。蝸牛的殼是由蝸牛本身的細胞分泌出來的東西，因此傳統遺傳學家也會很樂意談談「專責」殼厚度的基因。不過，被某種肝蛭（扁形蟲的一種）所寄生的蝸牛，牠的殼都特別厚。這種殼變厚的情形意味著什麼？如果被寄生的蝸牛的殼變得特別薄，我們會樂於解釋這是蝸牛組織明顯衰化的結果。可是殼為什麼變厚呢？殼變厚想必更能保護蝸牛。看起來，寄生蟲實際上是幫自身的寄主改善了牠們的殼。只是，事實是不是這樣呢？

在這裡，我們必須更小心的思考。如果較厚的殼真的對蝸牛比較好，那麼牠們為什麼不乾脆長厚殼呢？答案可能跟經濟有關。對蝸牛來說，製造殼的成本是昂貴的，不但需要精

力，還要從辛苦掙來的食物中抽出鈣及其他化學物質。這些資源如果不用在製造殼上面的話，就可以用在別的用途，譬如製造更多的後代。

蝸牛花費大量資源在製造特別厚的殼上，是給自己的身體買了安全，可是代價呢？牠也許可以活得久一點，但是在繁殖方面可能就不會太成功，甚至可能無法將自己的基因流傳下去。那些沒被流傳下去的基因當中，也包括專門製造厚殼的基因在內。

換句話說，當肝蛭促使蝸牛分泌特厚的殼時，除非肝蛭負擔了殼加厚的成本，否則的話，牠們並沒給蝸牛什麼好處。而我們可以很有把握的打賭，肝蛭是不會那麼慷慨的，牠們正運用一種看不見的化學影響力，促使蝸牛改變自己「較喜歡的」厚度的殼。這也許可延長蝸牛的壽命，不過對蝸牛的基因並沒好處。

那麼肝蛭究竟受到什麼好處？牠有沒有分擔殼加厚的成本呢？以下是我的推測。只要能讓蝸牛生存，對肝蛭及肝蛭的基因都有好處。不過生存並不就等於生殖，因此可能有利益交換的情形。蝸牛的生殖對本身的基因雖有好處，但對肝蛭的基因卻不然。原因在於任何一隻肝蛭都沒法料到，牠的基因會不會留到眼前寄主的後代體內。也許可能，不過其他同類的對手也一樣有可能。

蝸牛壽命的保障，既然是要損失自己部分生殖能力來做為代價，肝蛭當然「樂意」讓蝸牛付那個代價，因為牠們對蝸牛的生殖沒有興趣。相反的，蝸牛的基因卻不樂意付那個代

價，因為牠們漫長的未來仰賴在自己的生殖上。因此，我大膽假設：肝蛭的基因影響了蝸牛分泌殼的細胞，這種影響對肝蛭本身有利，卻要蝸牛付出相當大的代價。我這個理論是可以經由試驗證明的，只是還沒有人做過這樣的試驗。

現在我們可以將石蠶蛾的課程推廣一下。假設我對肝蛭基因的做法沒看錯的話，那麼我們可以說，肝蛭的基因影響蝸牛的身體，就如蝸牛的基因影響蝸牛的身體一樣。這就好比基因延伸出「本身」的身體，去操縱外面的世界了。

就如石蠶蛾的情形一樣，這種說法可能也會讓遺傳學家感到不太自在，他們習慣了基因只對所棲身的身體產生作用的說法。不過，正像石蠶蛾的情形一樣，我們如果仔細探討一下遺傳學家所說，基因有「作用」的意思究竟是什麼，就可看出這種不自在是沒有必要的，我們只需接受「蝸牛殼的改變是肝蛭適應的結果」這樣一個說法就可以了。如果確實如此的話，那麼肝蛭基因必定是經過天擇的結果。

寄生蟲經營寄主

前面我們說過，基因的表現型作用不僅可以延伸到沒有生命的東西，如石頭，也可影響到其他的生物身體。

蝸牛與肝蛭的故事只是開端而已，我們很早就知道，各類寄生蟲對寄主施予陰險影響的事實。例如，有一種叫孢子蟲（*Nosema*）的微小原生動物寄生蟲，專門侵襲麵粉甲蟲的幼蟲。孢子蟲「發現」了某種化學物質的製造方法，是專門用來對付麵粉甲蟲的。

麵粉甲蟲和其他的昆蟲一樣，能分泌一種叫青春激素的荷爾蒙，促使幼蟲停留在幼蟲階段。從幼蟲到成蟲的正常轉變，原是由幼蟲停止分泌青春激素而開始的；但孢子蟲成功的製造了這種荷爾蒙的合成物（某種非常接近的類似物）。於是聚集在甲蟲幼蟲身體裡、數以百萬計的孢子蟲，製造大量青春激素，阻止了幼蟲轉變為成蟲。這樣一來，就能讓甲蟲的幼蟲繼續不斷的成長，最後長到比成蟲體重重兩倍多的大幼蟲。這種永遠是幼蟲的甲蟲，有個名稱叫「彼得潘甲蟲」（Peter Pan beetle），這樣的幼蟲是無法繁殖甲蟲基因的，反倒成了孢子蟲豐富的寄生食物籃。

甲蟲的幼蟲巨大症，是原生動物基因的延伸表現及結果。我們還可以舉一個能夠引起彼得潘甲蟲更多佛洛依德式焦慮的個案歷史——由寄生蟲引起的去勢焦慮！

囊狀蟲（*Sacculina*）是寄生於螃蟹的寄生蟲，牠和茗荷介（某種貝類）相近，不過乍看之下會令人誤認成寄生植物。囊狀蟲將一套很精密的根系統，鑽入不幸的螃蟹組織深部，吸取其中的養分。最先被襲的螃蟹器官之一是睪丸或卵巢，這大概不是什麼巧合，螃蟹需要用來求生存的器官（生殖器官除外）卻都倖免了。螃蟹就這樣被寄生蟲很有效的去了勢，被去了

勢的螃蟹就像被閹了的牛，將精力及資源從生殖轉到自己的身體上；而寄生蟲以螃蟹的繁殖為代價，獲得了大豐收。

這個例子跟我前面推測過的——在麵粉甲蟲身上寄生的孢子蟲，及在蝸牛身上寄生的肝蛭，都非常類似。如果我們同意全部三個案例中寄主的改變，是為了寄生蟲的好處而產生了達爾文適應，那麼我們就得將這種改變，當作是寄生蟲基因延伸的表現型作用。也就是說，基因能超越過自己的身體，去影響別的身體的表現型。

寄生蟲跑哪裡去了？

大致上，寄生蟲及寄主的基因所關愛的對象是相符的。從自私基因的觀點來看，我們可以將肝蛭及蝸牛的基因，都視為蝸牛體內的「寄生蟲」——雖然兩者對殼的厚度意見不一，但是兩者都受到環繞牠們的殼所保護。至於意見不一，基本上是起源於兩者的基因離開蝸牛身體及進入另一個身體的方法不一樣。蝸牛的基因是經由蝸牛的精子或卵離開的，肝蛭離開的方式則相當的不同。我們不進入細節（因為這細節極其複雜），重要的是，肝蛭的基因不會透過蝸牛的精子或卵，離開蝸牛的身體。

我認為現在該問的最重要的問題，應該是這個：寄生蟲與寄主的基因是不是透過同樣的

媒介傳到下一代？如果不是的話，我料想它一定會以某種方式傷害寄主；如果是的話，那麼寄生蟲一定會盡其所能的幫助寄主，不只幫牠生存還幫牠生殖。經過一段演化以後，這寄生蟲就不再是寄生蟲了，牠與寄主合作，最後可能會與寄主的組織合而為一，以致完全無法辨認出來。也許就如我提過的，我們的細胞早已度過演化的一系列活動：我們都是遠古時代混合為一的寄生蟲的後裔。

想想看，如果寄生蟲與寄主的基因共用一個出口的話，我們會看到什麼樣的結果？會鑽木頭的奶蜜甲蟲（*Xyleborus ferrugineus*），也被某種細菌所寄生。寄生的細菌不只與牠們同住一起，而且利用牠們的卵進入下一個寄主。如此一來，寄生蟲的基因與寄主的基因將來所面對的環境，幾乎會完全一樣；我們可以預期，這兩組基因會如同生物個體內正常通力合作的所有基因，一樣的同心協力。至於這當中有些碰巧是甲蟲基因，有些是細菌基因，並無關緊要，兩組基因都對甲蟲的生存及甲蟲卵的繁殖感興趣，因為雙方都將甲蟲卵看作是通向未來的護照。因此，細菌的基因與寄主基因共享同樣的命運了。而根據我的解釋，我們當然可以預期，細菌在整個生活史中，會與牠們的甲蟲寄主充分合作。

事實上，我們用「合作」是太低調了些，細菌為甲蟲所做的服務實在是再親密不過了。甲蟲碰巧跟蜜蜂及螞蟻一樣，是單套染色體，也就是說，一個卵子如果經過精子受精的話，就一定發育成雌的；沒有經過受精的卵，則發育成雄的。換句話說，雄的並沒有父親，生產

雄蟲的卵沒經過精子的穿刺，而是自然發育成雄蟲的。不過，奶蜜甲蟲的卵子與蜜蜂及螞蟻還是有所不同，牠們需要經過某個東西穿刺一下才行，這也就是細菌登場的時候。細菌的穿刺，使沒受過精的卵開始活動，促使牠們發育成雄性甲蟲。

這些細菌當然也就是我主張的：應該不算是寄生，而是互利共生的寄生蟲。更明確的說，因為牠們是和寄主本身的基因一同經過寄主的卵而繁衍的，最終，細菌本身的身體可能會消失，然後完完全全的與寄主的身體合而為一。

命運共同體

今天從各種水螅（hydra，一種微小、不遷徙、長有觸角，如海葵的動物）當中，我們仍然可以發現一絲玄機。

水螅的組織很容易被海藻寄生。海藻常侵襲庶民水螅（*Hydra vulgaris*）及薄細水螅（*Hydra attenuata*）兩種水螅，使牠們生病。另一方面，海藻從未離開過可綠水螅（*Chlorohydra viridissima*），也為牠們的福利做出很有用的貢獻：提供寄主氧氣。

現在，有趣的事來了。就如我們所預期的，海藻可透過可綠水螅的卵繁衍到下一代，而另外兩種水螅則不然。海藻的基因與可綠水螅的基因在利益上相吻合，雙方都盡其所能的增

加可綠水螅所能生產的卵的數量。不過，另外兩種水螅的基因就不「同意」牠們的海藻基因了——雙方的基因可能都關心水螅身體的生存，但是只有水螅的基因關心水螅的生殖。因此海藻是以破壞性的寄生者姿態，依附在另兩種水螅身上，而不是往和平共存的方向演進。

再重複一次這關鍵點，如果某種寄生蟲的基因與寄主的基因嚮往同樣一個命運，兩者的共同利益是完全一致的，那麼寄生的一方到最後就不會再以寄生的身分存在。

在這兒，命運的意思就是後代。不管是可綠水螅的基因與海藻的基因，或者是甲蟲的基因與細菌的基因，都只有透過寄生的卵一途進入未來。因此，寄生蟲的基因在它生命的任何部分，所做的任何最佳決策的打算，都會和寄主的基因所做的最佳決策類似。

在蝸牛及肝蛭寄生蟲的情況裡，我們已確定雙方所喜愛的殼厚度，在意見上是分歧的。至於奶蜜甲蟲及細菌，寄主和寄生者都同意雙方所喜歡的翅膀長度，及甲蟲身上的所有其他特徵。關於這一點，我們不用知道，甲蟲究竟要用牠的翅膀或身體其他部分到什麼目的地去，就可預知；我們光從甲蟲基因及細菌基因，都願意在能力範圍內採取必要的對策，去營造同樣未來的場合，一種有利於甲蟲的卵繁殖的場合，就可推知了。

現在，我們可將這個說明做成合乎邏輯的結論，然後運用到我們自身的、正常的基因。我們的基因與基因之所以相互合作，並不是因為它們共用一個身體，而是因為它們共用一個通向未來的出口：精子或卵子。

如果某個生物的某些基因，能夠找出不用依賴精子或卵子的傳統途徑的話，那麼基因一定會加以利用，而變得彼此較不合作。原因在於，它們將來可和體內其他的基因有不同的合作，而得到好處。我們已看過有些基因使減數分裂傾向有利於自己的例子，也許基因庫中也有不透過精子、卵子，能循其他管道通向未來的基因。

DNA叛徒

的確有一些DNA片段未被納入染色體，卻在細胞中（尤其是細菌細胞中）自由自在的流動、增殖。這些片段或叫類病毒（viroid）或叫質體（plasmid）。質體比病毒還小，通常只由少數幾個基因組成。有些質體能夠不露痕跡的與染色體接合，完美的程度讓人看不出接痕——我們無法將質體與其他任何部分的染色體分別出來；同樣的質體也可以再從染色體中切割開來。

DNA之所以能切割、能結合、能瞬間從染色體內跳進跳出，是一九八〇年代才為世人所知，而且是較令人興奮的新發現之一。這事實的確能拿來做為支持我在第十章所做推測的漂亮證據（那時看起來有點狂妄）。從某些角度看來，究竟這些片段是源自於闖進的寄生物或脫逃的叛徒，並無關緊要，它們的可能行為還是一樣的。為了強調我的看法，我還要詳細說

明一下。

說我們來假想一段人類ＤＮＡ的叛徒，它能自行從染色體中脫離、能在細胞中自由游動，或許還能自行大量生殖、複製，然後重新與另一條染色體接合。這樣一個複製者叛徒，完竟能利用什麼樣非正統的途徑進入未來呢？

我們的皮膚每天不斷的在失去細胞，我們每天也必定不斷在吸進彼此的細胞。如果你用指甲在嘴巴內刮一下，就可刮下成千成百的活細胞。所以，我們家中的灰塵裡含有很多從我們身上脫落的細胞，戀人在接吻、愛撫時一定也互相傳送了大量的細胞。叛徒ＤＮＡ就可利用任一個細胞搭便車了。

如果基因能夠發現非正統途徑的缺口（與傳統的精子或卵並行或替代之），進到另外一個身體，那麼我們就得預期天擇會支持它們的機會主義，並加以改善。至於它們所採用的確切途徑，我想一定與一般病毒的陰謀沒有兩樣。對我這麼一個「自私的基因／延伸的表現型」理論家來說，這太容易預料了。

叛徒打開繁殖新窗

當我們感冒咳嗽時，通常會認為這症狀乃是病毒活動的惱人結果。不過有時候，這些症

狀更像是病毒刻意製造出來，幫助它們從一個寄主進到另一個寄主的方法。病毒不滿於光靠呼吸進入大氣中，因此使我們猛烈的打噴嚏或咳嗽。

狂犬病的病毒是當一隻動物咬另一動物時，透過唾液傳染的。狂犬病狗的病狀是：原本溫和、友善的狗會突然變得兇狠、愛咬而且口吐白沫。更有甚者，原本像一般的狗一樣，總在離家一英里左右的範圍內活動的，現在卻變成不安分的流浪狗，到處傳染病毒。還有，有人認為著名的恐水症使病狗甩掉嘴邊的泡沫，其實是讓口沫中的病毒拋散開來。另外，我不知道性病患者的性慾是不是會增加，但我認為這是相當值得探討的。的確，至少有一種催淫的蟲，叫西班牙蒼蠅，據說是利用引起陰部發癢而發生作用的；而引起發癢，正是病毒所擅長的。

我之所以把人體內的ＤＮＡ叛徒，與由外界入侵的寄生病毒做比較，主要原因是兩者實在沒有什麼重要差別。實際上，病毒很可能是起源於脫逃的基因的集合。如果我們一定要區別的話，那麼基因有兩類，一種是透過傳統的精子或卵的途徑繁殖的；另一種是透過非傳統的「旁門左道」繁殖的。兩類基因都可以是從染色體起源來的基因，也都可以包含外來的、入侵的寄生物。或許就如我推測過的，我們應將所有自己的染色體基因，看作是相互寄生的東西。

兩類基因的重要差別，在於將來它們所能得利的環境不同。不過，致感冒的病毒與人類

染色體基因片段，彼此都希望寄主打噴嚏，好把病毒噴出體外；傳統的染色體基因及透過性來傳染的病毒，雙方也都希望寄主從事性交，雙方都希望寄主在性方面有吸引力。甚至，傳統的染色體基因及透過寄主的卵子傳送的病毒，也都希望寄主不但在求愛上成功、在生活上成功、甚至希望將來寄主也會是忠實的、疼愛子女的父母以至於祖父母。我想這是相當引人深思的念頭。

延伸好一個距離！

石蠶蛾幼蟲住在牠自己的房子裡，而到目前為止，我所討論到的寄生蟲也都寄生在寄主體內。也就是說，基因與它們延伸的表現型之間的距離，就如一般的基因和它們的傳統表現型那樣近。不過基因也可隔著一段較遠的距離起作用，延伸的表現型也可達到很遠的地方。我記得的最長距離是橫跨一個湖——海狸的水壩，那就像蜘蛛的網、石蠶蛾的房子，可說是這世界上真正的奇跡。

我們不十分清楚，海狸的水壩在演化上的真正目的為何，但海狸花費那麼多的時間及精力去建造，一定有它演化上的目的。海狸水壩所圍出來的湖，可能可以保護住所免受獵食者侵襲，而且也提供了便於旅行及運輸木頭的水道。事實上，海狸利用漂浮的道理，與加拿大

的木材公司運用河流，及十八世紀的煤炭商人利用運河是一樣的。不管好處是什麼，海狸的湖是景觀上一個很明顯的特寫。

海狸的湖當然也是表現型，並不亞於牠的牙齒及尾巴，而且是天擇演化出來的。天擇必須有遺傳的變異才可起作用，在這兒，天擇所選擇的必定是好的湖與較差的湖。天擇會偏愛那些「能製造利於運輸樹木的好湖」的基因，就如「製造利於伐木的好牙齒」的基因會受到愛顧一樣。

海狸的湖是海狸的基因延伸的表現結果，可延伸好幾百碼之遠。寄生蟲並不一定也得居住在寄主體內，牠們的基因也可以隔著一段距離才在寄主身上顯現。例如，小布穀鳥並不住在知更鳥或葦鶯體內，也不吸牠們的血或吞食牠們的身體組織，不過我們毫不遲疑的將布穀鳥歸類入寄生動物裡。因為布穀鳥所適應出來能操縱養父母的行為，可看作是布穀鳥的基因從遠處製造的延伸表現型。

上癮的養母

我們很容易同情受騙幫布穀鳥孵蛋的養父母。有些從事採集鳥蛋的人，也曾經把布穀鳥蛋和田雲雀或葦鶯的蛋（不同種的母布穀鳥所侵襲的寄主種類也不同）給弄混了。令我們

較難以理解的是，當小布穀鳥幾乎已長齊羽毛、快會飛時，養母仍然是一副搞不清狀況的模樣。此時的小布穀鳥已比「雙親」大出許多，有時甚至是大得可笑。

此刻我正在看的一張照片裡，有一隻已成熟的籬雀，牠的體型比起牠那巨大的養子是那麼嬌小，逼得牠必須站在養子背上才能餵飽牠。在這兒我們對寄主比較不覺得同情，我們反而對牠的愚蠢與容易受騙感到不可思議。再笨的人想當然也可以看得出，那麼大的小孩一定有什麼問題。

我認為，小布穀鳥必定不只是愚弄牠們的寄主，或假裝成別種鳥而已，牠們似乎是像毒品般影響著寄主的神經系統。這即使對沒用過毒品的人來說，也不太難辨認。我換個例子，有些男人看到印有女人的圖片，就會感到性興奮，但他並不是愚蠢到認為印刷的圖案裡有個活生生的女人，他知道自己不過是在看紙上的墨跡，但是他神經系統的反應，卻有如看到一個活生生的女人。

在現實生活裡，我們也許會覺得某個異性的吸引力特別難以抗拒，但是仍然可以以理性來抗拒，因為自我判斷告訴我們，與那個人牽扯在一起對誰都沒有長期的好處。這就與抗拒垃圾食物雷同。不過籬雀就不同了，牠可能不清楚自己長期的最佳利益是什麼，因此我們更不難理解，牠的神經系統會覺得某種刺激無法抗拒。

小布穀鳥的紅色大嘴巴是那麼的誘人，所以鳥類學家常看見，母鳥將食物丟進別人鳥窩

裡的小布穀鳥嘴巴裡！一隻母鳥可能嘴巴裡銜著給自己子女的食物，正往家裡的方向飛，突然間，牠從眼角看到與自己很不同種類的鳥巢裡，有一隻小布穀鳥正張著紅色的大嘴巴。結果牠轉向那個巢，把原本要給自己子女的食物丟到小布穀鳥的嘴巴裡。這個「不可抗拒說」，與早期德國的鳥類學家所說養母的「上癮者」行為類似，而小布穀鳥正是牠們無法抗拒的吸引力。

為了公平，我必須附加一點說明，這種說法在最近的實驗家當中不太受到歡迎。當然，無疑的，如果我們假設小布穀鳥的大嘴巴，是一種如毒品般有力的超級刺激物，整個事情就容易解釋多了。而且我們也較能同情那隻站在養子的背上餵食的嬌小養母，牠並不是被愚弄，愚弄也不是正確的字眼。其實是牠的神經系統被控制了，就如無助的毒品上癮者那樣無法抗拒。或者說，小布穀鳥就像科學家一樣，已在養父母的腦部插上無數的電極棒。

不公平的生存競賽

現在，即使我們對被操縱的養父母感到深深的同情，我們還是要問，為什麼天擇讓布穀鳥如此逍遙？為什麼寄主的神經系統沒有演化出抗拒紅嘴毒品的能力？答案也許是天擇還沒來得及起作用；也許布穀鳥是到最近幾個世紀，才開始侵擾牠們現在的寄主，而在幾個世紀

之後，就會被迫放棄現在的寄主，改侵襲別的種類。

我們有一些證據來支持這樣的說法，可是我總覺得事情並不那麼單純。布穀鳥與任何一種寄主之間的「武器競賽」，在演化上有先天的不公平性，這起因於不平等的失敗代價。

每一隻剛孵出的布穀鳥，乃是一系列的小布穀鳥祖先的後代。這些小布穀鳥的祖先，必定都曾成功的操縱過牠們的養父母，而那些即或是短暫操縱失敗的小布穀鳥，下場都是死亡。不過在養父母方面呢，牠們一隻隻也都是一系列先祖的後代，只是這些先祖很多是從未遇到過布穀鳥的。而那些曾遭遇到布穀鳥侵入的養父母，可能在屈服於布穀鳥後仍舊倖存下來，在下一季又孵出了一窩布穀鳥。這兒的重點也就是說，失敗的代價是不平等的。

抗拒被布穀鳥奴役但功敗垂成的基因，可能在知更鳥或籬雀當中一代代的流傳下去；而奴役養父母不成的基因，卻不會在布穀鳥當中流傳下去。這就是我所說的先天的不公平，及失敗的代價不平等。這點可用伊索寓言裡的這麼一則作總結：「兔子跑得比狐狸快，因為兔子是在逃命，而狐狸只不過是在追一頓晚餐。」我的同事克利伯斯和我，將這稱作「生命／晚餐原則」。

基於「生命／晚餐原則」，有時候動物的行為會有違於牠們本身的最高利益，而任憑別的動物去擺布。實際上，從某種角度來說，牠們是在為自己的最高利益著想：「生命／晚餐原

則」的全部重點在於，理論上這些動物是可以抗拒受擺布的，但是這麼做卻須付出相當高的代價。為了抗拒布穀鳥的擺布，也許牠們需要有比較大的眼睛或者較大的腦袋，但是這得要付一筆額外的管理費用才行。所以具有拒絕受擺布基因的，實際上較無法成功的將基因流傳下去，因為抗拒需要付出代價。

基因統統是寄生的

現在我們好像又再度掉到從生物個體的觀點，而不是從基因的觀點，來看生命了。真是這樣嗎？

前面我們談到肝蛭和蝸牛的時候，已經習慣了寄生蟲的基因可以影響寄主的表現型的想法，就像一般動物的基因可以影響牠們自己身體的表現型一樣。我們所謂「自己的身體」，其實是個加重語氣的假設。不管我們是否喜歡將身體內的基因，稱作是身體「自己」的基因，從某個角度來看，它們統統都是「寄生的」基因。在我們的討論裡，布穀鳥是一種寄生在寄主體外的寄生動物，牠們操縱寄主的方法和體內的寄生蟲差不多。而且，我們也已看到，布穀鳥對寄主的操縱和服用一般內服藥或荷爾蒙一樣有力，一樣不可抗拒。

現在，如同敘述體內寄生蟲的情形一樣，我們應該再將整個情形，以基因及延伸的表現

型來重新敘述。

在布穀鳥與寄主之間的「武器競賽」演化當中，任何一方的演化都是由於基因突變的發生在先，天擇的挑選發生在後。小布穀鳥那張大的嘴巴，不管是有什麼東西使它像毒品般影響寄主的神經系統，想必是導因於基因突變吧。這個突變，透過對小布穀鳥嘴巴的顏色及形狀的改變而生效。不過，這並不是突變最直接的效果。突變最直接的效果是對細胞內我們見不到的化學變化起了影響，基因對嘴巴的顏色及形狀的影響其實是間接的。

接下來就是重點所在了。同樣的，布穀鳥的基因對被弄糊塗了的寄主行為的影響，只是更間接些的。我們可以說，布穀鳥的基因對嘴巴的顏色及形狀有影響（即表現型）；基於同樣的道理，我們也可以說，布穀鳥的基因對寄主的行為有影響（即延伸的表現型）。寄生蟲的基因不但可以在寄主的體內，經由直接的化學方法操縱寄主，而且當寄生蟲和寄主分開時，也可以從一段距離外來操縱寄主。的確，化學影響也是可由體外起作用的，這點我們待會兒就可看到。

螞蟻布穀鳥

布穀鳥自然是引人注意、很有教育性的動物。不過不管脊椎動物中有什麼不可思議的

事，昆蟲界差不多總有更不可思議的事。

昆蟲界所占的優勢是數目眾多；我的同事梅氏（Robert May）很善於觀察，他這麼說：「大體上說來，如果你把所有物種都集合在一起，你會看到幾乎全是昆蟲。」昆蟲界裡的「布穀鳥」是無法列舉的，原因是數目實在太龐大了，而且牠們的習性也在不斷的改變。接下去要給你看的一些例子，遠遠超過我們耳熟能詳的布穀鳥，藉此我們就可以實現《延伸的表現型》一書所可能激起的最狂妄幻想了。

布穀鳥在下了蛋以後就消失無蹤，但有些雌性的螞蟻「布穀鳥」則利用一種較為戲劇性的方式，讓人知道牠們的存在。我通常不太使用拉丁名，不過在這兒 *Bothriomyrmex regicidus* 及 *B. decapitans* 可以幫忙說明這種情形，這是兩種專門寄生在別種螞蟻身上的寄生蟻。所有的螞蟻當中，工蟻（而不是父母親）理所當然的是負責餵小螞蟻的，也因此，所謂的螞蟻布穀鳥所要作弄、擺布的，就是這些工蟻。

首先，第一個有效的步驟就是弄掉工蟻的母親——女蟻王。這兩種寄生蟻採取的方法是，由女王單槍匹馬潛入另外一種螞蟻的窩裡，找出窩裡的女王，騎到她背上，然後靜靜的進行威爾森所巧妙敘述的死亡之舞：「她獨特專長的一個動作是，慢慢的砍掉受害者的頭顱。」爾後，女殺手被沒了母親的工蟻認養了，牠們還不疑有他的幫助照顧她的蛋及幼蟻。這些蛋及幼蟻有部分被養育成工蟻，逐漸取代了巢裡原先的工蟻；另外一些變成女王的則飛到

別的地方，另尋新天地及找尋頭顱尚在的其他女王。

不過砍頭一事做起來有一點棘手，寄生蟻如果能夠脅迫他者做替身，牠們是不習慣於勞累自己的。威爾森的《昆蟲社會》（*The Insect Socities*）一書裡，我最喜歡的一個角色是 *Monomorium santschii*。這種寄生螞蟻經過演化的過程，已完全失去工蟲這一階層，牠們讓寄主的工蟻為牠們完全代勞，甚至連最可怕的工作也不例外——事實上，在入侵的寄生蟻的命令下，寄主工蟻們會親手謀殺牠們的母親！篡奪者並不需要用牠的嘴巴，牠只需用些心理控制術就行了。

究竟牠們是怎麼控制寄主工蟻的，到目前為止仍是個謎。牠很可能是利用化學物質，螞蟻的神經系統通常對化學物質相當敏感。如果牠的武器真是化學物質，那必定不亞於任何一種最陰險的藥物。讓我們想想這藥物的作用：首先它充斥了工蟻的腦筋，抓住了牠肌肉的韁繩，迷惑牠，使牠忘了天生的責任，然後令牠違抗了母親。對螞蟻來說，弒母是遺傳上極其瘋狂的行為；驅使牠們做出這種行為的藥物，想必是相當難以抗拒的。

現在，讀者該知道了，當我們談論延伸的表現型時，我們應該問的，不是某隻動物的行為如何對自己的基因有益，而是問誰的基因受到好處！

螞蟻被放蠱了

螞蟻被寄生蟻剝削實在沒有什麼好驚訝的，其實不光是寄生蟻，還有其他多得驚人的各種不同的專業食客，也會剝削螞蟻。

工蟻將四處蒐集來的大量食物囤積在一個地方，這就成了某些白吃者的目標。另外，螞蟻也是極好的保鏢——不但裝備好而且數目眾多。前面第十章裡提到的蚜蟲，就是利用蜜汁來換取螞蟻保鏢的服務。有幾種蝴蝶的幼蟲時代，也是在螞蟻窩裡度過的，其中有一些是完完全全的掠奪者，有些則用某種東西回報螞蟻的保護。蝴蝶的幼蟲通常以滿身的硬毛裝備來操縱牠們的保護者。有一種叫 *Thisbe irenea* 蝴蝶的幼蟲，頭部有某種可以用來召喚螞蟻的發聲器官，在靠近尾部的地方還有一對可伸縮自如的管道，能分泌吸引螞蟻的蜜汁；另外在肩膀還有一對能發出更為微妙的誘惑力的管口。

這些幼蟲所分泌出來的東西似乎並不是食物，而是某種對螞蟻的行為有戲劇般影響的揮發性藥物。在這種藥物的影響下，螞蟻會一下子騰空跳起來，口部大張，攻擊性大增，看到動的東西比平常更加會攻擊、咬、螫。當然，非常重要的例外是絕不攻擊對牠下藥的幼蟲。此外，在「賣藥」的幼蟲支配下，螞蟻最後會進入一種叫做「結合」的狀態。在這種狀態下的螞蟻，變得和對牠下藥的幼蟲難分難捨，持續上好幾天之久。就這樣，蝴蝶幼蟲像蚜蟲一

樣也雇用螞蟻當貼身保鏢，只是更技高一籌。

蚜蟲所依賴的是螞蟻對掠食者正常的攻擊性；而蝴蝶幼蟲則為螞蟻注射了引發攻擊性的藥物，同時似乎也加了某種使螞蟻上癮、難以割捨的東西。

我挑的例子都是很極端的。在自然界裡到處充滿著能操縱同種或異種的動植物，不過不那麼極端就是了。在所有受到天擇偏愛的操縱基因案例裡，我們可以正正當當的將那些操縱的基因，看成對被操縱者的身體有延伸的表現型作用。基因本身的位置在哪一個身體並不重要，重要的是，操縱的目標可以是它所在的身體，也可以是另外一個身體！

天擇特別偏愛那些能操縱世界以確保本身繁衍的基因。這一點導向我所謂的延伸表現型中心的法則：動物的行為傾向於增強「專責」那行為的基因之生存，無論那些基因是否剛好坐落在執行該動作的動物身上。我寫這法則的背景雖是動物行為，不過當然也可適用在顏色、大小、形狀及其他任何靜態的表現型。

基因、個體都是主角

現在我們終於可以回到一開始的問題，即「生物個體和基因，誰是天擇中的主角」的緊張局面。

在剛開始的幾章裡，我假設應該沒有這類問題，因為個體的生殖就等於基因的生存。我當時假設我們可以這麼說：「生物為了繁殖所有的基因而努力」，或者「基因使一代代的生物去繁殖它們」。這兩句話看起來似乎是一體兩面的說法，不管你選哪一個說法，只是個人的喜好而已。不過緊張的局面好像還是存在。

釐清這件事情的方法之一，是採用「複製者」及「工具」兩個詞彙。複製者也就是天擇的基本單位，是生存與否的基本東西，是形成一系列相同版本但偶爾會產生突變的東西。DNA分子就是複製者。複製者通常為了某種我們稍後會討論的原因而聚集在一起，成為大型的共同生存機器或工具。

我們最熟悉的工具，就是身體，也就是說，身體是工具而不是複製者。由於這一點曾被誤解過，因此我必須稍微強調一下。工具不會自行複製，工具為了繁衍牠們的複製者而努力；複製者不會行動，不會理解這個世界，也不會抓東西吃或逃命，它們會的只是使工具做那些事情。為了多方面的目的，生物學家將注意力集中在工具的層次較為方便；不過有時為了其他目的，生物學家將注意力集中在複製者會較方便。

在達爾文的戲目裡，基因和生物個體並不是爭同一要角的對手。相反的，他們被分派的是不同的、互補的，而且在很多方面看來，是同樣重要的角色！

生存故事的角色之爭

複製者和工具這兩個詞彙很有用，特別是這兩個詞彙釐清了關於天擇是在哪一層面運作的煩人爭議。表面上，我們將「個體選擇」擺在一個梯狀的選擇層次上，使它介於第三章裡所提倡的「基因選擇」及第七章裡所批評的「群體選擇」之間，可能更合乎邏輯。「個體選擇」差不多是介於兩個極端的中間，許多生物學家及哲學家被誘入這條便捷之道，也認為這是一條捷徑。

不過我們現在可以看出，事情根本就不是如此。生物個體和生物族群兩者，都是競爭我們生存故事裡的工具角色的對手，但是兩者卻連複製者角色的候選人都不是。個體選擇及群體選擇之間的爭議是替代工具的爭論；個體選擇及基因選擇則不然，因為基因和生物個體是生存故事中可以互補的最理想角色——也就是複製者和工具兩個角色。

生物個體及生物群體間的工具角色之爭，因為是真實的，所以可以解決。結果就我看來，是生物個體方面獲得絕對的勝利。因為群體本身太過散亂了，一群鹿、一群獅子、或者一群狼都有相當程度的基本凝聚性及目的的合一性。不過比起一隻獅子或狼或鹿身體內的凝聚性及目的的一致性，又顯得微不足道了。目前這個事實已被廣泛接受了，不過為什麼事實是如此呢？在這兒，延伸的表現型及寄生蟲的看法可以再度幫上我們的忙。

基因也有統獨之爭

前面我們看到，如果寄生者體內的基因彼此互相合作，會不利於寄主的基因（寄主基因也彼此互相合作），原因在於這兩組基因離開共同工具（即寄主）的方式不同。

肝蛭之所以可以從寄主中被分辨出來，沒與寄主的目的合而為一，真正原因在於肝蛭的基因與蝸牛的基因離開工具的方式不同。蝸牛的基因經由蝸牛精子及卵子離開共同的工具，由於所有的蝸牛基因對每一隻蝸牛的精子及卵子都有相同的利害關係，而且它們都參與了同樣公平的減數分裂。正由於它們都是為了共同的利益在努力，因此傾向於使蝸牛的身體變成一個有凝聚性、有目的的工具。而肝蛭並不採用蝸牛的減數分裂抽籤方式，牠們有屬於牠們自己的抽籤方式。也因此，這兩種工具保持分離的狀態，即蝸牛和可清楚區分的肝蛭，共同生活在蝸牛體內。假如肝蛭的基因也透過蝸牛的精子及卵子繁衍的話，兩者可能就會演化成同一肉體，我們可能就沒法區別曾經有兩種工具存在了。

「單一」生物個體如我們自己，也是許多這樣子的合併的最終具體表現。生物群體如一群鳥、一群狼，為什麼沒有合併成一個工具呢？正是因為牠們沒有離開現有工具的共同方式。當然，動物母群可能產生子群，不過母群並沒有將基因以同樣的容器平均傳給各子群，所以一群狼的基因並不是都能從未來相同的境遇得到好處。但是，基因卻可藉著偏護本身所

在的狼身體，犧牲其他的狼而保障自己的福利。因此，一隻狼的身體可以說是名副其實的工具。

我再解釋一下，為什麼一群狼不然。從基因上來說，因為一隻狼的所有細胞（除性細胞外）都有相同的基因，而所有的基因出現在任何一個細胞的機會都是均等的，就連性細胞也不例外。但是，一群狼體內的基因並不相同，同時這些細胞出現在其子群的機會也不一樣。也因此，一隻狼的細胞和其他狼身上的細胞對抗時，所能獲得的好處相當多，只是狼群之內可能有親戚的關係，而使對抗稍微緩和。

一個實體若要成為有效的基因工具，必須具備以下的性質：它必須具備一條供體內所有基因通向未來的公平管道。這對單一隻狼來說是確實的，這管道也就是那藉由減數分裂形成的精子及卵子。但是這對一群狼來說就不正確了，因為基因可以自私的提升它們所在的個體的利益，並犧牲狼群體裡其他基因，來獲得好處。

你也許會懷疑，一窩蜜蜂群集的時候，似乎也同狼群一樣；不過如果更詳細觀察的話，我們可以發現對蜜蜂基因來說，它們的命運大體是共享的。同群蜜蜂的基因的未來，絕大部分是決定於女王的卵巢，這就是為什蜜蜂群看起來，表現得像單一完全整合的工具。其實前面章節裡已提過同樣的看法，只是在這裡說法不同而已。

基因需要生產線

我們到哪兒都會發現，生命事實上都群聚在明確的、有個別目的的工具裡面，如狼及蜂窩，不過「延伸的表現型」學說教過我們，事情不必是如此。

基本上，我們應該將我們的理論園地，看成是一堆複製者的戰場——它們為了在基因的未來占有一席之地而互相推擠交戰。它們所用的武器是表現型的影響力，初期時是對細胞的直接化學作用，而後是對羽毛、牙齒甚至更遙遠的作用。無可否認的，剛好這些表現型作用大部分都整合成明確的工具，各自的基因都在共同的精子或卵子的「瓶頸」內受訓練，並預備被送入未來。不過這不是理所當然的事實，而是該令人質疑的事。

為什麼基因聚集成一個個的大工具，且各自具備單一的基因出路呢？為什麼基因選擇集合在一起，共同形成可以居住的大身體呢？在《延伸的表現型》一書裡，我嘗試給這個難題找答案。現在我只能稍微勾勒部分答案。

我要將問題分成三個：為什麼基因在細胞裡集結成群？為什麼細胞會在多細胞身體內集結成群？還有，為什麼身體採用我稱為「瓶頸」的生活史過程？

首先，為什麼基因在細胞裡結群呢？為什麼那些古老的複製者放棄太古渾湯時代那種自由騎士式的生活方式，而聚集成龐大部落呢？它們為什麼要合作？

我們從現今的DNA分子在活細胞的化學工廠裡的合作情形，可以看到部分答案。DNA分子製造蛋白質，蛋白質則具備催化某些特殊化學作用的酵素。

通常單一的化學反應並不足以合成有用的產品。在人類的製藥工廠裡，生產一項有用的化學物質需要一整條生產線。最初的化學物質不能直接轉化成我們想要的最後產品，必須有一連串的中間產品依照嚴格的程序合成。化學研究人員的大部分智慧，都投注在上游的化學物質與期望的最終產品之間，想找出可能的中間產物及可能的流程。同樣的，一個有生命的細胞裡的單一酵素，通常也無法獨立將某一個化學原料合成為有用的產品，這中間必須要有一整套的酵素才行。換句話說，由某一個負責將原料催化成第一中間產物，另外一個將第一個中間產物催化轉變成第二個中間產物，依此類推。

天擇決定生產線

生物體內有整個生產線所需的酵素，這些酵素每一個都是由一個或一個以上的基因所製造的。如果說某一個合成過程需要一系列的六個酵素，那麼製造那六個酵素的六個以上基因必須都有，缺一不可。做成同樣產品的流程很可能有兩條，每條都需要六個不同的酵素，而且除這兩者外沒有其他的選擇。在化學工廠裡這樣的情形是有的，究竟哪一條被採用，可能

是歷史的巧合，也可能是化學家有些刻意計劃出來的。

在自然界的化學反應裡，選擇當然絕不可能是刻意的；它們都是經過天擇而產生的。不過，天擇又如何使兩條流程不混在一起，又如何使彼此適合的基因組合出現呢？我想這跟我在第五章裡所提出的英國及德國划船選手的類比，道理很相似。很重要的是，流程I的某一階段的某一基因，在同一流程其他階段的基因存在時也能活躍，但在流程II的基因存在時卻不然。如果族群的大多數剛好屬於流程I的基因，天擇即會偏向於流程I的其他基因，流程II的基因便遭不利，反之亦然。

流程I的六個酵素的基因被集體選上了，這個說法雖然很誘人，但卻是完完全全錯誤的。事實上，每一個基因都是以「一個獨立而自私的基因」單位被挑選上，但是只有在適當的基因組合下才會成長茁壯。

今天，基因的合作是在細胞內進行的，這種合作必定源自太古渾湯（或任何可能存在的太古媒體）內的自我複製分子，彼此間的初步協力合作。細胞膜的產生，則可能是為了使有用的化學物質集結在一起，免於外流；細胞裡的很多化學反應其實都是在薄膜上進行的，薄膜的功用就像輸送帶與試管架的綜合。不過基因間的合作並不限於細胞的生化作用。

細胞俱樂部

由此導向我三個問題中的第二個。為什麼細胞結合在一起？為什麼形成笨重的機器人？這是關於合作的另外一個問題，不過範圍從分子的世界換成規模較大的東西。多細胞體的成長超越了顯微的世界，牠們甚至可長成大象或鯨魚，不過體型大並不一定就是好事：絕大多數生物是細菌，只有極少數長成大象。這使得當開放給小型生物的生活資源都用盡時，大型生物還有很多可賴以生存的資源。譬如說，大型生物可以吃小生物，也可以避免被小生物吃掉。

做為細胞俱樂部的一員，好處是不限於體型的大小。俱樂部裡的細胞可各有專長，每一個細胞因此能更專精於它分內的工作。專業細胞為俱樂部裡的其他細胞服務，同時也受益於其他專業細胞的專長。如果細胞的數目很多，那麼有些可以當作是偵測獵物的感覺器官；有些可當作是傳達訊息的神經；有些可當螫刺的細胞，使獵物麻痺；另有些成為肌肉細胞，好移動觸手去抓獵物；或分泌細胞好分解獵物；還有其他的可當吸取獵物汁液的細胞。

我們必須記住，至少在現代的身體如我們自己的身體裡，細胞都是無性繁殖出來的，細胞裡所含的基因都是一樣的。專業細胞的不同，只是所啟用的基因不同而已。

在每一類型細胞裡的基因，能幫助少數專門負責生殖的細胞中的自己的複本，生殖細胞

就是永不止息的種子線，其他類型的細胞則會保護這條線的延續。

始於瓶頸，終於瓶頸

好了，第三個問題：為什麼身體要從事「瓶頸」的生活史？

首先，我所說的瓶頸是什麼意思？一隻大象的體內不管有多少細胞，這隻大象的生命是始於一個單一細胞，也就是一個受精卵，這個受精卵便是一道狹窄的瓶頸。在大象的胚胎發育時期，這個瓶頸變寬到形成一隻有成兆細胞的大象。這些細胞不論數量有多少，專業的種類有幾種，都一同合作，履行之所以成為一隻大象的複雜到難以想像的工作，而後再合力達成「生產單一細胞：精子及卵子」的最終目的。

大象不僅以一個單細胞（受精卵）為開始，也以生產單細胞（下一代的受精卵）為最終目的。於是，體積龐大、笨重的大象的生命過程始於瓶頸，也終於瓶頸。這樣的瓶頸是所有多細胞動物及大多數植物的生活史特徵，為什麼要如此？意義究竟何在？我們可能得先思考生命若不這樣的話，會是什麼樣的情形，才能解答這個問題。

讓我們利用兩種假設的海草，來幫助理解，一種叫破瓶草，另一種叫吹牛草。吹牛草是一堆散落、沒有固定枝條的海草，枝椏有時會斷掉流走。這些枝椏可以是身上的任何部分，

斷下的枝椏也可大可小；它們就像園藝上的切枝，也可長大成跟原來的吹牛草一樣。斷枝法便是這種草的繁殖方法，待會兒你會注意到，這實在跟它成長的方法沒什麼兩樣，只是生長的部分彼此分離開罷了。

破瓶草看起來像吹牛草，也長得零零散散的。不過兩者有很重要的不同點：破瓶草的繁殖方法是釋出單細胞孢子，並任其在海中漂流，長成新的破瓶草。這些孢子不過是植物身上的細胞而已，跟其他細胞沒有兩樣，所以破瓶草也跟吹牛草的繁殖方法一樣，是無性繁殖。也就是說，一棵植物的女兒所含有的細胞，跟它母親的細胞都是細胞株夥伴。

兩種海草唯一的不同是，吹牛草倚賴分出一塊塊含有無數細胞的自身而繁殖；破瓶草則是分出一塊塊永遠含單細胞的自身而繁殖。

藉著想像這兩種海草，我們找到瓶頸及非瓶頸的重要不同點了。破瓶草將自己一代代從一個單細胞的瓶頸擠出來而繁殖。吹牛草則只是生長及斷裂為二，這實在很難說得上擁有明確的世代。破瓶草又是如何？這待會兒我會說清楚，不過我們已經可以看出答案的端倪了。破瓶草似乎已經具備一種比較明確的「生物的」感覺。

如我們所看到的，吹牛草生長的方式與繁殖的方式一樣，事實上它們幾乎根本就沒有繁殖。破瓶草呢？則是生長和繁殖之間有很清楚的界線。你看，我們也許已經找出不同的所在了，不過那又怎麼樣呢？它的意義在哪兒？重要性又在哪裡？

對這問題我想了很久。我想我知道答案是什麼，順便提一下，我覺得發現問題比找出答案還難！答案可以分成三部分，前兩部分與介於演化和胚胎發育間的關係有關。

重回生命製圖板上

首先，請想像一下器官由簡單到複雜的演化過程。我們不必局限於植物，事實上在目前這個階段的論點，我想轉移到動物可能比較好些，因為動物的器官很明顯的複雜多了。再者，我們也不必要想到性的問題，在這裡，有性生殖對無性生殖的問題，只會分散我們的注意力。我們可以將動物想像成是利用釋出無性的孢子來繁殖的，而這些單細胞孢子在基因上不但彼此相同（除非經過突變），跟母體內的所有細胞也完全相同。

高等動物如人類，身上的複雜器官是由較簡單的原始器官漸漸演化而成的。不過那些原始器官並不是像一把劍被敲打成犁頭一樣，給完全改變成後來的模樣；它們不僅沒有完全改變，而且我現在要強調的重點是，在大部分情況下，它們不可能完全改變。像「劍到犁頭」那樣直接的轉變是非常有限的，真正徹底的改變只能靠「重回製圖板」來完成，即丟掉原來的設計並重新開始。

當工程師回到製圖板重新設計某個東西時，他們不一定丟棄原來的構想設計，不過他們

也不是試著完全將舊的物體扭轉，變成新的物體。舊的物體被一團團的歷史給壓抑住了，或許你能將一把劍敲打成犁頭，可是嘗試把螺旋槳推進器敲打成噴射引擎，就辦不到了。你必須丟棄螺旋槳推進器，重新回到製圖板上。

當然，活的東西從來不是在製圖板上設計出來的，不過活的東西倒是會回到新的始點，每個新的一代就是一個全新的開始。每一個新的生物都是由一個單細胞開始的，然後長成新的生命。新生命以DNA程式的方式繼承了古老的設計理念，不過並沒有繼承祖先實際的器官。他並沒有繼承母親的心臟，然後重新鑄成一個新的（甚至可以改良的）心臟，而是從頭開始：從一個單細胞開始，一個和他母親的心臟有同樣的設計，或許也經過改良的單細胞開始，然後長出新的心臟來。

你應該可以看到我要下的結論是什麼：瓶頸式生活史的重點之一是，它等於使生物的生命能夠重新回到製圖板的階段。

胚胎按表操課

生活史的瓶頸作用有第二個相關的影響：它提供了調節胚胎發育進度的「日程表」。

在瓶頸式的生活史上，每一個新的一代都經過一系列差不多一樣的事件。首先以一個細

胞開始，走過細胞分裂而成長，然後經由釋出子細胞而繁殖，最後大概難逃一死——不過對我們凡人來說，這倒不是那麼重要。對我們現在所討論的問題而言，只要現存的生物已經繁殖，新一代的生活史已經開始，那麼前一個生活史也就可以結束了。雖然理論上說來，生命體在生長過程中隨時都可以生殖，但我們可以預料得到：最適宜生殖的時機終會來臨，太早或太晚釋出孢子的生物，會比那些養精蓄銳到最佳時候才釋出大量孢子的對手，有較少的後代。

現在，我們的論證正進入一般刻板的、反反覆覆的生活史想法了。每一代不僅僅是從單細胞的瓶頸出發，而且也有相當固定的生長期，即「幼年時代」。這樣一個固定時間的、刻板的生長時期，使得特定的東西能在胚胎發育時期的特定時間裡成長，有如遵守一張嚴格的日程表般。在發育期中，不同的生物在不同的程度下，依照固定的程序細胞分裂，這個程序在每一個生活史都會出現——每一個細胞在細胞分裂的單子上，都寫有它特定的出現地點及時間。

順便一提，有些細胞出現的時間、地點是那麼明確，胚胎學家甚至可以為它們分別命名。而且針對某一個生物的某個特定細胞發育階段，你也可以在另外一個生物體內，找到完全相同的對等階段。

刻板的生長週期因此等於提供了一具時鐘或日程表，藉此胚胎發育過程中的各種事件，

就按時啟動了。想想我們本身，是多麼爽快的利用地球每天的自轉及每年繞著太陽的公轉，在安排自己的生活。同樣的，瓶頸式生活史所強加的千篇一律的生長週期，也會被用來安排胚胎的成長，這看起來幾乎是無可避免的。

由於「瓶頸／生長週期」的日程表確有所謂的特定時間，因此特定的基因可以在特定的時間被打開或關掉。如此精確調節的基因活動，是胚胎演化出能夠雕鑿複雜的組織及器官的先決條件。這例子太多了，老鷹的眼睛或燕子翅膀的精確性及複雜性，若沒有精準的規則來控制，是不可能產生的。

怎樣才叫「個體」？

瓶頸式生活史的第三個影響是和基因有關的。在這裡，破瓶草及吹牛草又再度幫上我們。為了簡單起見，我們要再次假設兩種海草都屬無性生殖，想想它們可能怎麼演化的。演化需要基因的改變，即突變，突變可發生在任何細胞分裂時。

在吹牛草，每一節斷下流走的枝椏都是多細胞的，細胞血系是漸行漸寬式的，剛好和瓶頸式的相反。因此，在吹牛草新生命身上的任兩個細胞間的親緣關係，很可能比其中任何一個與母體內細胞的關係還遠。我所謂的「親戚」，確實是指堂兄弟姊妹、孫子女等等。細胞有

明確的家譜，而且還會旁分。因此我們可以光明正大的用遠堂兄弟姊妹這樣的稱謂，來稱呼身體內的細胞。

破瓶草與吹牛草在這一點上的差異甚大。一株第二代破瓶草體內的所有細胞，都是從單一孢子細胞來的，所以同一株破瓶草體內的所有細胞，比起不同株體內的任何細胞，都是較親的堂兄弟姊妹或其他近親。

有關這兩種海草間的差異，基因的影響很重要。請試著想想看某個新突變基因的命運，首先想吹牛草，其次想破瓶草的。在吹牛草，新的突變可發生於任何一個細胞，任何一根枝椏。吹牛草的血系由於是漸行漸寬式的，所以突變細胞的直系子孫可能同時出現在與它們關係頗遠、且未經突變的第二代，甚至第三代吹牛草上。另一方面，一株破瓶草體內所有細胞最近的共同祖先，年紀並不會大於提供這株海草與生命瓶頸開端的孢子。如果那個孢子含有突變的基因，那麼這株新海草的所有細胞也都含有突變的基因；如果孢子不含突變基因，那麼所有的細胞也都不會有。

同株破瓶草的細胞在基因上較吹牛草為一致。在破瓶草，每一株草都是擁有相同基因的單位，因此值得被稱為個體。吹牛草的植株則基因上較為不同，甚至會有不同時期的突變出現在同一植株上，因此比起破瓶草就稱不上個體了。

瓶頸有利個體演化

這並不是名稱的問題而已，只要有突變，一株吹牛草身上的細胞便不會有遺傳上相同的利益。吹牛草細胞內的某一個基因，只要藉著提升細胞的生殖就會獲得好處，但是如果它提升的是一株植株的生殖力，就並不一定獲得好處。因為在漸行漸寬式的生殖情況下，突變會使一株植物裡的不同細胞在遺傳上不一致，因此細胞與細胞在製造器官和新植株時，就不會心甘情願的合作。如此天擇便會在細胞間篩選，而不是在植株間篩選了。

另一方面，一株破瓶草的所有細胞很可能都有一樣的基因，只有極新近的突變才可能將它們區分。因此，同一株破瓶草內的細胞都很樂意合作，以製造高效率的求生機器。不同破瓶草植株身上的細胞，比較可能有不同的基因。畢竟通過不同瓶頸的細胞，除了最近發生的突變外都可以辨別出來。天擇因此檢驗不同的植株，而不是審查不同的細胞（像在吹牛草那樣）。也因此，我們可以看到有益於整株植株的器官及設計的演化。

順便對那些有專業興趣的人提一下，這兒還可提一個關於群體選擇的論證類比。我們可以將生物個體看成是一「群」細胞，假若我們能夠找出某種方法，來提高族群內的變異對族群外變異的比率，那麼我們也等於創出了某種群體選擇方式，群體選擇論就可以成立了。你看，破瓶草的生殖習性剛剛好有增加這種變化的效果；而吹牛草的習性剛好相反。

還有，瓶頸式生活史與本章占極大篇幅的另兩個想法，有非常相似之處，雖然這可能有些啟發性，但我不打算去探討。第一個想法是寄生蟲願意和寄主合作，合作無間的程度可以密切到寄生蟲的基因與寄主的基因都經過同樣的生殖細胞繁殖到下一代，也就是擠過了同樣一道瓶頸。第二個想法是，因為減數分裂是個非常公平的方法，所以行有性生殖的身體細胞，彼此會互相合作。

總結起來，我們看到為什麼瓶頸式的生活史，會助長生物演化成「工具」的三個原因。這三個原因可稱為重回製圖板、規律的時間週期，及細胞的一致性。

而究竟是生活史瓶頸在先呢？或是生物個體先呢？我想兩者是一起演化的。我猜想生物個體的主要特色，應在於他是一個以單細胞的瓶頸做開始和結束的單位。當生活史變成瓶頸時，有生命的物質似乎注定要被裝進明明確確的單一生物體裡。結果是，愈多有生命的物質被裝進求生機器裡，機器裡的細胞愈是會將精力集中運用在少數特殊細胞身上——那些負責將共同基因運過瓶頸至下一代的特殊細胞身上。

瓶頸式生活史和明確的生物個體，這兩種現象是相輔相成的；兩者是互相增強的，其中一個演化了就會強化另一個，就如戀愛中的一對男女，有掉入漩渦般的感覺。

簡短的總結宣告

《延伸的表現型》一書相當厚，不可能將它的論證擠成一章。因此，我不得不採取濃縮、相當直覺、甚至印象派的方式，將它呈現給大家。不管如何，我希望我已經成功的將書中的特色大體表達了。

讓我以一個簡短的宣告，來總結整個「自私的基因／延伸的表現型」生命觀。

我堅持這是一種可放諸整個宇宙皆準的看法。複製者是基本的單位，是所有生命的主要動力；複製者是宇宙間任何能夠製造複本的東西。複製者的起源是偶然的，是源於一些隨意碰撞的微小物體，複製者一旦出現後，就可無限制的自我複製。

不過複製的過程不全是完美的，而且複製者中也包含一些彼此不同的變異。其中，有些已經失去了自我複製的能力，於是自身一旦消失了，整個種類也就不復存在；有一些雖然還能複製，但效率較差；另外還有一些則擁有新伎倆，這些種類通常比它們的前輩及同輩好，也正是這些複製者的後代，後來支配了整個族群。隨著時間的逝去，世界就充滿了最強而有力、最聰明的複製者。

漸漸的，複製者的精巧生存方法愈來愈多了。複製者不但是藉著本身所具備的特性生存，也藉著它們對這個世界的影響力而生存。這些影響力會是相當間接的，因為不管影響力

是經由多麼曲折或間接的過程，都會反過來影響複製者拷貝自身的成敗。

複製者的成功與否，因它所處的是哪種環境而定，這其中最重要的，要算是其他複製者對當時環境的影響力。就如英國及德國的划船選手，互相有益的複製者當彼此存在時，會占上風。我們地球在生命演化的某個時候，這些相互合適的複製者的結合也開始正式成形，於是明確的工具——細胞，及後來的多細胞身體，就創造出來了。再來是演化出瓶頸式生活史的工具成功了，並變得更特化，更有工具的模樣。

生命物質經由包裝形成特化的工具，是種極為突出又強勢的特徵。這也是為什麼生物學家提出有關生命的問題時，幾乎都是關於工具，即生物個體；而且是生物個體首先進到生物學家的意識裡，複製者（現在叫基因）只被看作是生物個體所使用的部分器械。

現在，經由「自私的基因」的觀念，我們需要很慎重的態度與不懈的意志力量，重新將生物學扶正；並提醒自己：複製者不但在重要性是第一的，在歷史上也是先現身的。

無遠弗屆的不朽基因

提醒我們的自己的方法之一，是回想一下：即使在今天，一個基因所有表現型的作用，並非都集中在它所處的個別身體上。不管就理論或事實來說，基因的確會透過個別身體的牆

壁，操縱著外界的事物——包括無生命的物體、其他有生命物體，甚至遠方的物體。

我們只要稍微用點想像力，便可看到基因好像坐在一只只具有延伸表現型威力的輻射網中央。再換個方位來看，世界上的任何一個物體，則是坐落在眾多聚攏的網的滙聚點上——這些聚攏的網，是由許多生物體內眾多基因所綻放的影響力，交織而成的。

基因的影響力能揮及的地方，是沒有明顯界限的；由基因為起點延伸向表現型的箭頭，已經從遠到近重重疊疊，把整個世界都籠罩了。

這些隨意的箭頭已捆在一起，這是另外一個事實，這事實極為重要，因此不能稱為偶發事件，但在理論上又不是必要到可以稱為不可避免的地步。複製者已經不再是隨意撒在海裡的東西了，它們已經聚集成龐大的部落，即個別身體。表現型的影響力也不是平均的分配在世界各地，而是時常凝聚在同一身體內。

在我們的星球上，人人熟悉的個別身體並不一定要存在；這世上不管在何處，唯有一種東西必須存在才能使生命發生，它就是不朽的複製者！

附錄

譯後記・名詞注釋・延伸閱讀

譯後記

趙淑妙

一九八一年秋天我到美國念書，《自私的基因》是演化學教授指定的必讀書籍之一。當時雖沒看完全書（一則英文閱讀能力慢；另則指定書太多，為應付考試讀了序、第一章和第十一章），但對作者有心將科學普及化所作的生動比喻和努力，印象非常深刻。也因此感慨，為何念大學時只能讀到張系國博士的科幻小說，而沒有普及化、有啟發性的扎實科學小說（我指的是中文作品）可讀呢？感嘆我能為台灣的科學做些什麼之餘，也只能以自己文筆不佳及學養不夠推卸責任了。

一九九〇年初，上帝賜給我到美國進修的機會。在圖書館中讀到《自私的基因》的新版書評，使我想起十年前沒有讀完該書的虧欠感。因此從圖書館借出放在書架上。一、兩個月後，好友張定綺小姐寫信問我，是否可為她推薦一本普及化、可讀性高的生物學方面的好

書？於是我就告訴她道金斯博士的《自私的基因》。後來定綺又問：是不是考慮把這書翻譯出來？

實在是一本好書

一九九四年初，我自不量力的接下了天下文化出版公司的委託翻譯合約。這是我第一次翻譯整本書，因為我深深覺得《自私的基因》實在是一本好書，值得將它介紹給所有在生物學領域以內或以外的讀者，幫助他們知道動物行為學和演化學是這麼有趣（這原本是作者的期望）。

本書是道金斯博士的成名著作。他所要推銷的觀念是基因的本性是自私的。更清楚的說，基因控制了生物的所有行為。以動物為例，肉體是為了基因的存活而工作，基因的目的是要成功的經由卵和精子航行至另一個世代，以製造、散布更多它們的複製品；肉體不過是基因們用過即丟棄的暫時工具。

這觀念的創始人是德國生物學家魏斯曼。魏斯曼提出有力的數據和理論，證明後天獲得的特徵無法遺傳給子代。這等於推翻了拉馬克（Chevalier de Lamarck, 1744-1829，法國博物學家）後天的性狀會遺傳的說法，使得達爾文的天擇觀念得到支持。

魏斯曼是本世紀初具有相當影響力的人物，但僅有少數生物學家認同他的天擇的基因觀。漢彌敦和威廉士在一九六〇年代將魏斯曼的理念發揚光大。道金斯則將它以淺顯的例子、生動的文字寫成《自私的基因》一書，讓一般讀者對動物行為學和演化學背後的「基因才是主角」的觀點（更具體的說是事實）有所認識。

另外，作者所要強調的新觀念是第十三章的「延伸的表現型」，也就是世界上的任何事物都可能是基因的影響力所造成。後者可能是直接可以推理或驗證出來的；但更合理的說，絕大部分是間接的，我們還是可以循著表現型去尋找基因的自私目的究竟何在。

我非常喜歡第十一章，道金斯創了 meme 這個字來表達文化中各種新的複製者，如旋律、服飾、觀念、廣告用語等。他賦予各種新複製者具有生命的那種脈動，並將它們和基因作類比，讓我們意識到，這些新複製者也會如基因一樣彼此競爭，相互適應結合、被挑選（或偏愛）、漸漸改變而有演化。我覺得這樣的比擬，非常有啟發性。我將 meme 譯成「瀰」，把瀰當名詞用，希望它能詮釋原文具有能散播、繁衍的本質，期望讀者可以接受。

誌謝

我要特別感覺張定綺小姐鼓勵我翻譯這本書，和在譯文上給我的指教；林秀華女士和邱

漢傑博士試讀部分的初稿，並給我相當多的寶貴意見；劉湘瑤小姐協助大部分譯文的打字，同時給我不少用字遣詞的建議。家父、家母和小女宇菁經常探問我的進度，並體諒我對他們的疏忽；天下文化的編輯林榮崧先生校正全書，劉藍玉小姐潤飾譯稿，使得譯文改善良多，在此一併致謝。

《自私的基因》一書是國際上最暢銷的好書之一，中文版是被翻譯出來的第十四種語言。筆者能夠翻譯本書，實之有幸。但演化學是直到一九三〇年代，有了族群遺傳學之後，才鞏固其理論基礎的科學，它所涉及的各種科學層面甚為廣泛（尚有動物行為學、社會生物學、分類學、統計學等等）。限於筆者才疏學淺，錯誤在所難免，期望讀者雅涵。若有錯誤，敬請來函指正，使本書再版時能加以修正。

——一九九五年十二月於中央研究院植物所

名詞注釋

DNA　deoxyribonucleic acid　詳見「去氧核糖核酸」。

ESS　evolutionary stable strategy　詳見「演化穩定策略」。

〈一劃〉

一報還一報　Tit for Tat　多倫多大學心理學拉普波特（A. Rapoport）所寫的「囚犯的困境」遊戲策略，它以第一回合的「合作」為起始，然後每一回合都重複對手上一回合的動作。這策略的基本精神是善良（不主動背叛）、寬恕和不嫉妒，它證實了「好人會出頭」的觀點。

〈三劃〉

大霹靂　big bang　認為今日的宇宙是源自一個巨大爆炸事件的宇宙學說，由加莫夫（George Gamow, 1904-1968）所提出。請參見《大霹靂》一書。

〈四劃〉

天擇 natural selection　達爾文提出的演化學說。達爾文認為由於生存競爭，只有那些具備有利變異條件、能適應環境的生物體後代，才能生存、繁衍。

分子生物學 molecular biology　以分子的結構術語解釋生物現象的現代生物學。

分化 differentiation　細胞在發育中歷經變化的過程，使同一生物體在生命史後期擁有各種具特殊構造及功能的細胞，形成不同的組織或器官。

太古渾湯 primeval soup　生命發生之前的地球，大地仍是一片混沌。當時薄薄的地殼底下不斷有熔岩、水氣、放射性元素噴出，隕石則從天而降，帶來大量太空物質。隕石撞擊地表後，折起漫天塵粒，產生驚人的塵雲摩擦作用，造成閃電風暴。在這種一片混沌、熔融的化學環境下，有機物質產生了，並逐漸變濃，複製過程也於焉誕生。

互利共生 mutualism　即共生，兩種不同生物彼此一起共同生活，建立互利的關係（有些則是單方受益，但不影響另一方）。

分離扭曲子 segregation distorter　某種突變基因，它的影響是在減數分裂本身，不像眼睛顏色或頭髮捲曲之類有明顯的表現型。它會造成減數分裂不均，使自身比其對偶基因更可能進入配子中。

文化演化 cultural evolution　累積世代之間的風俗習慣、禮儀、觀念、藝術等的漸漸改變，而有明顯的變化方向或表現。

文化突變 cultural mutation　世代之間的風俗習慣、禮儀、觀念、藝術等，在傳承之間發生可觀測到的轉變。

〈五劃〉

生殖細胞　germ cell　即精子或卵子細胞（或它們的前身細胞），只帶有親代一半數目的染色體。

去氧核糖核酸　DNA, deoxyribonucleic acid　遺傳的分子結構基礎。它是一條由去氧核糖核苷酸組成的長鏈。根據華森、克里克的模型，它是由鹼基對、磷酸根及五碳糖所鍵架起來的雙螺旋構造。遺傳訊息（基因）便是由鹼基對的順序所決定。

生態學　ecology　研究生物和環境之間的交互作用的科學。

生物統計學　biometrics　運用統計學以解決生物學問題的科學。

可突變基因　mutable gene　即遺傳的不穩定性，它通常可由表現型觀察到。

母投資　PI, parental investment　崔弗斯（R. L. Trivers）於一九七二年提出的理論，定義是：母親為了增加單一幼體的生存機會（也就是繁殖的成功率），對此幼體投下會影響自己照顧其他幼體的能力的投資。

半致死基因　semilethal gene　這種基因會使它所坐落的個體有耗弱的效應（也就是使個體增加其他死因的機會）。

白化症　albino　由隱性基因（偶爾也有顯性基因）控制的遺傳疾病。患者皮膚及眼睛缺少色素，視覺常有缺陷。

布魯斯效應　Bruce effect　雄蹊鼠分泌某種化學物質企圖讓已懷孕的雌性流產，如果這氣味和雌蹊鼠先前的配偶不同，她就會流產。雄蹊鼠用此方法摧毀牠可能繼養的孩子，使新婚妻子接受牠的求愛。

生命／晚餐原則　life/dinner principle　源自伊索寓言：「兔子跑得比狐狸快，因為兔子是在逃命，而狐狸只不過在追一頓晚餐。」這原則是由道金斯和克利伯斯（J. R. Krebs）提出的：有時候動物的行為會有違於牠們本身的最高利益，而任憑別的動物去擺布。理論上這些動物是可以抗拒受擺布的，但這麼做卻須付出高代

價。具有拒絕受擺布基因的，實際上較無法成功的將基因流傳下去，因為抗拒需要付出代價。

〈六劃〉

同質結合的　homozygous　又稱「同型合子的」。同源染色體相對的座位上攜帶完全相同的對偶基因。

同源染色體　homologous chromosome　含有相同基因座、構造相似的染色體。在減數分裂早期會進行配對。

有絲分裂　mitosis　細胞一分為二的正常過程，所形成的子細胞含有與親代細胞核同樣的染色體數。

有性生殖　sexual reproduction　兩個個體各自產生配子，經由配子的配對、融合成新的子代細胞而發育。這種繁殖方式即為有性生殖。

交換　crossing over　在進行減數分裂時，每一條染色體先與同源的染色體並排在一起，接著染色體有部分會分開（雙絲期），但在交叉點上可見到染色體進行染色分體的交換。

多形性狀　polymorphism　又稱多形現象或多態性，指的是同一物種存在了多種不同類型的個體。在遺傳學上是指族群中有兩種以上不同的遺傳性狀存在，例如人類的血型。

自體交配　autogamy　雌雄同體的生物，它的雌配子由自己的雄配子受精。

共生　symbiosis　兩種不同生物彼此一起共同生活，建立互利的關係（有些則是單方受益，但不影響另一方）。

〈七劃〉

利他　altruism　個體促進或增加另一個體的適應性，同時減少了本身適應性的一種行為。

男性氣概策略　he-man strategy　道金斯認為雌性動物會採取的擇偶策略之一：雌性選擇具有男性氣概、求生能力強的雄性來交配，以便擁有求生能力強、能吸引雌性的兒子。這樣便能增加自己基因綿延、留傳不朽的

機會。

社會性昆蟲　social insect　能組成有組織的、有分工合作行為之社群的昆蟲。

〈八劃〉

性細胞　sexual cell　指雄性或雌性的生殖細胞。

孢子　spore　為單細胞或多細胞無性生殖體或休眠體，能抵抗不良環境。當環境條件適合生長時，孢子又可以重新萌發為新個體。

近親選擇　kin selection　可用來解釋家族內的利他現象，例如父母對子女的照顧；關係愈親密，利他選擇愈明顯。道金斯認為近親選擇不是群體選擇的特例。

拉馬克學說　Lamarckism　認為後天的性狀（親代受到環境影響而表現出來的特徵）可以傳給子代，這些性狀遺傳累積下來的效果，即是演化的機制。

孟德爾學說　Mendelism　依循孟德爾提出的定律，並利用育種實驗研究遺傳作用中基因行為表現的科學。

昆蟲　insect　節肢動物門的一個綱，是所有生物中種類最多、歧異度最大的一個綱。牠們的特徵可以歸納如下：具有外殼、一對複眼、一對觸角、兩對翅、三對附肢和三對口器。

表現型　phenotype　又稱表型，為遺傳特徵的實際表現。

延伸的表現型　extended phenotype　簡稱延伸表型，也屬遺傳特徵的實際表現。它可能表現在基因所在的個體之外，例如鳥巢或其他無生命的周遭物體。這是道金斯提出的觀點。

〈九劃〉

突變　mutation　泛指遺傳物質發生改變，影響遺傳性狀的變異。突變包括基因本身的改變，以及廣義的染色

體發生變異。

突變者基因 mutator gene　某種會操控其他基因，使之發生複製錯誤的基因。

染色體 chromosome　細胞分裂時，在細胞核內可看見的線狀物。基因即由染色體攜帶著。

染色分體 chromatid　核分裂前期由染色體複製形成的兩束之一。

胚胎學 embryology　研究生物體從配子融合成的接合子或受精卵開始發育的科學。

重組 recombination　基因透過交換，形成不同於親代的新組合。

負回饋 negative feedback　系統能測量現今狀態與期望狀態之間的差距，當差距愈大時，系統會自動傾向於減少差距。負回饋的基本功能在增加系統的穩定性及減少差異。

前饋 feed-forward　系統的訊息輸入端可探測外在的變化，但在進一步的變化發生之前，即於信息輸出一端預先施放校正信號。

限性基因效應 sex-limited gene effect　某些基因的效應（性荷爾蒙所決定）只表現在某一性別的身體上。例如，一個控制陰莖長度的基因，只會表現在雄性的身體上；雖然它也存在雌性體內，但效應可能相當不同。

神經元 neuron　神經系統的每一個細胞單元。

突觸 synapse　兩個神經元相接的地方並不直接接觸，其間的小空隙即稱為突觸。

〈十劃〉

個體選擇 individual selection　這理論認為天擇的基本單位是個體；群體一定會趨於消滅，而且不論群體消滅與否，它都會受到個體的行為所影響（不過道金斯偏好「基因選擇」）。

胺基酸 amino acid　構成蛋白質的基本單位，生物體內常見的有二十種。胺基酸的排列順序決定了蛋白質的構造與功能。

核酸　nucleic acid　細胞核內的遺傳物質，其基本單位為核苷酸。

核苷酸　nucleotide　構成DNA及RNA（核糖核酸）的基本單位，主要由鹼基、五碳糖及磷酸根構成。核苷酸鹼基的排列順序構成了製造蛋白質的密碼。

致死基因　lethal gene　會使它所坐落的個體死亡的基因。

倒位　inversion　染色體中的一部分發生倒轉，使得那部分裡的基因呈顛倒的順序。

特化　specialize　㈠細胞形成具有特殊構造及功能的組織。㈡基因的每三個鹼基可以讓特定的胺基酸，排列到正在合成的蛋白質上。

哺乳動物　mammal　擁有以下特徵的動物：有乳腺，身體有毛包覆，胸腹腔之間有橫隔膜隔開，紅血球沒有細胞核，中耳有三骨塊。

配子　gamete　一種生殖細胞（通常為單倍體），它的細胞核及細胞質會在受精作用中與另外一個配子進行融合，所產生出來的細胞（接合子）會發育成新的生物。

配子同型　isogamy　個體沒有兩個性別之分，誰都可和誰交配。亦即：沒有精子和卵兩種不同的配子，所有的性細胞都相同，叫做同型配子（isogamete）。

家庭幸福策略　domestic-bliss strategy　道金斯認為雌性動物會採取的擇偶策略之一：雌性逐一審視雄性，辨認出擁有忠誠和顧家特質者，再與之交配。採取這策略的雌性在交配之前，便可藉著一段長時間的交往期，剔除不可靠的追求者。

病毒　virus　能夠傳染疾病的媒介。比細菌小，永遠都需要寄生在完整的細胞內，才能進行複製。

病原體　viroid　已知可傳染疾病的最小生物，與病毒類似，但無蛋白殼。

〈十一劃〉

基因 gene　遺傳的基本單位，由一段具有特殊功能的核苷酸所組成，位在染色體上。

基因座 gene locus, gene site　即基因位置，染色體上被基因占有的位置。

基因複合體 gene complex　許多基因連鎖而形成的較大型遺傳單位。

基因型 genotype　又稱遺傳型，為個體的基因排列形式或基因組合；或者是細胞的遺傳物質，通常指的只是核內物質。

連鎖 linkage　坐落在同一條染色體上的非對偶基因，在遺傳時發生很緊密的關聯，並不能任意分離。

異質結合的 heterozygous　又稱「異型合子的」，一對同源染色體的相對基因座上，攜帶了不同的對偶基因。

粒線體 mitochondria　真核生物細胞質內極小的胞器，呈球狀、短棒狀或長絲狀，是細胞的發電廠。受精卵的能量都由原來卵細胞的粒線體所供應。

族群 population　同時生活於同一地點的一群同種生物。

細胞核 nucleus　大部分細胞內都有的球狀構造，它含有染色體。

細胞質 cytoplasma　介於細胞膜和細胞核之間的原生質，內含多種胞器和膠狀基質。

族群調節 population regulation　韋恩艾德華（V. C. Wynne-Edwards）提出的理論，他認為動物個體會為了群體的利益，刻意減少生育率。這也是群體選擇論的基礎。

累贅原理 handicap principle　札哈維（A. Zahavi）認為：雄性作假的性感廣告最後將會被雌性看穿；真正成功的雄性是那些不做假廣告，而直截了當證明自己不是假貨的一群。但是，天堂鳥和孔雀的尾巴、鹿的叉角等，對擁有者而言都是累贅，之所以演化成如此，是因為雄性可用這累贅向雌性誇耀：「儘管有這樣的累贅，我也能生存下來。」雄性因此更易獲得青睞。

〈十二劃〉

順反子 cistron 一段可以組成功能性單位、最短長度的DNA（相當於一個基因）。

減數分裂 meiosis 兩輪連續進行的細胞分裂過程，其中牽涉到將染色體數目減半。減數分裂過後，子細胞只含有原來母細胞的半數染色體。

智人 *Homo sapiens* 又名真人，指現代人種，即你我這種人。

殘酷的束縛 cruel bind 陸生動物多行體內受精，在交配後，雌性身體就擁有了胚胎。就算她幾乎立刻生下受精卵，雄性還是有時間逃跑，因此迫使雌性遭受到「殘酷的束縛」。這是崔弗斯（R. L. Trivers）的觀點。

減數驅動 meiotic drive 在減數分裂過程中，當突變產生一個分離扭曲子時，它會將它的對偶基因犧牲掉，自己無情的傳遍整個族群。這就是所謂的減數驅動。即使這種影響對身體及身體內的其他基因是個災難，仍然會發生。

〈十三劃〉

群體選擇 group selection 韋恩艾德華（V. C. Wynne-Edwards）最先提出的理論，認為天擇的基本單位是群體（物種）；任何生物個體的利他行為，都是基於對物種有利的前提而表現出來的。道金斯在本書中主要的批判對象，就是這個理論。

群聚普查行為 epideictic behavior 韋恩艾德華（V. C. Wynne-Edwards）自創的名詞，他認為許多動物花相當多的時間聚集在一起，是為了調查族群大小，以便進行族群調節。

〈十四劃〉

複製者 **replicator** 能複製自己的特殊分子，它具有長命、高生產力、高拷貝忠實度三個特性。複製者的始祖是太古渾湯中，能複製自己的有機分子；後來的一代代變種分子及基因，以及道金斯所定義的「瀰」（meme），都屬之。

對偶基因 **allele** 又稱「同位子」。坐落在同源染色體的同一位置上的一對基因之一，或某個基因的眾多可能形式中的一個。

演化穩定策略 **evolutionary stable strategy** 簡稱ＥＳＳ，梅納史密斯（John Maynard Smith）於一九七〇年代提出的理論，他認為：有外敵的族群，一旦出現能被大多數成員所採行的策略，將有助於壓抑族群內突變種的發生，以維持整個族群的穩定。簡單的說，ＥＳＳ就是大部分族群成員所選擇的、無可替代的最好策略。

〈十五劃〉

適應 **fitness** 衡量某一基因型（相對於基他基因型）對於下一代的貢獻。

質體 **plasmid** 染色體以外的另一小段ＤＮＡ（有些為圓圈狀，有些呈線狀），能自行獨立複製，並遊走於不同的細胞之間，可見於大多數的原核細胞（例如細菌，為單細胞，不具有分隔主要遺傳物質與細胞質的核膜）及少數真核細胞（有核膜隔開細胞核及細胞其他部分的細胞）。

膜翅目 **Hymenoptera** 昆蟲綱之一目，如螞蟻、蜜蜂、黃蜂等，頭、胸和腹部劃分清楚，翅和足自胸部長出。

〈十六劃〉

遺傳密碼 genetic code　三個相毗鄰的核苷酸組成順序，即可決定二十種不同的胺基酸。這些三個一組的核苷酸，即稱為遺傳密碼，它們是核苷酸酸順序與胺基酸順序之間的訊息交換系統。

擬態 mimicry　生物為了偽裝及保護自己，而在顏色、形態、行為上模擬周遭的環境或其他生物。

〈十七劃〉

隱性基因 recessive gene　必須在同質結合的狀態下，表現型才能顯現出來的基因。

趨異演化 evolutionary divergence　物種本有共同的祖先，但由於適應了不同環境，而發展出不同的類型。另，趨同演化（evolutionary convergence）則是：在分類學上彼此關係遙遠的物種，外貌或行為出現雷同的演化過程。這是因為那些物種都生活在相同環境中，經過天擇所致。

〈二十劃〉

瀰 meme　道金斯所定義的、類似基因的新複製者，是文化傳承的單位。原文源自希臘字根。

〈二十三劃〉

顯性基因 dominant gene　不管是在異質結合或同質結合的狀態，表現型都能顯現出來的基因。

〈二十四劃〉

鹼基 nitrogenous base　又稱含氮鹽基、鹽基。是構成核苷酸分子的主要化合物。鹼基有腺嘌呤（A）、鳥糞

嘌呤（G）、胞嘧啶（C）、胸腺嘧啶（T）、及尿嘧啶（U）五種。核酸雙股長鏈即由鹼基相接。

（林榮崧整理／趙淑妙審訂）

延伸閱讀

1. Alexander, R. D. (1961) Aggressiveness, territoriality, and sexual behavior in field crickets. *Behaviour* **17**, 130-223.
2. Alexander, R. D. (1974) The evolution of social behavior. *Annual Review of Ecology and Systematics* **5**, 325-83.
3. Alexander, R. D. (1980) *Darwinism and Human Affairs*. London: Pitman.
4. Alexander, R.D. (1987) *The Biology of Moral Systems*. New York: Aldine de Gruyter.
5. Alexander, R. D. and Sherman, P. W. (1977) Local mate competition and parental investment in social insects. *Science* **96**, 494-500.
6. Allee, W. C. (1938) *The Social Life of Animals*. London: Heinemann.
7. Altmann, S. A. (1979) Altruistic behaviour: the fallacy of kin deployment. *Animal Behaviour* **27**, 958-9.
8. Alvarez, F., de Reyna, A., and Segura, H. (1976) Experimental brood-parasitism of the magpie *(Pica pica)*. *Animal Behaviour* **24**, 907-16.
9. Anon. (1989) Hormones and brain structure explain behaviour. *New Scientist* **121** (1649), 35.
10. Aoki, S. (1987) Evolution of sterile soldiers in aphids. In *Animal Societies: Theories and facts* (eds. Y. Ito, J. L. Brown, and J. Kikkawa). Tokyo: Japan Scientific Societies Press. pp. 53-65.
11. Ardrey, R. (1970) *The Social Contract*. London: Collins.
12. Axelrod, R. (1984) *The Evolution of Cooperation*. New York: Basic Books.
13. Axelrod, R. and Hamilton, W. D. (1981) The evolution of cooperation. *Science* **211**, 1390-6.

14. Baldwin, B. A. and Meese, G. B. (1979) Social behaviour in pigs studied by means of operant conditioning. *Animal Behaviour* **27**, 947-57.
15. Bartz, S. H. (1979) Evolution of eusociality in termites. *Proceedings of the National Academy of Sciences, USA* **76** (11), 5764-8.
16. Bastock, M. (1967) *Courtship: A Zoological Study*. London: Heinemann.

17. Bateson, P. (1983) Optimal outbreeding. In *Mate Choice* (ed. P. Bateson). Cambridge: Cambridge University Press. pp. 257-77.
18. Bell, G. (1982) *The Masterpiece of Nature*. London: Croom Helm.
19. Bertram, B. C. R. (1976) Kin selection in lions and in evolution. In *Growing Points in Ethology* (eds. P. P. G. Bateson and R. A. Hinde). Cambridge: Cambridge University Press. pp. 281-301.
20. Bonner, J. T. (1980) *The Evolution of Culture in Animals*. Princeton: Princeton University Press.
21. Boyd, R. and Lorberbaum, J. P. (1987) No pure strategy is evolutionarily stable in the repeated Prisoner's Dilemma game. *Nature* **327**, 58-9.
22. Brett, R. A. (1986) The ecology and behaviour of the naked mole rat (*Heterocephalus glabcr*). Ph.D. thesis, University of London.
23. Broadbent, D. E. (1961) *Behaviour*. London: Eyre and Spottiswoode.
24. Brockmann, H. J. and Dawkins, R. (1979) Joint nesting in a digger wasp as an evolutionarily stable preadaptation to social life. *Behaviour* **71**, 203-45.
25. Brockmann, H. J., Grafen, A., and Dawkins, R. (1979) Evolutionarily stable nesting strategy in a digger wasp. *Fournal of Theoretical Biology* **77**, 473-96.
26. Brooke, M. de L. and Davies, N. B. (1988) Egg mimicry by cuckoos *Cuculus canorus* in relation to discrimination by hosts. *Nature* **335**, 630-2.
27. Burgess, J. W. (1976) Social spiders. *Scientific American* **234** (3), 101-6.
28. Burk, T. E. (1980) An analysis of social behaviour in crickets. D.Phil. thesis, University of Oxford.

29. Cairns-Smith, A. G. (1971) *The Life Puzzle*. Edinburgh: Oliver and Boyd.
30. Cairns-Smith, A. G. (1982) *Genetic Takeover*. Cambridge: Cambridge University Press.
31. Cairns-Smith, A. G. (1985) *Seven Clues to the Origin of Life*. Cambridge: Cambridge University Press.
32. Cavalli-Sforza, L. L. (1971) Similarities and dissimilarities of sociocultural and biological evolution. In *Mathematics in the Archaeological and Historical Sciences* (eds. F. R. Hodson, D. G. Kendall, and P. Tautu). Edinburgh: Edinburgh University Press. pp. 535-41.
33. Cavalli-Sforza, L. L. and Feldman, M. W. (1981) *Cultural Transmission and Evolution: A Quantitative Approach*. Princeton: Princeton University Press.
34. Charnov, E. L. (1978) Evolution of eusoical behavior: offspring choice or parental parasitism? *Fournal of Theoretical Biology* **75**, 451-65.
35. Charnov, E. L. and Krebs J. R. (1975) The evolution of alarm calls: altruism or manipulation? *American Naturalist* **109**, 107-12.

36. Cherfas, J. and Gribbin, J. (1985) *The Redundant Male.* London: Bodley Head.
37. Cloak, F. T. (1975) Is a cultural ethology possible? *Human Ecology* **3**, 161-82.
38. Crow, J. F. (1979) Genes that violate Mendel's rules. *Scientific American* **240** (2), 104-13.
39. Cullen, J. M. (1972) Some principles of animal communication. In *Non-verbal Communication* (ed. R. A. Hinde). Cambridge: Cambridge University Press. pp. 101-22.

40. Daly, M. and Wilson, M. (1982) *Sex, Evolution and Behavior.* 2nd edition. Boston: Willard Grant.
41. Darwin, C. R. (1859) *The Origin of Species.* London: John Murray.
42. Davies, N. B. (1978) Territorial defence in the speckled wood butterfly (*Pararge aegeria*): the resident always wins. *Animal Behaviour* **26**, 138-47.
43. Dawkins, M. S. (1986) *Unravelling Animal Behaviour.* Harlow: Longman.
44. Dawkins, R. (1979) In defence of selfish genes. *Philosophy* **56**, 556-73.
45. Dawkins, R. (1979) Twelve misunderstandings of kin selection. *Zeitschrift für Tierpsychologie* **51**, 184-200.
46. Dawkins, R. (1980) Good strategy or evolutionarily stable strategy? In *Sociobiology: Beyond Nature/Nurture* (eds. G. W. Barlow and J. Silverberg). Boulder, Colorado: Westview Press. pp. 331-67.
47. Dawkins, R. (1982) *The Extended Phenotype.* Oxford: W. H. Freeman.
48. Dawkins, R. (1982) Replicators and vehicles. In *Current Problems in Sociobiology* (eds. King's College Sociobiology Group). Cambridge: Cambridge University Press. pp. 45-64.
49. Dawkins, R. (1983) Universal Darwinism. In *Evolution from Molecules to Men* (ed. D. S. Bendall). Cambridge: Cambridge University Press. pp. 403-25.
50. Dawkins, R. (1986) *The Blind Watchmaker.* Harlow: Longman.
51. Dawkins, R. (1986) Sociobiology: the new storm in a teacup. In *Science and Beyond* (eds. S. Rose and L. Appignanesi). Oxford: Basil Blackwell. pp. 61-78.
52. Dawkins, R. (1989) The evolution of evolvability. In *Artificial Life* (ed. C. Langton). Santa Fe: Addison-Wesley. pp. 201-20.
53. Dawkins, R. (forthcoming) Worlds in microcosm. In *Man, Environment and God* (ed. N. Spurway). Oxford: Basil Blackwell.
54. Dawkins, R. and Carlisle, T. R. (1976) Parental investment, mate desertion and a fallacy. *Nature* **262**, 131-2.
55. Dawkins, R. and Krebs, J. R. (1978) Animal signals: information or manipulation? In *Behavioural Ecology: An Evolutionary Approach* (eds. J.

R. Krebs and N. B. Davies). Oxford: Blackwell Scientific Publications. pp. 282-309.

56. Dawkins, R. and Krebs, J. R. (1979) Arms races between and within species. *Proc. Roy. Soc. Lond. B.* **205**, 489-511.
57. de Vries, P. J. (1988) The larval ant-organs of *Thisbe irenea* (Lepidoptera: Riodinidae) and their effects upon attending ants. *Zoological Fournal of the Linnean Society* **94**, 379-93.
58. Delius, J. D. (in press) Of mind memes and brain bugs: a natural history of culture. In *The Nature of Culture* (ed. W. A. Koch). Bochum: Studienlag Brockmeyer.
59. Dennett, D. C. (1989) The evolution of consciousness. In *Reality Club* **3** (ed. J. Brockman). New York: Lynx Publications.
60. Dewsbury, D. A. (1982) Ejaculate cost and male choice. *American Naturalist* **119**, 601-10.
61. Dixson, A. F. (1987) Baculum length and copulatory behavior in primates. *American Fournal of Primatology* **13**, 51-60.
62. Dobzhansky, T. (1962) *Mankind Evolving*. New Haven: Yale University Press.
63. Doolittle, W. F. and Sapienza, C. (1980) Selfish genes, the phenotype paradigm and genome evolution. *Nature* **284**, 601-3.

64. Ehrlich, P. R., Ehrlich, A. H., and Holdren, J. P. (1973) *Human Ecology*. San Francisco: Freeman.
65. Eibl-Eibesfeldt, I. (1971) *Love and Hate*. London: Methuen.
66. Eigen, M., Gardiner, W., Schuster, P., and Winkler-Oswatitsch, R. (1981) The origin of genetic information. *Scientific American* **244** (4), 88-118.
67. Eldredge, N. and Gould, S. J. (1972) Punctuated equilibrium: an alternative to phyletic gradualism. In *Models in Paleobiology* (ed. J. M. Schopf). San Francisco: Freeman Cooper. pp. 82-115.

68. Fischer, E. A. (1980) The relationship between mating system and simultaneous hermaphroditism in the coral reef fish, *Hypoplectrus nigricans* (Serranidae). *Animal Behaviour* **28**, 620-33.
69. Fisher, R. A. (1930) *The Genetical Theory of Natural Selection*. Oxford: Clarendon Press.
70. Fletcher, D. J. C. and Michener, C. D. (1987) *Kin Recognition in Humans*. New York: Wiley.
71. Fox, R. (1980) *The Red Lamp of Incest*. London: Hutchinson.

72. Gale, J. S. and Eaves, L . J. (1975) Logic of animal conflict. *Nature* **254**,

463-4.
73. Gamlin, L. (1987) Rodents join the commune. *New Scientist* **115** (1571), 40-7.
74. Gardner, B. T. and Gardner, R. A. (1971) Two-way communication with an infant chimpanzee. In *Behavior of Non-human Primates* **4** (eds. A. M. Schrier and F. Stollnitz). New York: Academic Press. pp. 117-84.
75. Ghiselin, M. T. (1974) *The Economy of Nature and the Evolution of Sex*. Berkeley: University of California Press.
76. Gould, S. J. (1980) *The Panda's Thumb*. New York: W. W. Norton.
77. Gould, S. J. (1983) *Hen's Teeth and Horse's Toes*. New York: W. W. Norton.
78. Grafen, A. (1984) Natural selection, kin selection and group selection. In *Behavioural Ecology: An Evolutionary Approach* (eds. J. R. Krebs and N. B. Davies). Oxford: Blackwell Scientific Publications. pp. 62-84.
79. Grafen, A. (1985) A geometric view of relatedness. In *Oxford Surveys in Evolutionary Biology* (eds. R. Dawkins and M. Ridley), **2**, pp. 28-89.
80. Grafen, A. (forthcoming). Sexual selection unhandicapped by the Fisher process. Manuscript in preparation.
81. Grafen, A. and Sibly, R. M. (1978) A model of mate desertion. *Animal Behaviour* **26**, 645-52.

82. Haldane, J. B. S. (1955) Population genetics. *New Biology* **18**, 34-51.
83. Hamilton, W. D. (1964) The genetical evolution of social behaviour (I and II). *Fournal of Theoretical Biology* **7**, 1-16; 17-52.
84. Hamilton, W. D. (1966) The moulding of senescence by natural selection. *Fournal of Theoretical Biology* **12**, 12-45.
85. Hamilton, W. D. (1967) Extraordinary sex ratios. *Science* **156**, 477-88.
86. Hamilton, W. D. (1971) Geometry for the selfish herd. *Fournal of Theoretical Biology* **31**, 295-311.
87. Hamilton, W. D. (1972) Altruism and related phenomena, mainly in social insects. *Annual Review of Ecology and Systematics* **3**, 193-232.
88. Hamilton, W. D. (1975) Gamblers since life began: barnacles, aphids, elms. *Quarterly Review of Biology* **50**, 175-80.
89. Hamilton, W. D. (1980) Sex versus non-sex versus parasite. *Oikos* **35**, 282-90.
90. Hamilton, W. D. and Zuk, M. (1982) Heritable true fitness and bright birds: a role for parasites? *Science* **218**, 384-7.
91. Hampe, M. and Morgan, S. R. (1987) Two consequences of Richard Dawkins' view of genes and organisms. *Studies in the History and Philosophy of Science* **19**, 119-38.
92. Hansell, M. H. (1984) *Animal Architecture and Building Behaviour*.

Harlow: Longman.
93. HARDIN, G. (1978) Nice guys finish last. In *Sociobiology and Human Nature* (eds. M. S. Gregory, A. Silvers and D. Sutch). San Francisco: Jossey Bass. pp. 183-94.
94. HENSON, H. K. (1985) Memes, L5 and the religion of the space colonies. *L5 News*, September 1985, pp. 5-8.
95. HINDE, R. A. (1974) *Biological Bases of Human Social Behaviour*. New York: McGraw-Hill.
96. HOYLE, F. and ELLIOT, J. (1962) *A for Andromeda*. London: Souvenir Press.
97. HULL, D. L. (1980) Individuality and selection. *Annual Review of Ecology and Systematics* **11**, 311-32.
98. HULL, D. L. (1981) Units of evolution: a metaphysical essay. In *The Philosophy of Evolution* (eds. U. L. Jensen and R. Harré). Brighton: Harvester. pp. 23-44.
99. HUMPHREY, N. (1986) *The Inner Eye*. London: Faber and Faber.

100. JARVIS, J. U. M. (1981) Eusociality in a mammal: cooperative breeding in naked mole-rat colonies. *Science* **212**, 571-3.
101. JENKINS, P. F. (1978) Cultural transmission of song patterns and dialect development in a free-living bird population. *Animal Behaviour* **26**, 50-78.

102. KALMUS, H. (1969) Animal behaviour and theories of games and of language. *Animal Behaviour* **17**, 607-17.
103. KREBS, J. R. (1977) The significance of song repertoires—the Beau Geste hypothesis. *Animal Behaviour* **25**, 475-8.
104. KREBS, J. R. and DAWKINS, R. (1984) Animal signals: mind-reading and manipulation. In *Behavioural Ecology: An Evolutionary Approach* (eds. J. R. Krebs and N. B. Davies), 2nd edition. Oxford: Blackwell Scientific Publications. pp. 380-402.
105. KRUUK, H. (1972) *The Spotted Hyena: A Study of Predation and Social Behavior*. Chicago: Chicago University Press.

106. LACK, D. (1954) *The Natural Regulation of Animal Numbers*. Oxford: Clarendon Press.
107. LACK, D. (1966) *Population Studies of Birds*. Oxford: Clarendon Press.
108. LE BOEUF, B. J. (1974) Male–male competition and reproductive success in elephant seals. *American Zoologist* **14**, 163-76.
109. LEWIN, B. (1974) *Gene Expression*, volume 2. London: Wiley.
110. LEWONTIN, R. C. (1983) The organism as the subject and object of evolution. *Scientia* **118**, 65-82.
111. LIDICKER, W. Z. (1965) Comparative study of density regulation in

confined populations of four species of rodents. *Researches on Population Ecology* **7** (27), 57-72.

112. LOMBARDO, M. P. (1985) Mutual restraint in tree swallows: a test of the Tit for Tat model of reciprocity. *Science* **227**, 1363-5.
113. LORENZ, K. Z. (1966) *Evolution and Modification of Behavior*. London: Methuen.
114. LORENZ, K. Z. (1966) *On Aggression*. London: Methuen.
115. LURIA, S. E. (1973) *Life—the Unfinished Experiment*. London: Souvenir Press.

116. MACARTHUR, R. H. (1965) Ecological consequences of natural selection. In *Theoretical and Mathematical Biology* (eds. T. H. Waterman and H. J. Morowitz). New York: Blaisdell. pp. 388-97.
117. MACKIE, J. L. (1978) The law of the jungle: moral alternatives and principles of evolution. *Philosophy* **53**, 455-64. Reprinted in *Persons and Values* (eds. J. Mackie and P. Mackie, 1985). Oxford: Oxford University Press. pp. 120-31.
118. MARGULIS, L. (1981) *Symbiosis in Cell Evolution*. San Francisco: W. H. Freeman.
119. MARLER, P. R. (1959) Developments in the study of animal communication. In *Darwin's Biological Work* (ed. P. R. Bell). Cambridge: Cambridge University Press. pp. 150-206.
120. MAYNARD SMITH, J. (1972) Game theory and the evolution of fighting. In J. Maynard Smith, *On Evolution*. Edinburgh: Edinburgh University Press. pp. 8-28.
121. MAYNARD SMITH, J. (1974) The theory of games and the evolution of animal conflict. *Fournal of Theoretical Biology* **47**, 209-21.
122. MAYNARD SMITH, J. (1976) Group selection. *Quarterly Review of Biology* **51**, 277-83.
123. MAYNARD SMITH, J. (1976) Evolution and the theory of games. *American Scientist* **64**, 41-5.
124. MAYNARD SMITH, J. (1976) Sexual selection and the handicap principle. *Fournal of Theoretical Biology* **57**, 239-42.
125. MAYNARD SMITH, J. (1977) Parental investment: a prospective analysis. *Animal Behaviour* **25**, 1-9.
126. MAYNARD SMITH, J. (1978) *The Evolution of Sex*. Cambridge: Cambridgc University Press.
127. MAYNARD SMITH, J. (1982) *Evolution and the Theory of Games*. Cambridge: Cambridge University Press.
128. MAYNARD SMITH, J. (1988) *Games, Sex and Evolution*. New York: Harvester Wheatsheaf.

129. Maynard Smith, J. (1989) *Evolutionary Genetics*. Oxford: Oxford University Press.
130. Maynard Smith, J. and Parker, G. A. (1976) The logic of asymmetric contests. *Animal Behaviour* **24**, 159-75.
131. Maynard Smith, J. and Price, G. R. (1973) The logic of animal conflicts. *Nature* **246**, 15-18.
132. McFarland, D. J. (1971) *Feedback Mechanisms in Animal Behaviour*. London: Academic Press.
133. Mead, M. (1950) *Male and Female*. London: Gollancz.
134. Medawar, P. B. (1952) *An Unsolved Problem in Biology*. London: H. K. Lewis.
135. Medawar, P. B. (1957) *The Uniqueness of the Individual*. London: Methuen.
136. Medawar, P. B. (1961) Review of P. Teilhard de Chardin, *The Phenomenon of Man*. Reprinted in P. B. Medawar (1982) *Pluto's Republic*. Oxford: Oxford University Press.
137. Michod, R. E. and Levin, B. R. (1988) *The Evolution of Sex*. Sunderland, Massachusetts: Sinauer.
138. Midgley, M. (1979) Gene-juggling. *Philosophy* **54**, 439-58.
139. Monod, J. L. (1974) On the molecular theory of evolution. In *Problems of Scientific Revolution* (ed. R. Harré). Oxford: Clarendon Press. pp. 11-24.
140. Montagu, A. (1976) *The Nature of Human Aggression*. New York: Oxford University Press.
141. Moravec, H. (1988) *Mind Children*. Cambridge, Massachusetts: Harvard University Press.
142. Morris, D. (1957) 'Typical Intensity' and its relation to the problem of ritualization. *Behaviour* **11**, 1-21.

143. *Nuffield Biology Teachers Guide IV* (1966) London: Longmans, p. 96.

144. Orgel, L. E. (1973) *The Origins of Life*. London: Chapman and Hall.
145. Orgel, L. E. and Crick, F. H. C. (1980) Selfish DNA: the ultimate parasite. *Nature* **284**, 604-7.

146. Packer, C. and Pusey, A. E. (1982) Cooperation and competition within coalitions of male lions: kin-selection or game theory? *Nature* **296**, 740-2.
147. Parker, G. A. (1984) Evolutionarily stable strategies. In *Behavioural Ecology: An Evolutionary Approach* (eds. J. R. Krebs and N. B. Davies), 2nd edition. Oxford: Blackwell Scientific Publications. pp. 62-84.
148. Parker, G. A., Baker, R. R., and Smith, V. G. F. (1972) The origin and evolution of gametic dimorphism and the male-female phenomenon.

Fournal of Theoretical Biology **36**, 529-53.

149. Payne, R. S. and McVay, S. (1971) Songs of humpback whales. *Science* **173**, 583-97.
150. Popper, K. (1974) The rationality of scientific revolutions. In *Problems of Scientific Revolution* (ed. R. Harré). Oxford: Clarendom Press. pp. 72-101.
151. Popper, K. (1978) Natural selection and the emergence of mind. *Dialectica* **32**, 339-55.

152. Ridley, M. (1978) Paternal care. *Animal Behaviour* **26**, 904-32.
153. Ridley, M. (1985) *The Problems of Evolution*. Oxford: Oxford University Press.
154. Rose, S., Kamin, L. J., and Lewontin, R. C. (1984) *Not In Our Genes*. London: Penguin.
155. Rothenbuhler, W. C. (1964) Behavior genetics of nest cleaning in honey bees. IV. Responses of F_1 and backcross generations to disease-killed brood. *American Zoologist* **4**, 111-23.
156. Ryder, R. (1975) *Victims of Science*. London: Davis-Poynter.

157. Sagan, L. (1967) On the origin of mitosing cells. *Fournal of Theoretical Biology* **14**, 225-74.
158. Sahlins, M. (1977) *The Use and Abuse of Biology*. Ann Arbor: University of Michigan Press.
159. Schuster, P. and Sigmund, K. (1981) Coyness, philandering and stable strategies. *Animal Behaviour* **29**, 186-92.
160. Seger, J. and Hamilton, W. D. (1988) Parasites and sex. In *The Evolution of Sex* (eds. R. E. Michod and B. R. Levin). Sunderland, Massachusetts: Sinauer. pp. 176-93.
161. Seger, J. and Harvey, P. (1980) The evolution of the genetical theory of social behaviour. *New Scientist* **87** (1208), 50-1.
162. Sheppad, P. M. (1958) *Natural Selection and Heredity*. London: Hutchinson.
163. Simpson, G. G. (1966) The biological nature of man. *Science* **152**, 472-8.
164. Singer, P. (1976) *Animal Liberation*. London: Jonathan Cape.
165. Smythe, N. (1970) On the existence of 'pursuit invitation' signals in mammals. *American Naturalist* **104**, 491-4.
166. Sterelny, K. and Kitcher, P. (1988) The return of the gene. *Fournal of Philosophy* **85**, 339-61.
167. Symons, D. (1979) *The Evolution of Human Sexuality*. New York: Oxford University Press.

168. Tinbergen, N. (1953) *Social Behaviour in Animals*. London: Methuen.

169. TREISMAN, M. and DAWKINS, R. (1976) The cost of meiosis—is there any? *Journal of Theoretical Biology* 63, 479-84.
170. TRIVERS, R. L. (1971) The evolution of reciprocal altruism. *Quarterly Review of Biology* **46**, 35-57.
171. TRIVERS, R. L. (1972) Parental investment and sexual selection. In *Sexual Selection and the Descent of Man* (ed. B. Campbell). Chicago: Aldine. pp. 136-79.
172. TRIVERS, R. L. (1974) Parent–offspring conflict. *American Zoologist* **14**, 249-64.
173. TRIVERS, R. L. (1985) *Social Evolution*. Menlo Park: Benjamin/Cummings.
174. TRIVERS, R. L. and HARE, H. (1976) Haplodiploidy and the evolution of the social insects. *Science* **191**, 249-63.
175. TURNBULL, C. (1972) *The Mountain People*. London: Jonathan Cape.

176. WASHBURN, S. L. (1978) Human behavior and the behavior of other animals. *American Psychologist* **33**, 405-18.
177. WELLS, P. A. (1987) Kin recognition in humans. In *Kin Recognition in Animals* (eds. D. J. C. Fletcher and C. D. Michener). New York: Wiley. pp. 395-415.
178. WICKLER, W. (1968) *Mimicry*. London: World University Library.
179. WILKINSON, G. S. (1984) Reciprocal food-sharing in the vampire bat. *Nature* **308**, 181-4.
180. WILLIAMS, G. C. (1957) Pleiotropy, natural selection, and the evolution of senescence. *Evolution* **11**, 398-411.
181. WILLIAMS, G. C. (1966) *Adaptation and Natural Selection*. Princeton: Princeton University Press.
182. WILLIAMS, G. C. (1975) *Sex and Evolution*. Princeton: Princeton University Press.
183. WILLIAMS, G. C. (1985) A defense of reductionism in evolutionary biology. In *Oxford Surveys in Evolutionary Biology* (eds. R. Dawkins and M. Ridley), **2**, pp. 1-27.
184. WILSON, E. O. (1971) *The Insect Societies*. Cambridge, Massachusetts: Harvard University Press.
185. WILSON, E. O. (1975) *Sociobiology: The New Synthesis*. Cambridge, Massachusetts: Harvard University Press.
186. WILSON, E. O. (1978) *On Human Nature*. Cambridge, Massachusetts: Harvard University Press.
187. WRIGHT, S. (1980) Genic and organismic selection. *Evolution* **34**, 825-43.
188. WYNNE-EDWARDS, V. C. (1962) *Animal Dispersion in Relation to Social Behaviour*. Edinburgh: Oliver and Boyd.
189. WYNNE-EDWARDS, V. C. (1978) Intrinsic population control: an

introduction. In *Population Control by Social Behaviour* (eds. F. J. Ebling and D. M. Stoddart). London: Institute of Biology. pp. 1-22.
190. WYNNE-EDWARDS, V. C. (1986) *Evolution Through Group Selection*. Oxford: Blackwell Scientific Publications.

191. YOM-TOV, Y. (1980) Intraspecific nest parasitism in birds. *Biological Reviews* **55**, 93-108.
192. YOUNG, J. Z. (1975) *The Life of Mammals*. 2nd edition. Oxford: Clarendon Press.

193. ZAHAVI, A. (1975) Mate selection—a selection for a handicap. *Fournal of Theoretical Biology* **53**, 205-14.
194. ZAHAVI, A. (1977) Reliability in communication systems and the evolution of altruism. In *Evolutionary Ecology* (ed. B. Stonehouse and C. M. Perrins). London: Macmillan. pp. 253-9.
195. ZAHAVI, A. (1978) Decorative patterns and the evolution of art. *New Scientist* **80** (1125), 182-4.
196. ZAHAVI, A. (1987) The theory of signal selection and some of its implications. In *International Symposium on Biological Evolution, Bari, 9-14 April 1985* (ed. V. P. Delfino). Bari: Adriatici Editrici. pp. 305-27.
197. ZAHAVI, A. Personal communication, quoted by permission.

COMPUTER PROGRAM
198. DAWKINS, R. (1987) Blind Watchmaker: an application for the Apple Macintosh computer. New York and London: W. W. Norton.

國家圖書館出版品預行（CIP）資料

自私的基因／道金斯（Richard Dawkins）著；
趙淑妙譯. -- 第四版. -- 臺北市：遠見天下文化，
2020.01
面；　公分. --（科學文化；21C）
譯自：The selfish gene
ISBN 978-986-479-919-0（平裝）

1. 動物行為　2. 動物遺傳學　3. 演化論

383.7　　108022543

科學文化 21C

自私的基因

The Selfish Gene

原　　著 — 道金斯
譯　　者 — 趙淑妙
科學文化叢書策畫群 — 林和、牟中原、李國偉、周成功

總編輯 — 吳佩穎
編輯顧問 — 林榮崧
責任編輯 — 林榮崧、劉藍玉；徐仕美；吳育燐
封面設計暨美術編輯 — 江孟達工作室

出 版 者 — 遠見天下文化出版股份有限公司
創 辦 人 — 高希均、王力行
遠見・天下文化 事業群榮譽董事長 — 高希均
遠見・天下文化 事業群董事長 — 王力行
天下文化社長 — 王力行
天下文化總經理 — 鄧瑋羚
國際事務開發部兼版權中心總監 — 潘欣
法律顧問 — 理律法律事務所陳長文律師
著作權顧問 — 魏啟翔律師
社　　址 — 台北市 104 松江路 93 巷 1 號 2 樓
讀者服務專線 — 02-2662-0012　　傳真 — 02-2662-0007；02-2662-0009
電子信箱 — cwpc@cwgv.com.tw
直接郵撥帳號 — 1326703-6 號　遠見天下文化出版股份有限公司

排 版 廠 — 辰皓國際出版製作有限公司
製 版 廠 — 東豪印刷事業有限公司
印 刷 廠 — 柏皓彩色印刷有限公司
裝 訂 廠 — 聿成裝訂股份有限公司
登 記 證 — 局版台業字第 2517 號
總 經 銷 — 大和書報圖書股份有限公司　　電話 — 02-8990-2588
出版日期 — 1995 年 12 月 30 日第一版第 1 次印行
2024 年 8 月 22 日第四版第 15 次印行

定價 — NT 500 元
書號 — BCS021C
ISBN — 978-986-479-919-0（英文版 ISBN: 9780192860927）

天下文化官網 — bookzone.cwgv.com.tw

天下文化

BELIEVE IN READING